工业和信息化部"十二五"规划教材

21 世纪高等院校电气工程与自动化规划教材

21 century institutions of higher learning materials of Electrical Engineering and Automation Planning

Principles and Application Technologies of DSP Controler

DSP控制器原理与应用技术

姚睿　付大丰　储剑波　编著

U0212869

人民邮电出版社

北　京

图书在版编目（CIP）数据

DSP控制器原理与应用技术 / 姚睿，付大丰，储剑波
编著. -- 北京：人民邮电出版社，2014.9（2024.2重印）
21世纪高等院校电气工程与自动化规划教材
ISBN 978-7-115-36277-3

Ⅰ．①D… Ⅱ．①姚… ②付… ③储… Ⅲ．①数字信
号—信号处理—高等学校—教材 Ⅳ．①TN911.72

中国版本图书馆CIP数据核字(2014)第148984号

内 容 提 要

本书选择 TI C2000 中 32 位浮点处理器 TMS320F28335 为例，全面介绍了 DSP 控制器的原理与应用
技术。全书共分 8 章，系统地讲述了 DSP 的基本概念、硬件基础、软件开发基础、基本外设及其应用开
发方法、常用控制类和通信类外设模块原理及其应用开发方法、应用系统设计方法，以及基于 Proteus 的
DSP 系统设计与仿真方法。全书内容详实，通俗易懂，章节安排符合 DSP 开发流程，结构合理、重点突
出、应用实例丰富。每章配有内容提要，附有习题与思考题，便于教学与自学。通过本书的学习，读者可
以由浅入深地掌握 DSP 控制器原理与开发应用技术。

本书可作为普通高等院校相关专业研究生、高年级本科学生的 DSP 控制器原理与技术应用类课程教
材，也可供科技人员自学时参考。

◆ 编　著　姚　睿　付大丰　储剑波
　　责任编辑　张孟玮
　　执行编辑　税梦玲
　　责任印制　彭志环　杨林杰

◆ 人民邮电出版社出版发行　　北京市丰台区成寿寺路 11 号
　　邮编　100164　电子邮件　315@ptpress.com.cn
　　网址　http://www.ptpress.com.cn
　　北京九州迅驰传媒文化有限公司印刷

◆ 开本：787×1092　1/16
　　印张：16.75　　　　　　　　　　2014 年 9 月第 1 版
　　字数：419 千字　　　　　　　　2024 年 2 月北京第 13 次印刷

定价：39.00 元

读者服务热线：(010)81055256　印装质量热线：(010)81055316
反盗版热线：(010)81055315

　　目前，美国德州仪器公司（TI）的数字信号处理器以其独特的体系结构、灵活的资源配置方式、各种数字信号处理和精密控制算法的快速简易实现等突出优点，占据了全球市场的半壁河山。其中 TMS320C2000 系列 DSP 控制器集 DSP 内核和控制外设为一体，既具有数字信号处理能力，又具备强大的嵌入式控制功能，非常适合用于数字电源、数字电机控制、可再生能源、电力线通信、照明等领域。

　　为使读者快速简单地掌握 DSP 的设计与开发，本书选择 TI C2000 中 32 位浮点处理器 TMS320F28335 为例，本着"注重基础、立足应用、便于教学，简化硬件、突出软件"的原则，系统、全面地介绍 DSP 控制器的原理与应用技术。

　　全书首先从 DSP 的硬件基础入手，讲述了构成 DSP 最小系统的基本硬件组成和原理；接着给出了基于 CCS 的软件开发方法，全面介绍了各种 DSP 软件开发手段；然后给出了常用的片内外设模块原理及其应用开发方法，对每个外设模块，力图做到简化硬件和原理，突出应用和软件编程；接着介绍了 DSP 应用系统设计方法，讲述了 DSP 最小系统和常用接口电路的设计方法，并以永磁同步电机的 DSP 控制系统设计为例，讲述了 DSP 应用系统的软、硬件设计方法；最后给出了基于 Proteus 的现代 DSP 系统开发方法，方便读者在没有硬件开发板的条件下进行 DSP 应用系统开发的前期仿真和准备工作。

　　全书共分 8 章，第 1 章为绪论，讲述了 DSP 的基本概念、应用系统构成、市场上典型 DSP 芯片和 TI 公司用于控制领域的 DSP 控制器的概况，以及 TMS320F28335 的主要性能特点及芯片封装和引脚分配。第 2 章讲述了 DSP 控制器的内部硬件基础，包括其功能结构、内核结构、存储器配置、时钟源模块、电源与系统复位等。第 3 章为 DSP 的软件开发基础，内容覆盖了软件开发流程，汇编、C 程序开发基础和混合编程方法，CCS 集成开发环境应用，以及基于示例模板的驱动程序开发方法。第 4 章为基本外设及其开发应用，以通用数字量输入输出（GPIO）模块、中断管理系统和 CPU 定时器 3 个最为基础的外设为例，讲述了 DSP 控制器片内外设模块的开发方法，包括其结构与工作原理、控制方法和寄存器，以及应用示例。第 5 章为控制类外设及其应用开发，给出了增强脉宽调制、增强捕获单元和增强正交编码脉冲电路，以及模/数转换模块等控制类外设的结构、原理、控制方法与应用开发示例。第 6 章为通信类外设及其应用开发，给出了串行通信接口 SCI 模块、串行外设接口 SPI 模块、控制器局域网 CAN 模块、多通道缓冲串口 McBSP 和内部集成电路 I^2C 模块等通信类外设的结构、原理、控制方法与应用开发示例。第 7 章为应用系统设计，包括最小系统设计、模数接口电路设计、数据通信电路设计、人机接口及显示电路设计，以及永磁同步电机的 DSP 控制系统设计。第 8 章为基于 Proteus 的 DSP 系统设计与仿真，给出了 Proteus 仿真基础、基于 Proteus 的 DSP 系统设计与仿真步骤，以及设计示例。每章配有内容提要，附有习题与思考题，有助于教学与自学。

全书内容较为系统全面，章节安排符合 DSP 开发流程，结构合理、重点突出、内容详实、通俗易懂，工程应用实例丰富，读者可以循序渐进、由浅入深地掌握 DSP 控制器原理与开发应用技术。

本课程的参考教学时数为 40~56 学时，建议采用理论与实践融合的教学模式，各章的参考教学课时见以下的学时分配表。

学时分配表

章 节	课 程 内 容	学 时 分 配	
		讲授	实验
第 1 章	绪论	2	
第 2 章	硬件基础	7	
第 3 章	软件开发基础	7	2
第 4 章	基本外设及其应用开发	6	2
第 5 章	控制类外设及其应用开发	7	4
第 6 章	通信类外设及其应用开发	6	2
第 7 章	DSP 应用系统设计	4	4
第 8 章	基于 Proteus 的 DSP 系统设计与仿真	1	2
学 时 总 计		40	16

本书由姚睿任主编。第 1~5 章、第 6.1~6.2 节、第 7.1~7.4 节由姚睿编写，第 8 章和第 6.3~6.5 节由付大丰编写，第 7.5 节由储剑波编写。在教材大纲制订和编写工作中，南京航空航天大学王友仁教授和陈鸿茂教授提出了很多宝贵的指导意见，并承蒙河海大学物联网工程学院江冰教授、南京航空航天大学陈鸿茂教授和空军勤务学院汪军老师审阅了本书，在此表示诚挚的谢意。研究生钟雪燕、鲍小胜、徐旭明、陈芹芹、孙艳梅、郭庆新、何坤、邓小峰、李增武等参与了书中插图绘制、文稿录入和程序开发与整理工作，在此一并致谢。本书在撰写过程中参考了大量的文献资料，在此谨向其作者表示衷心的感谢。教材中部分示例采用了 TI 官网提供的开发例程，在此表示诚挚的感谢。

由于作者水平和能力有限，书中可能存在疏漏和不当之处，敬请各位读者批评指正。

编 者

2014 年 3 月

目 录

第 1 章 绪论

【内容提要】

伴随着社会的数字化浪潮，数字信号处理已成为电路系统从模拟时代向数字时代迈进的重要理论基础。数字信号处理系统可以将接收到的模拟信号转换成数字信号，进行实时的数字技术处理。

本章讲述了 DSP 的概况。首先概述了 DSP 的含义、特点、发展和典型应用；接着给出了 DSP 应用系统的构成和设计方法；然后简要介绍了市场上典型 DSP 芯片，重点介绍了 TI 公司用于控制领域的 DSP 控制器的概况；最后给出了 TI 高性能浮点系列 DSP 控制器 TMS320F28335 的主要性能特点及芯片封装和引脚分配。

1.1 概述

1.1.1 数字信号处理及其实现方法

数字信号处理（Digital Signal Processing，DSP）是指利用计算机或专用信号处理设备，对信号进行数字处理（包括采集、变换、滤波、估值、增强、压缩、识别等）。它以数学、计算机、微电子学等众多学科为理论基础，广泛应用于通信、控制、图像处理、语音识别、生物医学、消费电子、军事和航空航天等诸多领域。

数字信号处理的实现方法很多，总体上可分为软件实现和硬件实现。软件实现主要在通用计算机（如个人计算机）上用软件（如 C/C++或 MATLAB）实现。其缺点是速度较慢，故主要用于 DSP 算法的模拟与仿真。

硬件实现的方法较多，如使用通用单片机（如 MSC51）、通用可编程器件（如现场可编程门阵列（Field-Programmable Gate Array，FPGA）或复杂可编程逻辑器件 CPLD）、通用数字信号处理器（Digital Signal Processor，DSP）也称 DSP 处理器或 DSP 芯片，以及专用集成电路（Application Specific Integrated Circuit，ASIC）或特殊用途的 DSP 芯片。其中通用单片机主要用于实现不太复杂的数字信号处理任务，如简单的数字控制。通用可编程器件主要用于实现计算密集型的高性能、单一固定数字信号处理功能，或用于实现数字信号处理算法的原型设计。ASIC 或特殊用途 DSP 芯片是专门针对特定应用需求设计的，应用范围有限，且开发周期较长。而通用 DSP 芯片作为通用的数字信号处理器，可通过编程满足不同应用需求，为数字信号处理的应用打开了新的局面。

综上所述，DSP 包含两种含义：一是代表 Digital Signal Processing，是指数字信号处理技术，包括其理论、实现和应用；二是代表 Digital Signal Processor，是指数字信号处理器，即用于实现数字信号处理的微处理器。本书中若无特别说明，DSP 均指数字信号处理器。

1.1.2　DSP 的主要特点

与通用微处理器或微控制器相比，DSP 在数字信号处理领域具有无可比拟的优势，原因在于其采取了许多措施提高数据处理速度与可靠性。DSP 的主要特点如下。

（1）改进的哈佛结构

通用微处理器大多采用冯·诺依曼结构，程序和数据存储空间作为整体统一编址，共享地址和数据总线。因而处理器不能同时取指令和读/写操作数，执行一条指令就需要几个甚至几十个机器周期。DSP 采用改进的哈佛结构和多总线结构，独立的程序和数据存储空间，各自拥有独立的地址和数据总线。因此 DSP 不仅可以同时取指令和读/写操作数，而且可以在程序空间和数据空间相互传递数据，从而提高了指令的执行速度。

（2）流水线技术

为克服存储器访问速度对中央处理单元（Central Processing Unit，CPU）处理速度的限制，DSP 采用流水线技术提高其处理速度。如美国德州仪器（TI）的 C28x DSP 采用 8 级流水线，即将每条指令的执行过程分为 8 个阶段，每个阶段需要一个机器周期，故一条指令的执行需要 8 个周期。但每个周期同时有 8 条指令激活，分别处于流水线的不同阶段。这样流水线启动后，每个周期均有指令执行，仿佛一个周期完成一条指令。采用流水线处理不仅提高了处理速度，而且可以使 CPU 工作在较低频率下，以降低功耗。

（3）专用的硬件乘法器和乘累加操作

数字信号处理的基本算法中需要大量的乘法和乘积累加操作。通用微控制器中乘法通过移位和加法运算实现，速度较慢。DSP 芯片中具有专门的硬件乘法器，用于实现乘法运算，并可将乘积提供给累加器，与其配合完成乘累加的操作。流水线启动后，DSP 的 MAC 指令可以在单周期实现乘累加的功能。

（4）并行工作的多处理单元

DSP 具有可并行工作的多处理单元。除了算术逻辑单元（Arithmetic Logic Unit，ALU）和硬件乘法器，DSP 芯片内还设置了用于数据定标的硬件移位器，以及用于间接寻址的辅助寄存器及其算术单元。寻址单元支持循环寻址、位倒序寻址，故快速傅里叶变换（Fast Fourier Transformation，FFT）、卷积等运算的寻址、排序与计算能力大大提高。多处理单元的并行操作，使 DSP 能在相同时间内完成更多操作，从而提高执行速度。

（5）片内存储器和强大的硬件配置

DSP 片内集成了大量多种类型的程序和数据存储器，对指令和数据的访问速度更快，缓解了外部存储器访问的总线竞争和速度不匹配问题。同时，DSP 片内还集成了多个串行或并行 I/O 接口，以及一些特殊功能接口，用于完成特殊数据处理或控制任务，以提高性能和降低成本。

（6）特殊指令和不断提高的运算精度

为了更好地满足数字信号处理需求，DSP 设置了很多特殊指令。如单周期乘/加指令、可减少循环操作对 CPU 开销的单指令重复操作、程序/数据存储器中块移动、丰富的变址寻址能力和基于 2 的 FFT 位倒序变址能力。

另外，DSP 的运算精度也在不断提高。其定点处理器的运算精度已从早期的 8 位逐步提高到 16 位、24 位、32 位。浮点处理器的出现，提供了更大的动态范围和更高的运算精度。

1.2 DSP 的发展及应用

1.2.1 DSP 的发展

1. DSP 的发展概况

在 DSP 出现之前，数字信号处理只能在微处理器上完成，无法满足高速实时处理需求。20 世纪 70 年代，出现了早期 DSP 解决方案，即用分立元件组成的体积庞大的数字信号处理系统。但价格昂贵，且需要高压供电，故其应用仅限于军事和航空航天领域。

1978 年 AMI 公司 S2811 的出现标志着第一片 DSP 芯片的诞生。1979 年 Intel 公司推出的 2920 是第一片脱离了通用微处理器架构的商用可编程 DSP 芯片，成为 DSP 发展过程的一个重要里程碑。S2811 和 Intel 2920 片内尚无单周期硬件乘法器。1980 年日本 NEC 公司推出的 μPD7720 是第一片具有硬件乘法器的商用 DSP 芯片。1982 年美国德州仪器（TI）公司推出的 TMS32010 则是第一片现代 DSP 芯片，它成本低廉、应用简单、功能强大，标志着实时数字信号处理领域的重大突破。

随着 CMOS 技术的进步与发展，第二代基于 CMOS 技术的 DSP 应运而生。1982 年日本 Hitachi 公司率先采用 CMOS 工艺生产浮点 DSP 芯片。1984 年 AT&T 公司推出了第一片高性能浮点 DSP 芯片 DSP32。

自 1980 年以来，DSP 芯片得到了突飞猛进的发展。20 世纪 80 年代后期，第三代 DSP 芯片问世。90 年代相继出现了第四代和第五代 DSP 器件，并一直延续至今。目前，DSP 芯片的应用越来越广泛，并逐渐成为电子产品更新换代的决定因素。与 1980 年相比，DSP 的运算速度和处理能力大大提高（如 MAC 时间降低到 10ns 以下），乘法器占模片区下降到 5% 以下，片内 RAM 数量增加一个数量级以上，外部引脚数量增加到 200 个以上。

2. DSP 的发展趋势

目前，DSP 的功能越来越强，甚至超过了微控制器的功能，应用越来越广泛，且价格更便宜。未来 DSP 面临的要求是处理速度更高、功能更多、功耗更低，其发展趋势如下。

（1）系统级集成 DSP 是潮流

缩小芯片尺寸始终是 DSP 的技术发展方向。当前 DSP 多基于精简指令集计算（Reduced Instruction Set Computing，RISC）结构，具有高性能、低功耗、小尺寸的优点。各厂商纷纷采用新工艺，改进 DSP 芯核，并将多个 DSP 芯核、MPU 芯核、专用处理单元、外围电路、存储器集成在一个芯片上，如 TI 公司的 TMS320C80 在一块芯片上集成了 4 个 DSP、一个 RISC 处理器、一个传输控制器、两个视频控制器，可支持各种图像规格和各种算法。

（2）更高性能和更低功耗

随着待处理数据量的飞速提高，以及电子设备的个人化和客户化趋势，DSP 必须追求更高的运行速度，才能跟上电子设备的更新步伐。未来 DSP 的内核结构将进一步改善，多通道结构和单指令多重数据（SIMD）、特大指令字组（VLIM）将在新的高性能处理器中占据主导地位。同时由于 DSP 日益融入人们的日常工作和生活，特别是便携式手持设备等使用电池的产品，对于功耗的要求很高，所以 DSP 有待于通过降低内核电压和依靠新工艺改进芯片结构，进一步降低功耗。

（3）面向高性能嵌入式应用的多核 DSP

多核 DSP 是面向高性能嵌入式应用的一类单芯片多处理器（Chip multiprocessors，CMP）。它在单个芯片内集成了多个 DSP 核和其他类型的处理器核。相对于单核 DSP，多核 DSP 具有更强的并行处理能力、更优的功耗管理、更方便的编程和调试，将成为高性能嵌入式应用的核心器件。如 TI 公司 2007 年推出的用于高密度核心网络的 TNETV3020，采用 6 个 DSP 内核、一个开关矩阵和多种串行 I/O 通道，可针对通道格式转换等要求进行设计。

（4）DSP 与微处理器和 FPGA 的融合

低成本的微处理器能很好地执行智能控制任务，但数字信号处理功能差；而 DSP 正好与之相反。目前许多应用中需同时具备智能控制和数字信号处理功能，如数字蜂窝电话同时需要监测和声音处理功能。因此，把 DSP 和微处理器结合起来，用单一芯片实现这两种功能，将加速产品开发，同时简化设计、减小 PCB 体积、降低功耗和整个系统的成本。互联网和多媒体应用需求将进一步加速这一融合过程。

将 FPGA 和 DSP 集成在一块芯片上，可实现宽带信号处理，大大提高信号处理速度。如 Xilinx 公司的 Virtex-II FPGA 可使 FFT 处理速度提高 30 倍以上，同时可在 FPGA 中集成一个或多个 Turbo 内核，以满足第三代 WCDMA 无线基站和手机等应用需求。Virtex-II FPGA 不仅功能强大，而且可缩短开发周期，易于增加功能且改善性能。因此在无线通信、多媒体等领域广泛应用。

（5）可编程 DSP 和定点 DSP 是主流

可编程 DSP 允许生产商在同一款 DSP 平台上开发不同型号的系列产品，以满足不同用户的需求，又便于用户升级。虽然浮点 DSP 运算精度更高，动态范围更大，但定点 DSP 器件成本、功耗和对存储器的要求较低。故将二者结合是市场上的主流产品。

1.2.2　DSP 的典型应用

DSP 芯片高速发展，已在信号处理、通信、语音、图形/图像、军事、仪器仪表、自动控制、医疗、家用电器等诸多领域广泛应用。目前，其价格越来越低，性价比日益提高，具有巨大的应用潜力。无线应用和嵌入式应用为 DSP 市场提供了广阔的舞台。

目前，DSP 主要应用在计算机、通信和消费电子产品（Computer, Communication and Consumer Electronics，3C）领域，占整个市场需求的 90%。在通信领域，数字蜂窝电话是最重要的应用领域之一。强大的计算能力为移动蜂窝电话注入了新的活力，并创造了一批诸如 GSM、CDMA 等全数字蜂窝电话网。DSP 应用于 Modem 器件中，不仅大幅度提高了传输速率，而且可接收动态图像。在计算机领域，可编程多媒体 DSP 已成为的主流产品，可定制 DSP（CDSP）推动着硬盘空间的不断扩大；以 xDSL Modem 为代表的高速通信技术与动态图像专家组（Moving Pictures Experts Group，MPEG）图像技术相结合，使高品质音频和视频计算机数据的实时交换成为可能。预计未来个人计算机中，使用一片 DSP 即可完成全部多媒体处理功能。由于 DSP 的广泛应用，数字音响设备的更新换代周期越来越短。在图像处理领域，已经出现了分别针对静态图像处理和动态图像处理的不同 DSP 芯片。

此外，原本基于单片机的家电、系统控制等应用领域目前也越来越多地采用 DSP 器件，以增强产品的功能和性能。在家电应用中，从洗衣机到电冰箱，电动机的转速直接影响着设备的能量消耗。基于 DSP 的电机控制系统可提供快速准确的脉宽调制和多种电机参数（如电流、电压、速度、温度等）的快速精确反馈，从而促进了先进电机驱动系统的发展。如采用低成本 DSP 控制变速压缩机，可显著提高制冷压缩机的能效。洗衣机采用 DSP 实现变速控制，可消除对机械传动装置的需求。DSP 还为这些设备提供无传感器控制，无需速度和电流传感器，以实现更高的转速，更小的噪声和振动。在加热、通风和空气调节（HVAC）系统的送风机和导风叶轮的变速控制中采用 DSP，则可提高效率，改善舒适度。

1.3 DSP 应用系统及其设计开发

1.3.1 DSP 应用系统的构成

典型 DSP 应用系统构成如图 1.1 所示，主要包括输入信号源、模拟信号处理（ASP）、模拟/数字转换（ADC）、数字信号处理（DSP）、数字/模拟转换（DAC）、输出执行机构等环节。

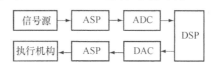

图 1.1　典型 DSP 应用系统构成

注：图 1.1 为 DSP 应用系统典型结构，并非所有 DSP 应用系统均需具备所有环节。

图 1.1 中，输入信号源是产生信号的物体，如麦克风、传感器等。其信号可为温度、压力、湿度、位置、速度、流量、声、光等各种形式。ASP 用于对某些原始信号进行放大或滤波等信号处理。原始信号经 ASP 进行放大、带限滤波和抽样后送 ADC。ADC 将 ASP 处理后的模拟信号转换成数字信号，由 DSP 按实际需求进行各种数字信号处理。处理后的数字信号再经 DAC 转换成模拟信号，由 ASP 进行内插和平滑滤波等处理后，将模拟信号送执行机构。

1.3.2 DSP 应用系统的设计方法

DSP 应用系统的设计过程如图 1.2 所示，一般包括需求分析、系统结构设计、软/硬件设计、系统集成及测试等阶段。

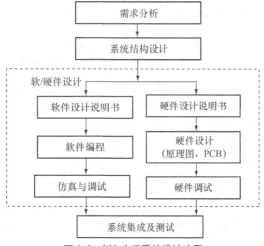

图 1.2　DSP 应用系统设计流程

需求分析阶段，按用户对应用系统的要求，提出系统级技术要求和相关说明，写出任务说明书，确定要实现的技术指标，同时要解决信号处理（如输入、输出特性分析，数字信号处理算法的确定，以及使用快速原型和硬件开发系统对性能指标的仿真和验证）和非信号处理（如应用环境、设备的可靠性指标和可维护性、功耗、体积、重量、成本、性价比等）两方面的问题。

系统结构设计阶段，确定信号处理单元和信号交互单元架构。然后根据系统指标要求选择 DSP 芯片，并为之设计相关外围电路和其他电路。另外还要进行系统的软/硬件分工，确定哪些功能由硬件实现，哪些功能由软件实现。

软/硬件设计阶段，硬件设计主要包括系统分析和系统综合两个阶段。前一阶段主要完成硬件方案的确定和器件选型；后一阶段主要完成原理图设计、印制电路板（PCB 图）设计、硬件制作和调试。软件设计可采用 DSP 汇编或 C/C++编程，然后调用代码产生工具生成可执行代码，进行仿真与调试。

系统集成及测试阶段，把系统的各部分集成为一个整体，进行运行测试。若不能满足需求，需要对软件和硬件进行修改。

1.4 典型 DSP 简介

1.4.1 市场上 DSP 概况

目前市场上的 DSP 芯片有 300 多种，其中定点的 200 多种，浮点的 100 多种。DSP 的主要厂商有美国 TI、ADI、Motorola、Zilog 等公司，其中 TI 占有全球 DSP 市场的 60%。TI 公司的 TMS320 系列 DSP 包括用于控制领域的 C2000 系列，移动通信的 C5000 系列，以及应用于网络、多媒体和图像处理的 C6000 系列。

目前，我国的 DSP 芯片市场被众多国外厂商占领，TI、Motorola、Lucent、ZSP、AD、NEC 等公司均不同程度地和国内有关企业及教育机构建立了联系。国内 DSP 的应用已有一定基础，但目前重要的 DSP 应用产品，如手机、调制解调器、硬盘驱动器等个人计算机与通信领域应用产品，均采用国际大公司的 DSP 方案。

1.4.2 TI 的 DSP 处理器概况

目前，TI 公司的 DSP 芯片占据了市场份额的半壁江山。其产品包括定点、浮点和多处理器 DSP 系列，应用范围涵盖了低端到高端各个领域。TI 的 DSP 芯片以 TMS320 作为前缀，其命名方法如图 1.3 所示。

总体上，TI 的 TMS320 系列 DSP 可分为定点系列、浮点系列和多处理器系列。目前应用最广的有 TMS320C2000、TMS320C5000、TMS320C6000 三个系列。

TMS320C6000 系列是 32 位高性能 DSP，面向高性能、多功能、复杂高端应用领域，主要包括 TMS320C62xx、C64xx、C67xx 等。TMS320C 5000 系列是 16 位定点、低功耗 DSP，面向低功耗、手持设备、无线终端应用等消费类数字市场，具有超低功耗（待机功率为 0.15mW），主要包括 TMS320C54x、54xx、C55x。TMS320C2000 系列面向数字控制、运动控制。目前应用的是其第二代改进型 DSP，片内增加了经过优化的、用于数字控制系统的外设电路，可大幅提高效率和降低功耗，是最佳控制平台，也称 DSP 控制器。

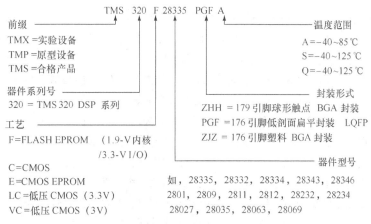

图 1.3 TMS320 系列产品命名方法

1.4.3 TMS320C2000 系列 DSP 控制器

TMS320C2000 系列 DSP 控制器集 DSP 内核和控制外设于一体，既具有数字信号处理能力，又具备强大的嵌入式控制功能，非常适合用于数字电源（如开关电源、不间断电源、AC/DC 整流器、DC-DC 模块等）、数字电机控制（如变速驱动器、伺服驱动器、家电用电机、压缩机和鼓风机、工业用泵类等）、可再生能源（如太阳能逆变器、风力发电逆变器、深循环电池管理、水力发电、大型电网等）、电力线通信（如太阳能、计量、镇流器、安全门检/安全监控系统等）、照明（如工业及商业照明、建筑照明、街道照明、舞台照明、汽车照明、大型基础设施照明、智能照明等）。

目前 TMS320C2000 的主流芯片是 32 位的，可分为 4 个子系列：定点系列、Delfino 高性能浮点系列、Piccolo 小封装系列，以及集连接与控制于一身的 Concerto 系列。其中前 3 个子系列为基本系列。

1. 32 位定点系列 DSP 控制器

32 位定点 DSP 控制器主要包括 TMS320x280x、TMS320x281x 和 TMS320F282xx 三个系列。

TMS320x281x（包含 FLASH 版本的 F2810、F2811、F2812 和 ROM 版本的 C2810、C2811、C2812）是在 TMS320x240x 的基础上升级、增强而来的 32 位微控制器，如其典型芯片 TMS320F2812 的片内外设和部分功能与 TS320LF2407 兼容。其中 TMS320F281x 具有高达 128KB 的 FLASH 和 150MIPS 的性能。

TMS320F282xx（包含 F28232、F28234 和 F28235 共 3 款芯片）在 TMS320F281x 的基础上增加了更多的外设和存储器资源（如增加了 DMA、高精度 PWM 等外设；RAM、定时器、GPIO，以及一些通信接口的数量也有所增加）。

与 TMS320x281x 相比，TMS320x280x 系列（包含 FLASH 版本的 F28015、F28016、F2801-60、F2802-60、F2801、F2802、F28044、F2806、F2808、F2809 和 ROM 版本的 C2801、C2802 等 12 款芯片）外设功能增强且极具价格优势，具有 100MIPS 的性能。所有产品引脚兼容，采用 100 引脚封装。该系列最大特色是增强了事件管理器的功能，将其分解为增强 PWM、增强捕获单元和增强正交编码器脉冲电路，具有高精度 PWM 模块，一些通信接口的数量也有所增加。

2. Delfino 高性能浮点系列 DSP 控制器

TMS320x283xx 在 32 位定点 CPU 内核（C28x）的基础上，增加了一个单精度 32 位 IEEE-754 浮点处理单元（PFU），浮点协处理器的速度可达 300MFLOPS。TMS320x283xx 又分为 TMS320F2833x（包含 F28332、F28334 和 F28335）和 TMS320C2834x（包含 C28341、C28342、C28343、C28344、C28345 和 C28346 这 6 款芯片）两个系列，后者在前者的基础上工作频率增加了（如 TMS320C28346 工作频率可高达 300MHz，比 TMS320F28335 增加了 1 倍），但是无 FLASH 存储器，取而代之的是相当数量的 RAM。

Delfino 系列 DSP 控制器为高性能的实时控制应用提供了浮点性能与高集成度，大大提高了高端实时控制应用实现方案的智能化与效率。该系列支持高达 300MHz 的速度、高达 512KB 的 FLASH 或 516KB 的 RAM、高分辨率 PWM、每秒 12.5MB 采样速率的 ADC 或外部 ADC 接口，以及众多的通信接口。Delfino 系列具有高性能内核、控制优化型外设及可扩展的开发平台，能够有效降低系统成本、提高系统可靠性和性能，适用于工业电源电子产品、配电、可再生能源和智能控制等应用场合。

3. Piccolo 小封装系列 DSP 控制器

TMS320F2802x/F2803x/2806x Piccolo 系列是 TI 新近推出的 32 位控制器。它体现了小封装与高性能的最佳结合，提供了低成本的高集成度解决方案。Piccolo 系列可提供多种封装版本和外设选项，实现了高性能、高集成度、小尺寸，以及低成本的完美组合。Piccolo 处理器支持高达 80 MHz 的速度和高达 256KB 的 FLASH、专用的高分辨率 PWM、功能强大的 ADC、模拟比较器及成本敏感型混合信号器件中的通信接口。部分 Piccolo 器件提供浮点支持（如 F2806x 包括一个浮点处理单元）。浮点协处理器（或称"控制律加速器"CLA）可独立访问反馈与前馈外设，能够提供并行控制环路，以强化主 CPU。由于增加了一个 Verterbi 复数数学单元（VCU），因而可实现 PLC 应用，并进一步提高复数数学处理速度。

Piccolo 系列目前主要包括 3 个子系列：TMS320F2802x（包含 F280200、F28020、……、F28026 和 F28027 等 7 款芯片），TMS320F2803x（包含 F28030、F28031、……、F28035 等 6 款芯片），TMS320F2806x（包含 F28062、F28063、……、F28068、F28069 等 8 款芯片）。其最低端芯片的价格不到 2 美元（如 TMS320F280200 芯片 2011 年的建议零售价仅为 1.85～2.01 美元）。

4. Concerto 系列 DSP 控制器

Concerto F28M35x 系列将 ARM CortexM3 内核与 C2000 的 C28x 内核整合在一个器件中，使太阳能逆变器和工业控制等应用能够在保持单芯片解决方案的同时，保持通信和控制处理彼此隔离。Concerto 系列支持高达 150MHz 的工作频率（在面向控制的 C28x 内核中）和高达 100MHz 的工作频率（在面向通信的 ARM Cortex-M3 内核上）。内存选项包括高达 1MB 闪存和 132KB RAM。通信接口则包括以太网、USB、CAN、I^2C、SPI、SCI 和 McBSP。该系列可降低系统成本，获得安全性认证，并实现实时控制与通信的完美结合。

TMS320C2000 的 32 位 DSP 控制器的 3 个基本系列中，Delfino 浮点系列能够执行复杂的浮点运算，节省存储空间和代码执行时间，具有精度高、成本和功耗低、外设集成度高等优点，为嵌入式工业控制提供了优秀的性能和简单的软件设计。因此，本书以该系列的典型芯片 TMS320F28335 为对象介绍 DSP 控制器的原理与应用技术。

1.5 TMS320F28335 DSP 控制器简介

1.5.1 TMS320F28335 芯片封装和引脚

TMS320F28335 芯片有 3 种封装形式：176 引脚的 PGF/PTP 低剖面扁平封装（LQFP）、179 引脚的 ZHH 球形触点阵列（BGA）和 176 引脚的 ZJZ 塑料球形触点阵列（PBGA）。其中 176 引脚 LQFP 封装的顶视图如图 1.4 所示，引脚分 4 组排列在芯片周边。将芯片上的下凹圆点放置在左下方位置，正对下面一列的第一个引脚为 1 号引脚标志，其他引脚序号按逆时针方向排列。

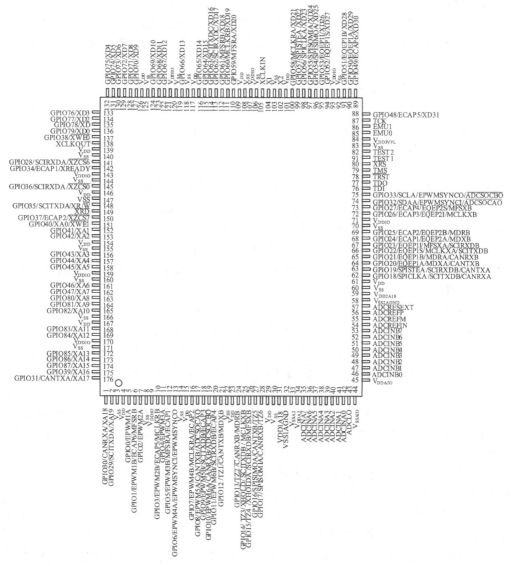

图 1.4 TMS320F28335 的 176 引脚 LQFP 封装顶视图

芯片外围引脚主要包括电源接口、地址总线接口、数据总线接口、JTAG 接口及各种片内外设的通信接口。附录详细描述了各引脚功能分配和描述。其中所有数字输入引脚的电平均与 TTL 电平兼容，不能承受 5V 电压；所有引脚的输出均为 3.3V 的 CMOS 电平，输出缓冲器驱动能力典型值为 4mA，而外部存储器接口 XINTF 相关引脚输出驱动能力则可达到 8mA。

1.5.2　TMS320F28335 DSP 控制器性能概述

TMS320F28335 芯片的主要性能如下。

（1）高性能 32 位 CPU。IEEE-754 单精度浮点单元、32×32 或 16×16 乘累加操作、双 16×16 乘累加单元、改进的哈佛总线结构、快速中断响应和处理、统一的寄存器编程模式、代码效率更高。

（2）采用高性能的静态 CMOS 工艺。工作频率高达 150MHz（指令周期 6.67ns），内核电压为 1.9/1.8V（工作频率低于 135MHz 时可采用 1.8V），I/O 电压为 3.3V。另外还有 3 个 32 位的 CPU 定时器，可实现长时间的定时。

（3）16 或 32 位的外部接口（XINTF），地址空间超过 $2M \times 16$ 位。

（4）片上存储器。$256K \times 16$ 位的 FLASH、$34K \times 16$ 位的 SARAM、$1K \times 16$ 位的 OTP ROM。另外，还有 $8K \times 16$ 位的 BOOT ROM，具有软件引导模式（经 SCI、SPI）和标准的数学表。

（5）时钟和系统控制。支持动态改变锁相环倍频系数，具有片上振荡器和看门狗时钟模块。

（6）128 位的安全密钥。可保护 FLASH/OTP/SARAM 存储器，防止系统固件被盗。

（7）多达 88 个可独立编程和进行内部滤波的复用通用数字量输入输出引脚（GPIO）。其中 GPIO0～GPIO63 可连接至 8 个外部中断的任一个。

（8）外设中断扩展（PIE）模块支持所有 58 个外设中断。

（9）增强的控制外设。8 个 32 位定时器、9 个 16 位的定时器、多达 18 路的 PWM 输出、6 路高精度 HRPWM 输出、6 个事件捕获输入。

（10）16 通道 12 位 ADC 模块。具有 80ns 的快速转换时间、2×8 通道的输入多路选择器和 2 个采样/保持器，可进行单转换/连续转换，可选用内部或外部参考电压。

（11）串行通信外设。两个现场总线通信（CAN）模块、3 个串行通信（SCI）模块、一个串行外设接口（SPI）模块、两个多通道缓冲串口（McBSP）模块、一个集成电路总线（I^2C）接口模块。

（12）6 通道 DMA 控制器（可用于访问 ADC、McBSP、ePWM、XINTF 和 SARAM）。

（13）支持 JTAG 边界扫描，具有先进的仿真功能：具有分析和设置断点功能，可进行实时硬件调试。

（14）开发工具。包括 ANSI C/C++编译器/汇编器/连接器、代码编辑集成开发环境、DSP/BIOS、数字电机控制和数字功率软件库。

（15）低功耗模式和节能模式。具有空闲（IDLE）、等待（STANDBY）和暂停（HALT）三种模式，各片内外设时钟可独立控制。

（16）工作温度范围。A：$-40℃\sim+85℃$（PGF、ZHH、ZJZ）；S：$-40℃\sim+125℃$（PTP、ZJZ）；Q：$-40℃\sim+125℃$（PTP、ZJZ）。

1.6　DSP 控制器的基本原理和学习方法

DSP 控制器的基本工作原理与微处理器、单片机基本一致，即：从存储器、I/O 接口等处取数，运算后再将结果存放起来。故其工作过程中占主导地位的是程序流和数据流，需要采用数据总线和地址总线来实现数据流和地址流的有序管理和控制。中央处理单元 CPU、程序存储器、数据存储器和片内外设均挂接在总线上。程序存储器用于存放程序员根据实际应用需求编写的程序代码；CPU 作为控制中心，根据程序代码指挥当前时刻数据总线和地址总线由谁占用，并进行相关的运算；数据存储器用于记录 CPU 工作过程的原始数据、中间结果和最终结果；片内外设用来与外界进行信息交互，其引脚与数字 I/O 模块的数字量输入/输出引脚复用；数据总线和地址总线一般延伸至片外引脚，如图 1.5 所示。

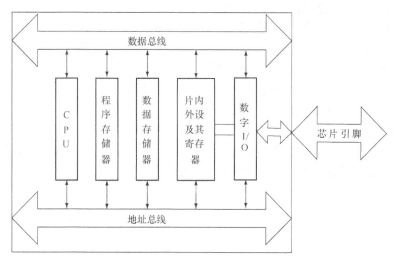

图 1.5　DSP 控制器基本原理

传统微处理器一般采用单总线结构，相当于一辆车运行于一条高速车道上，分时提供不同的服务。而 DSP 控制器采用多总线结构，相当于多辆车同时运行于多条高速车道上，分别提供不同的服务，故其运行速度和处理能力大大提高。而且，现代 DSP 控制器，如 F28335 还具有直接存储器访问（DMA）总线，其 CPU 可以 DMA 形式访问特定外设。

在 DSP 控制器中，地址是非常重要的概念。每个存储器、寄存器，包括所有的片内和片外可编程功能模块，均有自己的地址。事实上，DSP 对片内可编程模块的操作，是通过对其寄存器（包括控制类、数据类和状态类）进行编程实现的。这些寄存器各自具有厂家事先设定好的唯一地址。而片外可编程模块则需要由 DSP 应用系统设计者在硬件设计时为其分配地址。地址确定后，接下来的任务就是如何组织数据，采取什么算法，通过何种流程来实现。

学习 DSP 控制器，一般可遵循以下方法。首先了解其结构框架和性能概述，掌握其特点；其次要学习其硬件基础，包括其 CPU 结构、寄存器组、存储器配置及最小系统支持模块等；接下来要掌握其软件开发方法，熟悉其仿真软件和开发环境；然后，再学习所需片内外设的原理和编程方法；最后，按 DSP 应用系统设计方法，进行软、硬件设计和系统仿真与调试。

习题与思考题

1.1　请解释 DSP 的含义。

1.2　数字信号处理的一般实现方法有哪些？各自有什么优缺点？

1.3　为什么 DSP 特别适合用于进行数字信号处理，请简述其主要特点。

1.4　简述哈佛结构和传统冯·诺依曼结构的不同，DSP 采用的哪种结构？

1.5　简述流水线操作的基本原理和好处。

1.6　简述 DSP 的发展历程和发展趋势。

1.7　简述 DSP 的典型应用领域。

1.8　简述 DSP 应用系统的典型构成，是否所有的 DSP 应用系统均需具备所有环节？

1.9　简述 DSP 应用系统的一般设计过程。

1.10　目前市场上主要 DSP 厂商有哪些？试使用搜索工具查阅其主要 DSP 处理器产品。

1.11　TI 公司目前应用较广的 3 个 DSP 系列是什么？各自适合用于什么领域？

1.12　TMS320C 2000 中 32 位 DSP 控制器主要包括哪些子系列，各自有什么特点？

1.13　TMS320F28335 是哪个公司的 DSP？试解释其型号命名含义。

1.14　简述 TMS320F28335 主要性能。

1.15　TMS320F28335 有哪些封装形式，各自有多少引脚？

1.16　如何确定 TMS320F28335 外部引脚的首个引脚的位置，引脚按什么顺序排序？

1.17　对照附录了解 TMS320F28335 的引脚信息。

第 **2** 章 硬件基础

【内容提要】

DSP 控制器的硬件基础，包括其功能结构、中央处理单元、存储器配置、时钟源模块、电源与系统控制等。首先介绍了 DSP 控制器内部功能结构，包括其总体结构、总线结构和流水线；接着介绍了 DSP 控制器的核心——C28x+FPU，包括 C28x 定点 CPU 执行单元、寄存器组、兼容模式，以及浮点处理单元 FPU 的寄存器组；然后介绍了 DSP 控制器的存储器与存储空间特点，存储器地址映射、片内存储器配置和外部存储器扩展接口；随后介绍了其时钟源模块的组成和编程配置方法；最后简要介绍了其供电电源与系统复位模块。

2.1 内部功能结构

2.1.1 总体结构及功能模块概述

TMS320F28335 具有丰富的片内资源和强大功能，其总体结构如图 2.1 所示。其片内含 CPU、各种类型的存储器及外设，它们均挂接在总线（包括程序总线、数据总线、DMA 总线等）上。

（1）CPU

28335 的 CPU 具有 32 位架构，包括 C28x 32 位定点 CPU 和一个 32 位单精度 IEEE-754 浮点处理单元（FPU）。C28x 32 位定点 CPU 包括 32 位乘法器和单周期可读/修改/写算术逻辑单元（R-M-WALU），具有分离的数据总线和程序总线结构（即改进型哈佛结构），数据空间和程序空间统一编址。

（2）片内存储器

28335 包括 512KB（256K×16 位）的片内 FLASH、68KB（34K×16 位）的单口 RAM（SARAM）、引导 ROM（BOOT ROM）和 128 位的代码安全模块（Code Security Module，CSM），可保护程序代码免受非法用户窃取。FLASH 用于存放用户程序代码或数据表，可通过 JTAG 接口烧写或擦除，CPU 对其访问需要等待时间。SARAM 每个周期只能访问一次，但是 CPU 对其访问无需等待。TI 在引导 ROM 中固化了引导程序，芯片上电后可根据几个通用输入/输出（GPIO）引脚状态组合选择不同程序加载方式。

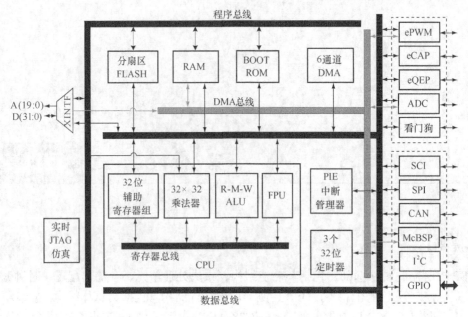

图 2.1　TMS320F28335 总体结构

（3）片内外设

28335 的片内外设主要包括可产生 18 路脉宽调制波的脉宽调制器（ePWM）、6 个增强捕获单元（eCAP）、两个增强正交编码器（eQEP）、一个 12 位模/数转换模块（ADC）、一个看门狗、3 个串行通信接口（SCI）、一个串行外设接口（SPI）、两个现场总线通信接口（CAN）、两个多通道缓冲串口（McBSP）、一个内部集成电路(I^2C)模块和 88 个通用输入/输出（GPIO）引脚。另外，还包括 PIE 中断管理器、3 个 32 位 CPU 定时器、6 通道 DMA、16/32 位的外部存储器接口（XINTF）和 JTAG 边界扫描接口。

（4）片内总线

28335 的片内总线包括存储器总线、外设总线和 DMA 总线。其存储器总线采用哈佛结构的多总线结构，外设总线采用 TI 统一标准激活片内外设的连接。外设总线由 16 位地址、16/32 位数据和一些控制信号组成。F28335 支持 3 种不同的外设：外设 1 支持 32/16 位访问，外设 2 支持 16 位访问，外设 3 可通过 DMA 总线支持 16/32 位 DMA 访问。

2.1.2　总线结构与流水线

总线结构的性能很大程度上决定了处理器的性能。为了提高处理速度，一方面可通过提高 CPU 时钟频率以提高响应速度，另一方面可加宽数据总线宽度以进行更高位数的复杂运算。此外还有一种最佳方案就是采用并行多级流水线。C28x CPU 的主要组成及总线结构如图 2.2 所示。

由图 2.2 可见，DSP 控制器的片内存储器总线共有 6 组，地址总线和数据总线各 3 组。3 组地址总线为：程序地址总线 PAB（提供访问程序存储器的地址）、数据读地址总线 DRAB（提供读数据存储器的地址）、数据写地址总线 DWAB（提供写数据存储器的地址）。其中 PAB 宽度为 22 位，故程序空间最大可寻址 2^{22}=4MW；DRAB 和 DWAB 的宽度均为 32 位，故数据空间最大可寻址 2^{32}=4GW。

3 组数据总线为：程序读数据总线 PRDB（传送来自程序空间的指令或数据）、数据读数据总线 DRDB（传送来自数据空间的数据）和数据/程序写数据总线 DWDB（将 CPU 处理后的数据传送到数据/程序存储器）。这 3 组数据总线宽度均为 32 位，可传输 32 位的数据。

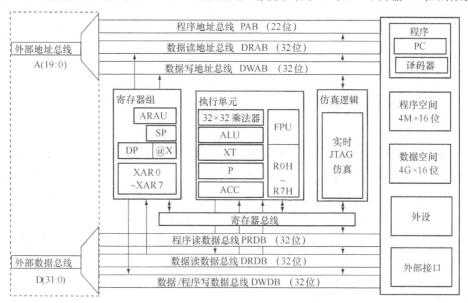

图 2.2　C28x CPU 的主要组成及总线结构

由图 2.2 可见，DSP 控制器不仅程序空间和数据空间的总线独立（拥有独立的地址和数据总线），而且数据空间进行读和写的总线也独立。这意味着 DSP 不仅可同时访问程序空间和数据空间，而且可同时对数据空间进行读和写的操作。因此它可以通过执行多级并行流水线，提高处理能力。

注意：由于对程序空间的读和写操作均需用到 PAB，故程序空间的读和写不能同时发生；同理，由于对程序空间和数据空间的写操作均需用到 DWDB，故程序空间写和数据空间写也不能同时发生。

DSP 控制器的外部地址总线和数据总线仍为单一形式，以便与外围芯片兼容。F28335 的外部地址总线为 20 位，数据总线为 32 位。

DSP 控制器采用图 2.3 所示的 8 级流水线，即把每条指令的执行过程分为取指 1（F1）、取指 2（F2）、译码 1（D1）、译码 2（D2）、读 1（R1）、读 2（R2）、执行（E）和写（W）8 个阶段，每个阶段分别完成不同的任务。

F1 阶段：CPU 将指令地址送至程序地址总线 PAB。

F2 阶段：CPU 从程序读数据总线 PRDB 上将指令取出，放入指令队列。

D1 阶段：取指机制包含一个可以容纳 4 条 32 位指令的指令队列。CPU 识别指令队列中下一条待处理指令的边界和长度（DSP 控制器可支持 32 位指令和 16 位指令）。

D2 阶段：CPU 从指令队列中取出指令，放入指令寄存器。

R1 阶段：CPU 将操作数地址送至相应地址总线上。

R2 阶段：CPU 从相应数据总线上读入操作数。

E 阶段：CPU 执行所有的乘法、移位和算术、逻辑运算。

W 阶段：CPU 将执行结果写入存储器。

F1	N	N+1	N+2	N+3	N+4	N+5	N+6	N+7
F2	N-1	N	N+1	N+2	N+3	N+4	N+5	N+6
D1	N-2	N-1	N	N+1	N+2	N+3	N+4	N+5
D2	N-3	N-2	N-1	N	N+1	N+2	N+3	N+4
R1	N-4	N-3	N-2	N-1	N	N+1	N+2	N+3
R2	N-5	N-4	N-3	N-2	N-1	N	N+1	N+2
E	N-6	N-5	N-4	N-3	N-2	N-1	N	N+1
W	N-7	N-6	N-5	N-4	N-3	N-2	N-1	N

图 2.3 8 级流水线操作

由于指令执行的每个阶段需要一个机器周期，故一条指令的执行需要 8 个周期。但每个周期同时启动 8 条流水线，每条流水线处理一条指令。任一时刻，第一条流水线对某指令进行 F1 操作的同时，其他 7 条流水线分别对其前面 7 条指令进行 F2～W 的操作。由于这 8 条指令同一时刻分别使用片内的 6 条总线，故不会发生冲突。这种并行机制使得流水线启动后，每个周期均有 8 条指令同时激活，分别处于流水线的不同阶段。而且在任一周期均有指令执行，仿佛一个周期完成一条指令。

注意：① 虽然每条指令的执行均需经过 8 个阶段，但并非每个阶段均有效。比如有些指令在 D2 阶段即结束，还有一些指令在 E 阶段后即完成。

② 由于流水线中不同指令会在不同阶段对存储器和寄存器进行访问，为了防止不按指令预定顺序对同一位置读/写，定点处理单元会自动增加无效周期对流水线进行保护，以确保操作顺序与编程顺序一致。浮点处理单元 FPU 无流水线保护机制，故执行某些浮点操作（如将整型数转换成浮点型数）时，需要通过插入 NOP 指令或其他无流水线冲突的指令进行延时，以保证操作顺序的正确性。

③ F1～D1 独立于 D2～W。凡达到流水线 D2 阶段的指令均不会被从流水线中清除。

2.2 中央处理单元

F28335 DSP 控制器的 CPU 采用 C28x+FPU 的架构，它与 C28x 定点 DSP 控制器具有相同的定点架构，仅多了一个单精度（32 位）IEEE-754 浮点单元（FPU）。它不仅支持使用 C/C++ 语言完成控制程序的设计，而且可实现复杂的定点、浮点数学运算。F28335 作为一款高效的处理器，可以满足许多应用系统中对多处理器的需求。它具有 32 位×32 位的乘法运算能力和 64 位的处理能力，能很好地处理高精度浮点数值运算。

2.2.1 C28x CPU 执行单元

C28x 的执行单元包括 3 个组成部分：输入定标部分、乘法部分和算术逻辑部分，其结构示意图如图 2.4 所示。

（1）输入定标部分

输入定标部分即图 2.4 中的输入移位器，它是一个 32 位的移位寄存器。其作用是将来自总线的 16 位数据定标为 32 位后送至 32 位的算术逻辑单元（ALU）。其操作不占用 CPU 时钟开销。另外，输入移位器对数据定标时，也可进行符号扩展。是否需要进行符号扩展由 CPU

状态寄存器 ST0 中的符号扩展位 SXM 控制。

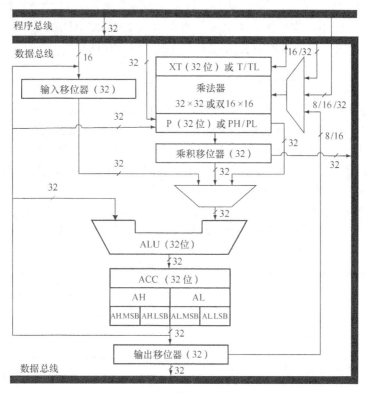

图 2.4 CPU 的定点运算单元

（2）乘法部分

C28x CPU 有一个 32 位×32 位的硬件乘法器，可以完成 32 位×32 位或 16 位×16 位的乘法运算。流水线启动后，可在单周期内能实现 32 位×32 位的乘累加（MAC）或双 16 位×16 位的 MAC 操作。乘法部分包括以下内容。

32 位的临时寄存器 XT，用于存放被乘数，也可作为两个独立的 16 位寄存器 T（高 16 位）和 TL（低 16 位）使用。

32 位×32 位的乘法器，用于实现乘法运算，可实现 32 位×32 位乘法运算或两个 16 位×16 位的乘法运算。

32 位的乘积寄存器 P，用于存放乘法运算的结果，可作为两个独立的 16 位寄存器 PH（高 16 位）和 PL（低 16 位）使用。

32 位的乘积移位器，可将乘积左移或右移后送入 ALU 或存储器。

实现 32 位×32 位乘法运算时，乘法器可将来自 XT 或程序存储单元的 32 位数据和指令中给出的另一个 32 位数据相乘，并将 64 位乘积的高 32 位或低 32 位放入 P 寄存器。实现 16 位×16 位乘法运算时，乘法器可将来自 T 寄存器的 16 位的数据与指令中给出的另一个 16 位数据相乘，并将 32 位乘积存放于 P 寄存器或累加器 ACC。

（3）算术逻辑部分

算术逻辑部分用于执行二进制补码算术运算和逻辑运算，包括：32 位的算术逻辑单元 ALU、32 位的累加器 ACC 和 32 位的输出移位器。其中 ALU 有两个输入，一个来自于 ACC，另一个来自于输入移位器、乘积移位器的输出或者直接来自乘积寄存器。ACC 接收 ALU 输出，可在进位位 C 的辅助下进行移位操作，也可作为两个独立的 16 位寄存器 AH（高 16 位）和 AL（低 16 位）使用，或者作为 4 个 8 位寄存器 AH.MSB、AH.LSB、AL.MSB、AL.SLB 使用。输出移位器可把累加器内容复制出来，移位后送至存储器。

2.2.2　C28x CPU 兼容模式

TI 的 DSP 控制器具有代码向上兼容性。C28x CPU 具有 3 种操作模式：C28x 模式、C2xLP 源-兼容模式和 C27x 目标-兼容模式，故 C28x DSP 控制器可以兼容采用 C2xLP、C27x 内核的 DSP 处理器的代码。在 C27x 目标-兼容模式下，目标码与 C27x 处理器完全兼容。在 C2xLP 源-兼容模式下，允许用户使用 C28x 代码产生工具编译 C2xLP 的源代码。在 C28x 模式下，可使用 C28x 的所有有效特性、寻址方式和指令系统。

复位时，C28x DSP 控制器工作于 C27x 目标-兼容模式。可通过对状态寄存器 ST1 的控制位 OBJMODE 和 AMODE 的组合进行编程，使其工作于所需模式，如表 2.1 所示。

表 2.1　　　　　　　　　　　　　　C28x CPU 兼容模式

模式	模式位	
	OBJMODE	AMODE
C28x 模式	1	0
C27x 目标-兼容模式	0	0
C2xLP 源-兼容模式	1	1
保留	0	1

2.2.3　C28x CPU 寄存器组

由图 2.2 可见，C28x CPU 的寄存器组除了乘法部分的两个 32 位寄存器——临时寄存器 XT（可作为两个 16 位寄存器 T 和 TL）和乘积寄存器 P（可作为两个 16 位寄存器 PH 和 PL）、算术逻辑部分的 32 位累加器 ACC（可作为两个 16 位寄存器 AH 和 AL）之外，还包括两个 22 位的程序控制寄存器——程序计数器（PC）和返回程序计数器（RPC），8 个 32 位的辅助寄存器 XAR0～XAR7、22 位的数据页面指针 DP、16 位的堆栈指针 SP，2 个 16 位的状态寄存器 ST0、ST1，3 个 16 位的中断控制寄存器——中断允许寄存器 IER、中断标志寄存器 IFR 和调试中断寄存器 DBGIER。其中 PC 和 RPC 用于程序控制，XAR0～XAR7、DP 和 SP 主要用于对存储器空间进行寻址，ST0 和 ST1 包含了系统状态位和控制位。IER、IFR 和 DBGIER 用于 CPU 中断控制（详见 4.2 节 "中断管理系统"）。

（1）程序控制寄存器 PC 和 RPC

PC 和 RPC 用于程序控制（产生程序地址），前者用于存放达到流水线 D2 阶段的指令的地址，后者用于执行长调用（LCR）指令时存放返回地址。

（2）辅助寄存器及其算术单元

XAR0～XAR7 均为 32 位，其基本作用是间接寻址时存放操作数地址，作为指针指向存储器；此外，也可作为通用寄存器使用。使用辅助寄存器对数据空间进行间接寻址时地址总线宽度为 32 位，故最大寻址范围可达 2^{32}=4GW。此时，操作数地址直接存放于 XAR0～XAR7 中。辅助寄存器的管理由辅助寄存器算术单元 ARAU 负责。ARAU 可对 XAR0～XAR7 中地址进行运算，如地址加/减 1、地址加/减某一常数、地址加/减 AR0 的值、将工作寄存器与 AR0 的值进行比较以实现程序控制等。由于 ARAU 与 ALU 并行工作，故对地址的运算不需要 ALU 参与。另外，XAR0～XAR7 的低 16 位 AR0～AR7 可以独立访问，用于实现循环控制和 16 位比较。

（3）数据页面指针 DP

DSP 控制器数据存储空间的低 4M 字也可进行直接寻址，即将该空间每 64 字为一页（距离页面起始地址的偏移量为 0～63，占用低 6 位地址），分为 65536 页（页面编号 0～65535，占用高 16 位地址），如图 2.5 所示。其中高 16 位的页面编号由 16 位的数据页面指针 DP 指示，低 6 位的偏移量由指令给出，因此直接寻址时数据空间的最大寻址范围为 $2^{16}\times 2^{6}=2^{22}$=4MW。

DP 值	偏移量	数据存储器
0000 0000 0000 0000 ⋮ 0000 0000 0000 0000	00 0000 ⋮ 11 1111	第 0 页：0000 0000H～0000 003FH
0000 0000 0000 0001 ⋮ 0000 0000 0000 0001	00 0000 ⋮ 11 1111	第 1 页：0000 0040H～0000 007FH
0000 0000 0000 0010 ⋮ 0000 0000 0000 0010	00 0000 ⋮ 11 1111	第 2 页：0000 0080H～0000 00BFH
⋮	⋮	⋮
1111 1111 1111 1111 ⋮ 1111 1111 1111 1111	00 0000 ⋮ 11 1111	第 65535 页：003F FFC0H～003F FFFFH

图 2.5　数据空间低 4M 字的分页

注：DSP 控制器工作于 C2xLP 兼容模式时，使用 7 位的偏移量，并忽略 DP 的最低有效位。

（4）堆栈指针 SP

堆栈指针 SP 是一个 16 位的寄存器，故使用堆栈寻址最大寻址范围为 2^{16}=64KW，即其可以对数据空间的低 64K 字进行寻址。正常情况下堆栈由低地址向高地址方向增长，使用过程中 SP 总是指向下一个可用的字。复位时，SP 指向地址 0x0400。对堆栈进行 32 位访问时，一般从偶地址开始。将 32 位数存入堆栈时，先存放低 16 位，后存放高 16 位。

另外，当 SP 值增加到超过 0xFFFF 时，将自动从 0x0000 开始向高地址循环；当 SP 值减小到小于 0x0000 时会自动从 0xFFFF 向低地址循环。

（5）状态寄存器 ST0 和 ST1

DSP 控制器有两个状态寄存器，其中包含不同的状态位和控制位。ST0 的位分布如下，其位描述如表 2.2 所示。

15～10	9～7	6	5	4	3	2	1	0
OVC/OVCU	PM	V	N	Z	C	TC	OVM	SXM
R/W-000000	R/W-000	R/W-0	R/W-0	R/W-0	R/W-0	R/W-0	R/W-0	R/W-0

注：其中“R”表示该位可读，“W”表示该位可写，“-”之后的数字表示 DSP 复位后的值。全书含义均一致。

表 2.2 状态寄存器 ST0 的位描述

位	名称	说明
15～10	OVC/OVCU	溢出计数器。有符号运算时为 OVC，用以保存 ACC 的溢出信息；无符号运算时为 OVCU，加法运算有进位则加，减法有借位则减
9～7	PM	乘积移位模式，决定乘积在输出前如何移位
6	V	溢出标志，反映操作结果是否引起保存结果的寄存器溢出
5	N	负标志，反映某些操作中运算结果是否为负
4	Z	零标志，反映操作结果是否为零
3	C	进位位，反映加法运算是否产生进位，或者减法运算是否产生借位
2	TC	测试/控制位，反映位测试（TBIT）或归一化（NORM）指令的测试结果
1	OVM	溢出模式位，规定是否需要对 ACC 溢出结果进行调整
0	SXM	符号扩展位，决定输入移位器对数据移位时是否需要进行符号扩展

ST1 的位分布如下，其位描述如表 2.3 所示。

15		13	12	11	10	9	8
ARP			保留	M0M1MAP	保留	OBJMODE	AMODE
R/W-000			R-0	R-1	R-0	R/W-0	R/W-0

7	6	5	4	3	2	1	0
IDLESTAT	EALLOW	LOOP	SPA	VMAP	PAGE0	DBGM	INTM
R-0	R-0	R/W-0	R/W-0	R/W-1	R/W-0	R/W-1	R/W-1

表 2.3 状态寄存器 ST1 的位描述

位	名称	说明
15～13	ARP	辅助寄存器指针，指示当前时刻的工作寄存器
11	MOM1MAP	M0 和 M1 映射位。C28x 模式下为 1，C27x 兼容模式下为 0（仅供 TI 测试用）
9	OBJMODE	目标兼容模式位，用于在 C28x（该位为 1）和 C27x 模式（该位为 0）间选择
8	AMODE	寻址模式位，用于在 C28x（该位为 0）和 C2xLP 寻址模式（该位为 1）间选择
7	IDLESTAT	空闲状态位，只读。执行 IDLE 指令时置位，下列情况复位：执行中断、CPU 退出 IDLE 状态、无效指令进入指令寄存器或某个外设复位后
6	EALLOW	受保护寄存器访问允许位，对仿真寄存器或受保护寄存器访问前要将该位置 1
5	LOOP	循环指令状态位，CPU 执行循环指令时该位置位
4	SPA	队列指针定位位，反映 CPU 是否已把堆栈指针 SP 定位到偶地址
3	VMAP	向量映射位，用于确定将 CPU 的中断向量表映射到最低地址（该位为 0）还是最高地址（该位为 1）
2	PAGE0	寻址模式设置位，用于在直接寻址（该位为 1）和堆栈寻址（该位为 0）间选择
1	DBGM	调试功能屏蔽位，该位置位时，仿真器不能实时访问存储器和寄存器
0	INTM	中断屏蔽位，即可屏蔽中断的总开关，该位为 1 所有可屏蔽中断被禁止

2.2.4 浮点处理单元 FPU 及其寄存器组

28335 DSP 控制器的浮点处理单元 FPU 并没有改变 C28x CPU 的指令集、流水线或存储器总线结构。但是 FPU 作为 C28x 定点 CPU 的协处理器，二者间直接进行数据交换，以及实现整型与浮点型格式转换时，需要插入一个延迟槽（delay slot），且浮点运算无流水线保护机制。故针对此类指令，若用汇编编程实现浮点运算时，需要在其后插入若干空操作（NOP）指令；用 C/C++ 编程时，C/C++ 编译器将自动处理该问题。

FPU 在 C28x 定点 CPU 的基础上增加了支持 IEEE 单精度浮点操作的寄存器组和指令集。增加的浮点寄存器组包括：8 个浮点结果寄存器 RnH（其中 $n=0\sim7$）、浮点状态寄存器 STF 和块重复寄存器 RB，它们均为 32 位。除 RB 外，其他寄存器均具有映射寄存器，可在处理高优先级中断时对浮点寄存器的值进行快速保护和恢复。

浮点状态寄存器 STF 反映了浮点操作的结果，其位分布如下，位描述如表 2.4 所示。

31	30 10	9	8 7	6	5	4	3	2	1	0
SHDWS	保留	RND32	保留	TF	ZI	NI	ZF	NF	LUF	LVF
R/W-0	R-0	R/W-0	R-0	R/W-0	R/W-0	R/W-0	R/W-0	R/W-0	R/W-0	R/W-0

表 2.4 　　　　　　　　　　浮点状态寄存器 STF 的位描述

位	名称	说明
31	SHDWS	映射模式状态位。RESTORE 指令强制其置 1，SAVE 指令强制其清 0，装载 STF 不影响该位
9	RND32	取整模式位，反映 32 位浮点运算结果取整方式。0-向零取整；1-向最近整数取整
6	TF	测试标志位，反映测试指令（TESTTF）的条件。0-条件为假；1-条件为真
5	ZI	零整数标志位。0-整数值非 0；1-整数值为 0
4	NI	负整数标志。0-整数值非负；1-整数值为负
3	ZF	浮点零标志。0-浮点值非 0；1-浮点值为 0
2	NF	浮点负标志。0-浮点值非负；1-浮点值为负
1	LUF	浮点下溢条件缓存标志。0-下溢条件未被缓存；1-下溢条件被缓存
0	LVF	浮点上溢条件缓存标志。0-上溢条件未被缓存；1-上溢条件被缓存

块重复指令 RPTB 是 FPU 新增的指令，允许重复执行一块代码。执行 RPTB 指令时，FPU 使用 RB 寄存器辅助实现块重复操作。RB 寄存器的位分布如下，其位描述如表 2.5 所示。

31	30	29 23	22 16	15 0
RAS	RA	RSIZE	RE	RC
R-0	R-0	R-0	R-0	R-0

	表 2.5	RB 寄存器的位描述
位	名称	说明
31	RAS	重复块激活缓冲位。中断发生时将 RA 复制至 RAS
30	RA	重复块激活位。执行 RPTB 指令时该位置 1；块重复结束时该位清 0。中断发生时将 RA 复制至 RAS，且 RA 清 0；中断结束返回时 RAS 复制至 RA 且 RAS 清 0
28～23	RSIZE	重复块大小，反映重复块中 16 位字的数目。从偶地址开始的重复块至少包含 9 个以上的字，从奇地址开始的重复块至少包含 8 个以上的字。因此 RSIZE=0～7 为非法数字，8～0x7F 为合法数字
22～16	RE	重复块结束地址。执行 RPTB 指令时，RE=（PC+1+RSIZE）的低 7 位
15～0	RC	重复计数器。块重复次数=RC+1 次

2.3 存储器与存储空间

F28335 DSP 控制器为改进的哈佛结构处理器，具有哈佛结构的基本特点，如其存储空间划分为数据空间和程序空间，各自有独立的地址总线和数据总线；但其数据空间和程序空间本身是重合的，没有独立的 I/O 空间，外部引脚中也无用以区分程序、数据、I/O 空间的使能信号。这种改进的哈佛结构既保留了哈佛结构的优点，如程序空间和数据空间访问独立，不会冲突；同时又可以用于冯·诺依曼模式，即可把程序和数据存放于统一的存储空间中，因此可在其上运行嵌入式操作系统。

2.3.1 存储空间映射

图 2.6 为 F28335 DSP 控制器的存储器映射图，可见其数据空间和程序空间是统一的。由于程序地址总线为 22 位，因此最大寻址空间为 2^{22}=4MW（地址范围 0x000000～0x3FFFFF）。其程序空间的低 64K 字相当于 24x/240x 的数据空间，最高的 64K 字相当于 24x/240x 的程序空间。注意：对于数据存储空间，尽管图 2.6 中仅画出了与程序空间地址重合的区域，但由于片内数据地址总线的宽度为 32 位，故最大可寻址 2^{32}=4GW。

2.3.2 片内存储器配置

由图 2.6 可见其片内配置了各种类型的存储器：FLASH（256K 字）、SARAM（34K 字）、OTP（1K 字）、BOOT ROM（8K 字）、外设帧等；另外还预留了 3 个区域可用于外扩存储器。

1. FLASH 存储器和代码安全模块

28335 包括 256K 字的 FLASH，地址为 0x300000～0x33FFFF。FLASH 同时被映射到程序空间和数据空间，可以存放程序代码或掉电后需要保护的用户数据。256K 字的 FLASH 又分为 8 个 32K 字的扇区。每个扇区可以通过 JTAG 仿真接口和 CCS 中外挂的烧写程序独立进行擦写。另外，FLASH 最高地址的 8 个字（0x33FFF8～0x33FFFF）为代码安全模块 CSM，可写入 128 位的密码，以保护产品的知识产权。FLASH 本身也受 CSM 保护。另外，地址 0x33FFF0～0x33FFF5 是保留给数据变量的，不能存放用户代码。

2. SARAM 存储器

SARAM 是单口随机读写存储器，每个机器周期仅能访问一次。F28335 共有 34K 字的

SARAM，分为两块 1K 字（M0 和 M1）和 8 块 4K 字的（L0～L7）。每块可独立访问，以使流水线拥堵最小化。

图 2.6　F28335 的存储器映射

（1）M0 和 M1

每块的大小均为 1K 字，地址范围分别 0x000000～0x0003FF 和 0x000400～0x0007FF。它们同时被映射到数据空间和程序空间，故既可存放用户数据，又可存放程序代码。另外，M0 最低地址的 40h 个字（地址范围 0x000000～0x00003F）为 M0 向量表，仅用于存放 C2xLP 源-兼容模式的中断向量表，但在 C28x 模式下一般不使用。

（2）L0～L7

每块的大小均为 4K 字，它们与 M0 和 M1 类似，均同时映射到数据空间和程序空间，可以存放用户数据和程序代码。其中 L0～L3 是双映射的，既可映射到 0x008000～0x00BFFF，又可映射到 0x3F8000～0x3FBFFF，且其内容受内部代码安全模块 CSM 保护。L4～L7 是单映射的，映射地址范围为 0x00C000～0x00FFFF，可以进行直接存储器访问（DMA）。

3. OTP 存储器

28335 片内包含 2K 字的 OTP 存储器。其中 1K 字为 TI 保留，用于 ADC 校准和系统测试；另外 1K 字（地址范围 0x380400～0x3807FF）提供给用户使用。OTP 同时映射到数据空间和程序空间，可用于存放用户非遗失性数据或程序代码。OTP 受 CSM 模块保护。但是由于其空间较小，而且是一次性编程，因此除非特殊需要，用户一般不使用 OTP。

4. BOOT ROM

28335 片内包含 8K 字的 BOOT ROM（引导 ROM），地址为 0x3FE000～0x3FFFFF。BOOT ROM 在出厂时固化了引导加载程序、定点/浮点数学表，以及产品版本号和校验信息；

另外还包含一个 CPU 中断向量表（地址为 0x3FFFC0～0x3FFFFF）。该 CPU 中断向量表主要供 TI 测试使用，但是其第一个向量（地址 0x3FFFC0）为复位向量，该向量在出厂时被烧录为直接指向 BOOT ROM 的上电引导程序（BootLoader）。DSP 上电复位后会读取复位向量，将程序流程转向 BootLoader 程序入口；然后根据 3 个 GPIO 引脚（GPIO85～GPIO87）的状态选择引导模式，完成用户程序的加载和引导。

5. 外设寄存器帧与 EALLOW 保护寄存器

外设寄存器帧（PF）比较特殊，仅映射到数据空间，但非常重要。因为除了 CPU 个别寄存器之外，所有片内外设及其中断向量表和 FLASH 存储器的寄存器（包括控制、数据和状态寄存器）均映射在该区域。

一些外设的配置寄存器是受保护的。根据 C28x 流水线，对不同存储区域进行写操作后立即进行读操作，实际在 CPU 存储器总线上表现为相反的顺序（即先读后写）。因而在期望先写后读的特定外设应用中，将导致执行顺序错误。为解决该问题，C28x CPU 支持块保护模式，其代价是加入额外的时钟周期来调整操作。因而，在 F28335 DSP 控制器中，一些外设的配置寄存器是受保护的，无法直接操作。对这些寄存器进行修改之前，需要先去掉保护功能。保护状态由状态寄存器中 EALLOW 标志指示。复位时，EALLOW 标志为 0，禁止对受保护寄存器进行修改。通过汇编指令"EALLOW"可将该标志位置位，允许修改受保护的寄存器。编辑允许指令 EALLOW（Edit allow）一般和编辑禁止指令 EDIS（Edit disable）配套使用，在对受保护的寄存器进行修改之后，用 EDIS 恢复寄存器的保护状态。

F28335 的外设帧分为 4 部分：PF0、PF1、PF2 和 PF3。各部分映射如下：PF0 主要包括 PIE（包括 PIE 中断使能、控制寄存器和 PIE 向量表）、FLASH 等待状态寄存器，以及 XINTF、DMA、CPU 定时器、CSM 和 ADC（双映射）模块的寄存器。该外设帧不受 EALLOW 保护。PF1 主要包括 GPIO、eCAN、ePWM、eCAP 和 eQEP 的寄存器。PF2 主要包括系统控制寄存器、外部中断寄存器，以及 SCI、SPI、ADC（双映射）和 I^2C 模块的寄存器。PF3 主要包括 McBSP 模块的寄存器。PF1、PF2 和 PF3 均受 EALLOW 保护，PF3 还可以进行 DMA 访问。

2.3.3 外部存储器接口

F28335 可通过外部存储器接口（XINTF）扩展片外程序或数据存储器。XINTF 由 20 位宽的地址线（对应引脚 XA0～XA19）、32 位宽的数据线（对应引脚 XD0～XD31）和 3 个片选信号（$\overline{XZCS0}$、$\overline{XZCS6}$ 和 $\overline{XZCS7}$）构成。由图 2.6 可见，F28335 有 3 个地址范围可用以外扩存储器，并可通过 3 个外部片选信号区分，分别是区域 0（Zone0，4K 字，地址范围 0x004000～0x004FFF，片选信号 $\overline{XZCS0}$）、区域 6（Zone6，1M 字，地址范围 0x0100000～0x01FFFFF，片选信号 $\overline{XZCS6}$）和区域 7（Zone7，1M 字，地址范围 0x200000～0x2FFFFF，片选信号 $\overline{XZCS7}$）。每个区的等待状态、片选信号建立和维持时间，均可通过编程独立设置。

2.4 时钟源模块

2.4.1 概述

时钟电路是 DSP 应用系统的重要组成部分，是系统运行的基准。DSP 控制器的时钟源模块集成了振荡器、锁相环（PLL）、看门狗，以及工作模式选择等控制电路，如图 2.7 所示。

其中振荡器模块用于产生外部时钟 OSCCLK；PLL 模块用于对外部时钟进行倍频，又为 CPU 提供非常稳定的可编程时钟；看门狗可以监控系统运行状态，提高系统可靠性；高、低速外设定标器和系统控制寄存器用于为各片内外设提供可独立控制的合适频率的时钟。

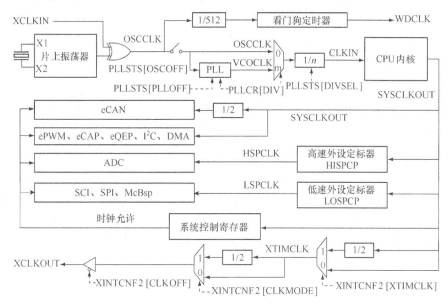

图 2.7　28335 时钟源模块结构示意图

由图 2.7 可见，与时钟源模块相关的外部输入引脚有 3 个：XCLKIN、X1、X2，用于产生外部时钟 OSCCLK。OSCCLK 经锁相环模块定标后，得到 CPU 输入时钟 CLKIN。CLKIN 经 CPU 输出后成为系统时钟 SYSCLKOUT（$f_{SYSCLKOUT}=f_{CLKIN}$），为所有片内外设提供全局时钟，并通过 XCLKOUT 引脚对外输出时钟。XCLKOUT 时钟频率可与 SYSCLKOUT 相等，或者为其 1/2 或 1/4。复位时，XCLKOUT=SYSCLKOUT/4，以方便所有外围设备同步。

SYSCLKOUT 可直接为 ePWM、eCAP、eQEP、I^{2}C、DMA 等片内外设服务，或者 2 分频后为 eCAN 模块提供时钟。另外，为满足不同片内外设对时钟速率的不同要求，SYSCLKOUT 又经过定标分为高速外设时钟 HSPCLK 和低速外设时钟 LSPCLK。其中 HSPCLK 为 ADC 模块服务，LSPCLK 为 SPI、SCI、McBSP 等片内外设提供时钟。

时钟源模块中主要有 6 种类型的时钟信号：外部时钟 OSCCLK 是振荡器模块输出的时钟；看门狗时钟 WDCLK 是 OSCCLK 经 512 分频后再经看门狗定时器后得到的时钟，主要供看门狗和系统监控模块使用；CPU 时钟输入 CLKIN 是 OSCCLK 直接或经过 PLL 模块送往 CPU 的时钟；CPU 时钟输出 SYSCLKOUT 是 CPU 输出的时钟信号；高速外设时钟 HSPCLK 和低速外设时钟 LSPCLK 均是通过对 SYSCLKOUT 分频后得到的供片内外设使用的时钟。

2.4.2　各子模块及其控制

1. 振荡器模块

振荡器模块用于产生外部时钟 OSCCLK。外部时钟的产生方案有两种。第一种方案是在引脚 X1 和 X2 之间外接晶体，使用片内振荡器产生外部时钟，如图 2.8（a）所示。其中晶体的典型值可取 30MHz，两引脚的接地电容大小可取 24pF。

第二种方案是将片内振荡器旁路，直接通过外部有源振荡器为芯片提供时间基准，此时外部时钟的输入又有两种方法：一是直接从 XCLKIN 引脚输入 3.3V 的外部时钟，此时 X1 引脚接地，X2 引脚悬空，如图 2.8（b）所示；二是直接从 X1 引脚输入 1.9V 的外部时钟，如图 2.8（c）所示，此时 XCLKIN 引脚接地，X2 引脚悬空。

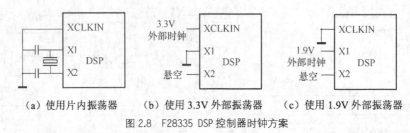

（a）使用片内振荡器　　（b）使用 3.3V 外部振荡器　　（c）使用 1.9V 外部振荡器

图 2.8　F28335 DSP 控制器时钟方案

2. PLL 模块

（1）PLL 模块功能

DSP 控制器的锁相环模块不仅可使晶振相对于参考信号保持恒定相位，而且允许通过软件实时配置片上时钟，提高系统的灵活性和可靠性。同时，锁相环可将较低的外部时钟频率倍频后为系统提供较高的工作频率，以降低系统对外部时钟的依赖和电磁干扰，降低系统对硬件设计的要求。

PLL 模块可把 OCSCLK 直接分频或经过锁相环倍频后再分频，得到 CLKIN，作为 CPU 的输入时钟。分频系数由 PLLSTS 寄存器的 DIVSEL 位域（记为 PLLSTS[DIVSEL]，下文表示方法与此相同）配置为 2 分频、4 分频或不分频。锁相环的倍频系数由 PLLCR[DIV]决定。CLKIN 和 SYSCLKOUT 频率与 PLL 模块的配置关系如表 2.6 所示。

表 2.6　　　　　　　　　　　PLL 模块对 CLKIN 频率的配置

PLLCR[DIV]	CLKIN 和 SYSCLKOUT		
	PLLSTS[DIVSEL]=0 或 1	PLLSTS[DIVSEL]=2	PLLSTS[DIVSEL]=3
0000（PLL 旁路）	OSCCLK/4	OSCCLK/2	OSCCLK
0001	(OSCCLK * 1)/4	(OSCCLK * 1)/2	OSCCLK * 1
0010	(OSCCLK * 2)/4	(OSCCLK * 2)/2	OSCCLK * 2
0011	(OSCCLK * 3)/4	(OSCCLK * 3)/2	OSCCLK * 3
0100	(OSCCLK * 4)/4	(OSCCLK * 4)/2	OSCCLK *4
0101	(OSCCLK * 5)/4	(OSCCLK * 5)/2	OSCCLK *5
0110	(OSCCLK * 6)/4	(OSCCLK * 6)/2	OSCCLK *6
0111	(OSCCLK * 7)/4	(OSCCLK * 7)/2	OSCCLK *7
1000	(OSCCLK * 8)/4	(OSCCLK * 8)/2	OSCCLK *8
1001	(OSCCLK * 9)/4	(OSCCLK * 9)/2	OSCCLK *9
1010	(OSCCLK * 10)/4	(OSCCLK * 10)/2	OSCCLK *10
1011～1111	保留	保留	保留

PLL 模块有 3 种配置方式：PLL 关闭、旁路和使能。若设置 PLLSTS[PLLOFF]=1，则锁相环关闭，以降低系统噪声或进行低功耗操作，此时直接将 OSCCLK 分频送 CPU 作为时钟。若 PLLSTS[PLLOFF]=0，则锁相环开启。此时若设置 PLLCR[DIV]=0000，则锁相环旁路；若向 PLLCR[DIV]写入允许的非零值（见表 2.6），则锁相环使能。

系统上电或复位后，PLL 模块处于旁路状态。使能 PLL 或改变 PLL 倍频系数之前，首先要禁止看门狗；待 PLL 稳定后（131072 个 OSCCLK 周期），再使能看门狗。

（2）输入时钟失效检测

DSP 控制器的外部时钟可能因振动等原因而失效。DSP 控制器时钟源模块具有主振荡器失效检测电路，可检测 PLL 模块的不稳定状态。它的核心是两个计数器（7 位的 OSCCLK 计数器和 13 位的 VCOCLK 计数器），分别用于监控 OSCCLK 和 VCOCLK，其中前者的溢出会周期性地复位后者。若 OSCCLK 失效，则前者停止计数，后者以 PLL 模块提供的默认应急模式（limp mode）频率计数；且由于前者不再周期性地复位后者，从而造成后者溢出，指示输入时钟失效。输入时钟失效后，将会复位 DSP 控制器的 CPU、外设和其他逻辑，同时也会置位 PLLSTS [MCLKSTS]，并使 CPU 以"limp mode"频率的一半工作。

输入时钟检测电路的允许由 PLLSTS[MCLKOFF]控制，向该位写 1 可允许输入时钟失效检测功能。启动检测后，用户可通过软件检测 PLLSTS[MCLKSTS]，判断是否发生输入时钟失效。若失效可采取相应动作（如关闭器件）；或者向 PLLSTS[MCLKCLR]写 1，清除 MCLKSTS 标志，重新复位失效检测电路。

（3）PLL 模块的寄存器

锁相环模块的寄存器包括锁相环控制寄存器 PLLCR 和锁相环状态寄存器 PLLSTS，以及外部时钟输出控制寄存器 XINTCNF2。其中 XINTCNF2 用于配置 XCLKOUT 与 SYSCLKOUT 的关系。PLLCR 和 PLLSTS 用于振荡器和锁相环模块的配置，以产生 CPU 时钟输入 CLKIN，其位分布如下。

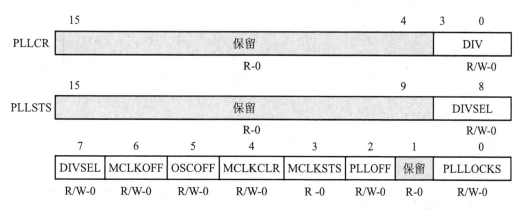

其中 PLLCR[DIV]和 PLLSTS[DIVSEL]位域的功能描述见表 2.6。PLLSTS 寄存器其他位域的功能描述如下：OSCOFF 和 PLLOFF 分别用于振荡器时钟和锁相环时钟的允许（1-禁止；0-允许）；PLLLOCKS 为锁相环锁定状态标志（0-PLL 正在锁相；1-PLL 完成锁相）；MCLKOFF、MCLKCLR 和 MCLKSTS 用于输入时钟失效检测。

3. 片内外设时钟控制

CPU 输出的时钟 SYSCLKOUT 可直接送片内外设（如 ePWM、eCAP、eQEP、I²C、DMA 等模块）使用，或 2 分频后送片内外设（如 eCAN 模块）使用；另外，还可经高速外设定标器 HISPCP 定标后得到高速外设时钟 HSPCLK 供 ADC 模块使用，或低速外设定标器 LOSPCP 定标后得到低速外设时钟 LSPCLK 供 SPI、SCI、McBSP 等片内外设使用。

HISPCP 和 LOSPCP 均为 16 位寄存器，高 13 位保留，低 3 位为有效位，位域名称分别为 HSPCLK 和 LSPCLK。设 HSPCLK 或 LSPCLK 的设定值对应的十进制数为 K，则输出高

速外设时钟或低速外设时钟的频率与 SYSCLKOUT 的关系为

$$f = \begin{cases} f_{\text{SYSCLKOUT}} & K = 0 \\ f_{\text{SYSCLKOUT}} / (2 * K) & K \neq 0 \end{cases}$$

复位时，HSCLK 的默认频率为 $f_{\text{SYSCLKOUT}} / 2$，而 LSPCLK 的默认频率为 $f_{\text{SYSCLKOUT}} / 4$。

另外，各片内外设的时钟可通过外设时钟控制寄存器 PCLKCR0/1/2 独立使能。在 DSP 应用系统中，可将未使用外设的时钟关掉，以降低功耗。PCLKCR0/1/2 的位分布如下。

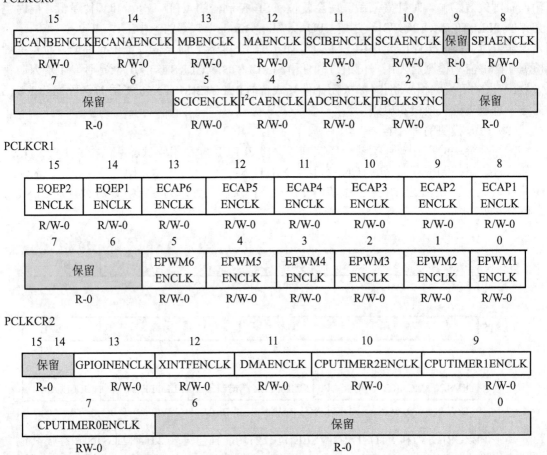

PCLKCR0

15	14	13	12	11	10	9	8
ECANBENCLK	ECANAENCLK	MBENCLK	MAENCLK	SCIBENCLK	SCIAENCLK	保留	SPIAENCLK
R/W-0	R/W-0	R/W-0	R/W-0	R/W-0	R/W-0	R-0	R/W-0

7			5	4	3	2	1	0
保留			SCICENCLK	I²CAENCLK	ADCENCLK	TBCLKSYNC	保留	
R-0			R/W-0	R/W-0	R/W-0	R/W-0	R-0	

PCLKCR1

15	14	13	12	11	10	9	8
EQEP2 ENCLK	EQEP1 ENCLK	ECAP6 ENCLK	ECAP5 ENCLK	ECAP4 ENCLK	ECAP3 ENCLK	ECAP2 ENCLK	ECAP1 ENCLK
R/W-0	R/W-0	R/W-0	R/W-0	R/W-0	R/W-0	R/W-0	R/W-0

7		5	4	3	2	1	0
保留		EPWM6 ENCLK	EPWM5 ENCLK	EPWM4 ENCLK	EPWM3 ENCLK	EPWM2 ENCLK	EPWM1 ENCLK
R-0		R/W-0	R/W-0	R/W-0	R/W-0	R/W-0	R/W-0

PCLKCR2

15 14	13	12	11	10	9
保留	GPIOINENCLK	XINTFENCLK	DMAENCLK	CPUTIMER2ENCLK	CPUTIMER1ENCLK
R-0	R/W-0	R/W-0	R/W-0	R/W-0	R/W-0

7	6		0
CPUTIMER0ENCLK	保留		
RW-0	R-0		

PCLK0/1/2 中，xxENCLK 为各片内外设时钟的使能位：1-允许对应外设的时钟；0-禁止该外设的时钟。

4. 看门狗模块

看门狗（Watch Dog，WD）模块主要用于监控程序的运行。若程序运行正常，则会通过周期性地向看门狗复位控制寄存器中写入 0x55+0xAA 进行 "喂狗"，复位看门狗计数器，以防止因其溢出而产生中断或使 DSP 控制器复位。反之，若因程序运行不正常未定时"喂狗"，则看门狗定时器溢出后会产生中断或直接使 DSP 控制器复位。

5. 低功耗模式模块

为满足环保和节能需求，可在 DSP 应用系统空闲时将某些时钟源停止，以降低功耗；需要时再将其唤醒。28335 DSP 控制器有 3 种低功耗模式,由 LPMCR0[LPM]设置,如表 2.7 所示。CPU 执行 IDLE 指令后,系统进入 LPMCR0[LPM]规定的低功耗模式,直到规定的条件满足后才会退出。

表 2.7 系统低功耗模式

低功耗模式	LPMCR0 [LPM]	OSCCLK	CLKIN	SYSCLKOUT	退出条件
IDLE	00	开	开	开	复位中断 $\overline{XRS}$、看门狗中断 $\overline{WDINT}$、任何允许的中断
STANDBY	01	开 (看门狗仍运行)	关	关	$\overline{XRS}$、$\overline{WDINT}$、GPIO 端口 A 信号,调试器
HALT	1x	关 (振荡器和 PLL 关闭,看门狗不起作用)	关	关	$\overline{XRS}$、GPIO 端口 A 信号,调试器

若 LPMCR0[LPM]=00,CPU 执行 IDLE 指令后,系统进入 IDLE 模式。在该模式下,非屏蔽中断和任何允许的中断均可使其退出,且退出过程无需执行任何操作。

若 LPMCR0[LPM]=01,CPU 执行 IDLE 指令后,系统进入 STANDBY 模式。在该模式下,被选中的 GPIO 信号、复位中断、看门狗中断均可使其退出。为保证 STANDBY 模式的正确退出,进入该模式前,首先要允许 PIE 中断的 WAKEINT 中断(该中断连接看门狗中断和低功耗模式模块中断);还可以根据需要在 GPIOLPMSEL 寄存器(见 4.1.2 节"GPIO 控制寄存器")中指定 GPIOA 端口的唤醒信号,并在 LPMCR0 寄存器指定该信号的有效电平(低电平)需要保持的时间。

LPMCR0[LPM]=1x,CPU 执行 IDLE 指令后,系统进入 HALT 模式。在该模式下,被选中的 GPIO 信号和复位中断均可使其退出。进入 HALT 模式前,需要的准备工作与 STANDBY 模式相同。

低功耗模式由 LPMCR0 寄存器配置,其位分布如下,位描述如表 2.8 所示。

15	14	8	7	2	1	0
WDINTE	保留		QUALSTDBY		LPM	
R/W-0	R-0		R/W-1		R/W-0	

表 2.8 LPMCR0 的位描述

位	名称	说明
15	WDINTE	看门狗中断唤醒允许位,反映是否允许看门狗中断将 DSP 从 STANDBY 模式唤醒。1-允许;0-不允许
7~2	QUALSTDBY	STANDBY 模式唤醒所需 GPIO 信号有效电平保持时间(以 OSCCLK 周期数来衡量)。设 QUALSTBY 位段设置值对应的十进制数为 K,则要求有效电平保持时间为 $(K+2)$ 个 OSCCLK 周期。默认值为两个 OSCCLK
1-0	LPM	低功耗模式选择位,决定 CPU 执行 IDLE 指令后,进入哪种低功耗模式:00-IDLE 模式(默认值);01-STANDBY 模式;1x-HALT 模式

2.5　电源与系统复位

2.5.1　供电电源

为降低功耗，同时便于 DSP 芯片与外围芯片兼容，F28335 DSP 控制器采用双电源供电机制，在 DSP 系统中一般需要提供以下 3 种电源。

（1）内核电源 VDD。用于为 CPU、时钟源模块和大部分片内外设等内部逻辑电路提供电源。F28335 的内核电源为 1.8V 或 1.9V。若 CPU 工作频率低于 135MHz，可采用 1.8V 供电；否则必须采用 1.9V 供电。

（2）I/O 供电电源 VDDIO。为便于与外围芯片兼容，DSP 控制器采用 3.3V 供电电源与外部接口。所有数字量输入引脚电平与 3.3V TTL 电平兼容，所有输出引脚与 3.3V CMOS 电平兼容。因而 DSP 控制器与外围低压器件接口时，无需额外的电平转换电路。

（3）模拟电源 VDDA 和 VDDAIO，分别为 3.3V 和 1.9V。用于为片内 ADC 模块的模拟电路提供电源。

F28335 应用系统上电时，一般要求 1.9V 内核电源先上电，3.3V 电源后上电，或者内核与 I/O 同时上电。这样 I/O 引脚将不会产生不稳定状态。否则若 I/O 先于内核上电，可能会因内核未工作而 I/O 缓冲器打开，引起引脚不确定状态，从而对整个系统造成影响。

2.5.2　系统复位

DSP 控制器在运行过程中，可能出现程序跑飞或跳转等情况。此时可通过手动或自动方法通知特定硬件接口，使程序软件恢复至特定程序段或从头开始运行，该过程称为系统复位，发给特定硬件接口的信号为复位信号。

F28335 DSP 控制器的复位信号有两个：外部引脚 $\overline{\text{XRS}}$ 和看门狗定时器复位。其中 $\overline{\text{XRS}}$ 是全局复位引脚，当该引脚输入外部低电平触发信号时将引起 CPU 和所有片内外设复位。

看门狗定时器复位信号是来自看门狗模块的复位信号。当看门狗定时器溢出时，可输出看门狗复位信号 $\overline{\text{WDRST}}$，控制 $\overline{\text{XRS}}$ 信号与片内的"地（ground）"信号相连，从而引起芯片复位。另外，$\overline{\text{XRS}}$ 引脚是双向的，看门狗模块也可通过该引脚向外送出复位信号，以实现其他外围设备的同步复位。

系统复位后，DSP 控制器芯片内部各功能模块均收到系统复位模块发送的复位信号，从而将 CPU 寄存器及其他片内外设的寄存器设置为复位时的默认值。

习题与思考题

2.1　F28335 的总体结构如何，其片内有哪些硬件资源？

2.2　F28335 DSP 控制器的 CPU 主要包括哪几个组成部分，各部分作用是什么？

2.3　简述 F28335 DSP 控制器存储器总线结构的特点。

2.4　简述 F28335 DSP 控制器各总线（PAB、DRAB、DWAB、PRDB、DRDB、DWDB 和寄存器总线）的作用。

2.5　F28335 DSP 控制器采用了几级流水线的工作方式？完成一条指令需要经过哪几个

阶段？每个阶段完成什么任务？

2.6 C28x 的执行单元包括哪 3 个组成部分，各部分作用是什么？

2.7 以 C28x CPU 为核心的 DSP 控制器有哪些工作模式？

2.8 简述 C28x CPU 内部各寄存器的作用。

2.9 28335 的浮点处理单元 FPU 在 C28x 定点 CPU 的基础上增加了哪些浮点寄存器组？各自的作用是什么？

2.10 F28335 为改进的哈佛结构处理器，它与传统哈佛结构处理器相比有哪些异同点和优点？

2.11 F28335 DSP 控制器片内程序空间和数据空间的地址总线各为多少位的？最大寻址范围多大？

2.12 F28335 片内 256K 字的 FLASH 存储器是怎样分配的？

2.13 F28335 片内 34K 字的 SARAM 存储器是怎样分配的？

2.14 F28335 存储空间中外设寄存器帧的作用是什么？它映射至哪个空间？外设寄存器帧可分为几块，各块是否受 EALLOW 保护？

2.15 F28335 DSP 控制器的外部存储器接口的接口信号分为几类？各自的作用是什么？

2.16 F28335 DSP 控制器主要有哪几种类型的时钟信号？各自的作用是什么？

2.17 简述 F28335 DSP 控制器不同类型时钟信号之间的关系。

2.18 简述 3 种低功耗模式下各主要时钟的工作状态。

2.19 简述 F28335 DSP 控制器外部时钟的产生方案及电路。

2.20 如何在编程中设置 PLL 模块的倍频系数？

2.21 看门狗模块的作用是什么？

2.22 DSP 系统中一般需要提供哪 3 种电源，各自的作用是什么？

2.23 F28335 的复位信号有哪些？

第**3**章 软件开发基础

【内容提要】

本章主要讲述 DSP 的软件开发流程，汇编程序开发基础、C/C++程序开发基础和混合编程方法，CCS 集成开发环境应用，以及基于示例模板的驱动程序开发方法。

3.1 DSP 软件开发流程

DSP 应用系统硬件设计完成后，需要选择适当的开发工具和开发环境进行软件开发。实际上，系统开发过程中多达 80%的开发工作均集中于对系统软件的分析、设计、实现和整合上。目前，DSP 应用系统的软件开发一般借助 TI 或第三方提供的 JTAG 仿真器和 TI 提供的集成开发环境（Code Composer Studio，CCS）两个工具进行。基于 CCS 的 DSP 软件开发流程如图 3.1 所示。

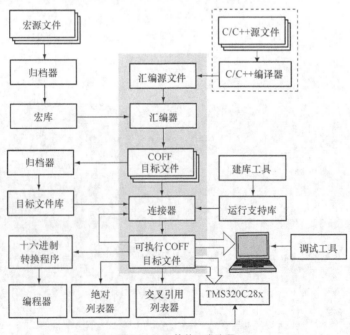

图 3.1　DSP 软件开发流程

整个开发过程可分为四大步骤。

第一步，编制源程序。

源程序的编制，可采用汇编语言，也可采用高级语言（主要是 C/C++语言）。其中汇编程序运行速度最快，效率最高，能充分利用 DSP 芯片所有硬件特性，并能直接控制硬件资源，因此在数学运算、信号处理和高速测控等场合下特别有效。但是由于不同 DSP 芯片采用的汇编语言不同，因此采用汇编编程比较繁杂，开发周期长，且程序的通用性、可移植性相对较差。采用高级语言可大大提高开发速度，以及程序的通用性和可移植性；但是某些情况下（如实现 FFT）C/C++代码的效率无法与汇编代码相比，不能最佳利用 DSP 内部硬件资源，对某些硬件的控制也不如汇编程序方便，甚至无法实现。因此很多情况下，DSP 应用程序往往需要 C/C++和汇编混合编程来实现。

早期 DSP 软件开发一般使用汇编实现高效的算法，该开发方式对于小型系统的实现非常有效。然而，随着 DSP 应用系统规模和复杂程度的提高，软件开发需要的工作量越来越大。在开发时间和成本的限制下，开发方式逐渐向高级语言转变。因此，F28335 DSP 控制器一般采用 C/C++语言或混合编程的方法进行软件开发。

第二步，通过代码产生工具产生可执行代码。

代码产生工具包括汇编语言工具和 C/C++语言工具。汇编语言工具的功能是将汇编程序转化为公用目标文件格式（Common Object File Format，COFF）的可执行代码。TMS320C2000系列 DSP 的汇编语言工具主要包括汇编器、连接器、归档器、十六进制转换程序等。由汇编器（Assembler）将汇编文件转化为 COFF 目标文件（.obj）；由连接器（Linker）将 COFF 目标文件连接起来产生一个可执行模块（.out）；由归档器（Archiver）将一组文件归入一个归档库，以建立目标文件库；由十六进制转换程序将 COFF 目标文件转换成可被编程器接收的TI-Tagged、Intel、Motorola 或 Tentron 目标文件格式。C/C++语言工具使用 C/C++优化编译器，能将 C/C++程序转换成相应的汇编语言源程序输出。

第三步，调试代码。

除了生成代码，CCS 的另一个非常重要的功能是在线调试——可通过各种调试和观察手段验证代码的逻辑正确性，也可验证系统是否满足时限或实时目标。

第四步，固化代码。

代码调试无误后，可以将其烧写至片内 ROM 或 FLASH，使系统脱离仿真环境独立运行。

3.2 汇编程序开发基础

DSP 控制器最基本的软件开发方式是采用 DSP 专用的汇编指令编程。采用汇编编程能充分利用 DSP 的硬件特性，将其硬件特性发挥到极致；设计出的程序代码短、效率高、占用存储空间小。

3.2.1 寻址方式与指令系统

DSP 控制器的汇编指令包括汇编语言指令、汇编伪指令和宏伪指令。其中汇编语言指令是 DSP 处理器本身提供的，每条指令对应着处理器的相应操作。汇编伪指令也称汇编器指令，用于为程序提供数据并控制汇编过程，是在汇编期间由汇编器处理的操作。宏伪指令是源程序中一段有独立功能的代码。本节仅简要介绍汇编语言指令，说明其格式，以及为取得操作数地址所采用的寻址方式。由于 C28x 的汇编语言指令比较复杂，且一般采用 C/C++或混合编程方式开发，因此这里仅介绍混合编程中可能用到的指令。

1. 寻址方式

DSP 处理器的基本任务是从源地址取数（源操作数），经过运算后结果存放于目的地址，故表达数据地址的寻址方式是整个指令系统的核心。C28x CPU 具有 4 种基本的寻址方式：直接寻址、堆栈寻址、间接寻址和寄存器寻址。另外，还有少数指令使用数据/程序/IO 空间立即寻址方式或程序空间间接寻址方式。

（1）寻址方式选择位 AMODE

大多数 C28x 指令的操作码使用 8 位字段表示指令的寻址方式信息，该字段受 ST1[AMODE]影响。复位时，AMODE=0，工作于 C28x 寻址模式，与 C2xLP 寻址方式不完全兼容（直接寻址的偏移量不同，也不支持间接寻址）。若 AMODE=1，则与 C2xLP 的寻址方式完全兼容。

另外，由于汇编器默认 AMODE=0，因此基于 C28x 寻址方式进行语法检查。若改变语法检查方式，可通过命令行操作或在汇编文件中内嵌伪指令通知汇编器采用的是何种寻址方式。如，在命令行中输入-v28 或在汇编文件中内嵌伪指令 c28_mode 可告知汇编器语法检查转向 C28x 寻址方式；而在命令行中输入-v28 –m20 或在汇编文件中内嵌伪指令.lp_mode，可告知汇编器语法检查转向 C2xLP 寻址方式。如在汇编程序中可通过如下方法改变寻址方式和告知汇编器语法检查方式。

```
SETC AMODE          ;设置 AMODE=1
.lp_mode            ;告知汇编器语法检查转向 C2xLP 寻址方式
...                 ;该段指令只能使用 AMODE=1 寻址方式
CLRC AMODE          ;设置 AMODE=0
.c28_mode           ;告知汇编器语法检查转向 C28x 寻址方式
...                 ;该段指令只能使用 AMODE=0 寻址方式
```

（2）寻址方式简介

① 直接寻址。

直接寻址方式可以访问数据空间的低 4M 字。此时 32 位操作数地址的高 10 位（31：22）为 0，22 位有效物理地址被分为两部分。数据页面指针 DP 的值作为页面编号（地址高 16 位），指令中给出 6 位（C28x 模式）或 7 位（C2xLP 模式）的偏移量。其语法如表 3.1 所示。

表 3.1 直接寻址语法

AMODE	语法	操作数地址说明
0	@6bit	（31：22）=0；（21：6）=DP；（5：0）=6bit
1	@@7bit	（31：22）=0；（21：7）=DP；（6：0）=7bit

AMODE=0 时直接寻址示例：

```
MOVW DP, #VarA      ;VarA 所在页面装载 DP
ADD AL, @VarA       ;将 VarA 的值加至 AL
```

AMODE=1 时直接寻址示例：

```
SETC AMODE          ;设置 AMODE=1
.lp_mode            ;告知汇编器检查 AMODE=1 时语法
MOVW DP, #VarA      ;VarA 所在页面装载 DP
ADD AL, @@VarA      ;将 VarA 的值加至 AL
```

② 堆栈寻址。

DSP 控制器数据空间的低 64K 字可作为软件堆栈,采用堆栈寻址方式访问。此时 32 位操作数地址的高 16 位(31:16)为 0,16 位有效物理地址由堆栈指针 SP 给出。软件堆栈由低地址向高地址方向生长,SP 总是指向下一个可用的字。

堆栈寻址有 3 种方式:*-SP[6bit]、*SP++ 和*SP--。例:

```
ADD  AL, *-SP[5]        ;将(SP-5)堆栈单元的 16 位内容加到 AL 中
MOV  *SP++, AL          ;将 16 位 AL 的内容压入堆栈,且 SP=SP+1
ADD  AL, *SP--          ;将 16 位内容弹出并加至 AL 中,且 SP=SP-1
```

③ 间接寻址。

间接寻址方式可以访问整个 4G 字的数据空间。此时 32 位操作数地址存放在 32 位的辅助寄存器 XAR0~XAR7 中。在 C28x 的间接寻址中,当前工作寄存器直接在指令中给出;在 C2xLP 的间接寻址中,当前工作寄存器由辅助寄存器指针 ARP 指定。

C28x 的间接寻址有 5 种方式:*XARn++、*--XARn、*+XARn[AR0]、*+XARn[AR1] 和 *+XARn[3bit]。例:

```
MOVL  ACC, *XAR2++          ;将 XAR2 所指向存储单元的内容装入 ACC,之后 XAR2+2
MOVL  ACC, *--XAR2          ;将 XAR2-2,然后将 XAR2 所指向存储单元的内容装入 ACC
MOVL  ACC, *+XAR2[AR0]      ;将(XAR2+AR0)所指向存储单元的内容装入 ACC
MOVL  ACC, *+XAR2[AR1]      ;将(XAR2+AR1)所指向存储单元的内容装入 ACC
MOVL  ACC, *+XAR2[5]        ;将(XAR2+5)所指向存储单元的内容装入 ACC
```

C2xLP 的间接寻址方式和循环间接寻址方式这里不再赘述。

④ 寄存器寻址。

寄存器寻址方式的操作数直接放在 CPU 寄存器中,可分为 32 位寄存器寻址和 16 位寄存器寻址。32 位寄存器寻址可使用 ACC、P、XT、XARn 等 32 位的 CPU 寄存器存放操作数。16 位寄存器寻址可使用 AL、AH、PL、PH、TH、T 和 ARn 等 16 位寄存器存放操作数。例:

```
MOVL  @ACC, XT          ;32 位寄存器寻址,将 XT 寄存器的内容装入 ACC
ADD   @AH, AL           ;16 位寄存器寻址,AH=AH+AL
```
其中@为可选项。

⑤数据/程序/IO 空间立即寻址方式与程序空间间接寻址方式。

数据/程序/IO 空间立即寻址方式有 4 种形式:*(0:16bit)、*(PA)、0:PA 和*(pma),其语法如表 3.2 所示。程序空间间接寻址方式有 3 种形式:*AL、*XAR7 和*XAR7++,其语法如表 3.3 所示。但这几种寻址方式应用较少,不再举例说明。

表 3.2　　　　　　　　　　　　数据/程序/IO 空间立即寻址方式语法

语法	访问空间	操作数地址说明
*(0:16bit)	数据空间	32 位地址(31:16)=0;(15:0)=16bit 给出的 16 位立即数
*(PA)	IO 空间	32 位地址(31:16)=0;(15:0)=PA 给出的 16 位立即数
0:PA	程序空间	22 位地址(21:16)=0;(15:0)=PA 给出的 16 位立即数
*(pma)	程序空间	22 位地址(21:16)=0;(15:0)=pma 给出的 16 位立即数

2. 指令系统简介

C28x DSP 控制器的指令包括寄存器操作指令、乘法指令、直接存储器操作指令、I/O 空间操作指令、程序空间操作指令、转移/调用/返回指令等。其汇编指令的一般格式如下。

操作码 目的操作数,源操作数

表 3.3   程序空间间接寻址方式语法

语法	操作数地址说明
*AL	22 位地址（21：16）=0；（15：0）=AL
*XAR7	22 位地址（21：0）=XAR7
*（pma）	22 位地址（21：0）=XAR7。若是 loc16，XAR7=XAR7+1；若是 loc32，XAR7=XAR7+2

其中操作码字段指示处理器所要执行的操作；操作数字段指示指令执行过程中所需要的数据（或其地址）。例：

```
ADD   ACC,  #16 位常数{<<0-16}      ;将 16 位常数移位后加至 ACC
ADDB  ACC,  #8 位常数               ;将 8 位常数加至 ACC
ADDL  ACC,  loc32                   ;将 "loc32" 指定单元的 32 位数加至 ACC
```

C28x DSP 控制器的汇编指令系统比较复杂，掌握起来有一定难度。相对于复杂、庞大的汇编语言，C/C++语言具有不可比拟的优势。同时随着 C/C++编译器技术的发展，利用 C、C/C++编译器和 C/C++语言源文件所生成的目标代码，其效率已经十分接近汇编程序。因此，大多数应用场合下，一般使用 C/C++语言开发 C28x DSP 软件程序。这里仅给出在 C/C++程序开发或混合编程中可能用到的对各状态位进行操作的汇编指令，如表 3.4 所示。

表 3.4   混合编程时常用汇编指令

指令	语法	功能
CLRC	CLRC 控制位	控制位复位
SETC	SETC 控制位	控制位置位
DINT	DINT	禁止可屏蔽中断
EINT	EINT	允许可屏蔽中断
EALLOW	EALLOW	允许访问保护空间
EDIS	EDIS	禁止访问保护空间
ESTOP0	ESTOP0	仿真停止 0
ESTOP1	ESTOP1	仿真停止 1
IDLE	IDLE	使处理器进入空闲状态
NOP	NOP	空操作

3.2.2 公共目标文件格式

为便于模块化编程，TI 公司的汇编器和连接器所创建的目标文件采用公共目标文件 COFF 格式。该模式可以灵活地管理代码段和目标存储器，方便程序的编写和移植。采用 COFF 文件不仅允许在连接时自定义系统的存储器映射，而且还支持源文件级的调试。

1. 段（Section）

COFF 目标文件格式要求在编程时基于代码块和数据块，而不是单独考虑一条一条指令、一个一个数据，从而大大增强了程序的可读性和可移植性。在 COFF 目标文件格式中，这种块被称为段（Section），汇编器和连接器通过伪指令创建和管理这些段。

段是目标文件的最小单位，它最终在存储器映射中占据连续的存储单元。目标文件中每个段均相对独立。COFF 目标文件一般包括 3 个默认的段。

- .text 段：通常包含可执行代码。
- .data 段：通常包含已初始化的数据。
- .bss 段：通常为未初始化的变量预留存储空间。

此外，用户还可以利用.sect 和.usect 伪指令自定义段。

段可分为两大类：初始化段和未初始化段。前者包含程序代码和数据，.text 段和.data 段，以及用.sect 伪指令所创建的自定义段均属于这一类；后者则用于为未初始化的变量预留存储空间，.bss 段和用.usect 伪指令所创建的段均属于这一类。

汇编器在汇编过程中将各部分代码或数据汇编至相应段内，构成图 3.2 所示的目标文件。连接器可以组合这些段并将它们重新定位到目标存储器中，从而使目标存储器得到更有效的利用。

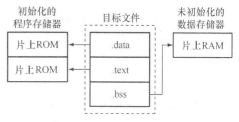

图 3.2 目标文件及其定位

2. 汇编器对段的处理

汇编器根据.bss、.usect、.text、.data、.sect 等伪指令识别汇编程序的各部分。若不使用任何伪指令，则将所有内容汇编至.text 段。

.bss 和.usect 伪指令创建未初始化段，用于在存储器中预留空间，通常定位到 RAM 中。这些段在目标文件中无实质内容；在程序运行时，可用于创建和存储变量。其中.bss 用于在.bss 段内预留空间；.usect 用于在自定义段中预留空间。

.text、.data、.sect 等伪指令建立初始化段，用于存放可执行代码或初始化数据。其内容放在目标文件中，加载程序时再装入存储器中。这些段可重新定位，也可引用其他段中定义的符号。连接器在连接时会自动处理段间的相互引用。

汇编器遇到初始化段（text、.data 或.sect）伪指令时，将停止对当前段的汇编，然后将其后程序代码或数据汇编至指定段中，直到再遇上另一条上述伪指令。汇编器遇到未初始化段（.bss 或.usect）伪指令时，并不结束当前段的汇编，只是暂时脱离当前段，并开始汇编新段。未初始化段伪指令可以出现在一个已初始化段的任何位置，而不会影响其内容。

段的构成是一个反复过程。如汇编器第一次遇到.data 指令时，将其后数据汇编至原本为空的.data 段，直到遇到一条.text 或.sect 伪指令。若汇编器再次遇到.data 伪指令，则将其后数据汇编至已经存在的.data 段中。这样就建立了单一的.data 段，段内数据均连续存放于存储器中。

3. 连接器对段的处理

连接器对段进行两方面的处理：建立可执行的 COFF 输出模块，并为输出模块选择存储器地址（定位）。连接器使用 MEMORY 和 SECTIONS 两条伪指令来实现上述功能。前者用于定义目标存储器映射，后者用于指示连接器怎样组合输入段，以及如何将输出段定位到存储器中。

MEMORY 伪指令描述了目标系统可以使用的物理存储器地址范围及其类型，其语法如下。

```
MEMORY
{
PAGE 0: name[attr]: origin=const, length=const
PAGE 1: name [attr]: origin=const, length=const
}
```

其中，PAGE——标识存储器空间，通常 PAGE 0 为程序存储器，PAGE 1 为数据存储器。若未规定，则按 PAGE 0 处理。

name——存储区名称，由 1~8 个字符构成。注意不同页上的存储区名可以相同，但是同一页上的存储区名不能相同。

attr——任选项，规定存储区属性：R-可读，W-可写，X-包含可执行代码，I-可初始化。

origin——存储区起始地址。该值为 32 位二进制数，可用十进制、八进制或十六进制数表示。

length——存储区长度。

SECTION 伪指令用于将 COFF 目标文件中的各个段定位至 MEMORY 伪指令定义的存储区域，其语法如下。

```
SECTIONS
{
name: [property, property,…]
name: [property, property,…]
}
```

其中，name 是需要定位的段的名称。其后是特性列表，主要有两种：装载位置和运行位置。

装载位置定义段在存储器中加载的位置。语法：

```
load = allocation
或        load > allocation
或               allocation
```

运行位置定义段在存储器中运行的位置。语法：

```
run = allocation
或    run > allocation
```

为方便连接，可编写一个通用的连接器命令文件模板，利用 MEMORY 伪指令统一定义系统中包含的各种形式的存储器及其占据的存储区地址范围，利用 SECTIONS 伪指令将可能用到的各输出段定位到所相应存储区。TMS320F28335 的连接器命令文件 F28335.cmd 如例 3.1 所示。

例 3.1　F28335 连接器命令文件示例。

```
MEMORY
{
PAGE  0:    /* 程序空间。*/
ZONE0     : origin = 0x004000, length = 0x001000    /* XINTF zone 0 */
RAML0     : origin = 0x008000, length = 0x001000    /* L0  SARAM*/
RAML1     : origin = 0x009000, length = 0x001000    /* L1  SARAM*/
RAML2     : origin = 0x00A000, length = 0x001000    /* L2  SARAM */
RAML3     : origin = 0x00B000, length = 0x001000    /* L3  SARAM */
ZONE6     : origin = 0x100000, length = 0x100000    /* XINTF zone 6 */
ZONE7A    : origin = 0x200000, length = 0x00FC00    /* XINTF zone 7 - 程序空间 */
FLASHH    : origin = 0x300000, length = 0x008000    /* FLASH 扇区 H*/
FLASHG    : origin = 0x308000, length = 0x008000    /* FLASH 扇区 G*/
FLASHF    : origin = 0x310000, length = 0x008000    /* FLASH 扇区 F*/
FLASHE    : origin = 0x318000, length = 0x008000    /* FLASH 扇区 E*/
FLASHD    : origin = 0x320000, length = 0x008000    /* FLASH 扇区 D*/
FLASHC    : origin = 0x328000, length = 0x008000    /* FLASH 扇区 C*/
FLASHA    : origin = 0x338000, length = 0x007F80    /* FLASH 扇区 A*/
CSM_RSVD  : origin = 0x33FF80, length = 0x000076    /*扇区 A 一部分，使用 CSM 编程为 0。*/
```

```
BEGIN        : origin = 0x33FFF6, length = 0x000002    /*扇区 A 一部分，用于引导至 FLASH. */
CSM_PWL      : origin = 0x33FFF8, length = 0x000008    /*扇区 A 一部分，CSM 密钥区位置 */
OTP          : origin = 0x380400, length = 0x000400    /* 片上 OTP */
ADC_CAL      : origin = 0x380080, length = 0x000009    /*位于保留存储区的 ADC_cal 功能*/
IQTABLES     : origin = 0x3FE000, length = 0x000b50    /* Boot ROM 中的 IQ Math 表 */
IQTABLES2    : origin = 0x3FEB50, length = 0x00008c    /* Boot ROM 中的 IQ Math 表*/
FPUTABLES    : origin = 0x3FEBDC, length = 0x0006A0    /* Boot ROM 中的 FPU 表*/
ROM          : origin = 0x3FF27C, length = 0x000D44    /* Boot ROM */
RESET        : origin = 0x3FFFC0, length = 0x000002    /* Boot ROM 中的复位向量区 */
VECTORS      : origin = 0x3FFFC2, length = 0x00003E    /* Boot ROM中的 CPU 中断向量区 */
PAGE 1 :    /* 数据空间 */
BOOT_RSVD    : origin = 0x000000, length = 0x000050    /* M0 一部分，BOOT ROM用作堆栈 */
RAMM0        : origin = 0x000050, length = 0x0003B0    /* M0  SARAM*/
RAMM1        : origin = 0x000400, length = 0x000400    /* M1 SARAM */
RAML4        : origin = 0x00C000, length = 0x001000    /* L4  SARAM */
RAML5        : origin = 0x00D000, length = 0x001000    /* L5  SARAM */
RAML6        : origin = 0x00E000, length = 0x001000    /* L6  SARAM */
RAML7        : origin = 0x00F000, length = 0x001000    /* L7  SARAM */
ZONE7B       : origin = 0x20FC00, length = 0x000400    /* XINTF zone 7 - 数据空间 */
FLASHB       : origin = 0x330000, length = 0x008000    /* 片上 FLASH */
}
SECTIONS
{   /* 分配程序区: */
.cinit       : > FLASHA     PAGE = 0
.pinit       : > FLASHA,    PAGE = 0
.text        : > FLASHA     PAGE = 0
codestart    : > BEGIN      PAGE = 0
ramfuncs     : LOAD = FLASHD, RUN = RAML0, LOAD_START(_RamfuncsLoadStart),
LOAD_END(_RamfuncsLoadEnd), RUN_START(_RamfuncsRunStart), PAGE = 0
csmpasswds           : > CSM_PWL      PAGE = 0
csm_rsvd             : > CSM_RSVD     PAGE = 0
     /*分配数据区*/
.stack       : > RAMM1      PAGE = 1
.ebss        : > RAML4      PAGE = 1
.esysmem     : > RAMM1      PAGE = 1
     /* 初始化段分配于 Flash，这些段必须分配于程序空间 */
.econst      : > FLASHA     PAGE = 0
.switch      : > FLASHA     PAGE = 0
     /* 分配 IQ math 区域 */
IQmath               : > FLASHC       PAGE = 0                    /* Math Code */
IQmathTables         : > IQTABLES,  PAGE = 0, TYPE = NOLOAD
FPUmathTables        : > FPUTABLES, PAGE = 0, TYPE = NOLOAD
     /* 分配可通过 DMA 访问的 RAM 区域: */
DMARAML4             : > RAML4,     PAGE = 1
DMARAML5             : > RAML5,     PAGE = 1
DMARAML6             : > RAML6,     PAGE = 1
DMARAML7             : > RAML7,     PAGE = 1
     /* 分配 XINTF Zone 7 的 0x400 用于存储数据 */
ZONE7DATA            : > ZONE7B,    PAGE = 1
     /* .reset 是编译器使用的标准段，它包含 C 代码的_c_int00 的起始地址。使用 BOOT ROM 时，不需要本
段和 CPU 向量表，因此在这里将默认类型配置为 DSECT */
    .reset               : > RESET,      PAGE = 0, TYPE = DSECT
    vectors              : > VECTORS     PAGE = 0, TYPE = DSECT
     /* 分配 ADC_cal 功能（被厂家预编程到 TI 保留存储区）*/
.adc_cal   : load = ADC_CAL,   PAGE = 0, TYPE = NOLOAD
}
```

3.2.3 汇编程序开发

1. 汇编语言格式

TMS320C2000 汇编语言由源语句组成，每行语句不能多于 200 个字符，包含标号域、指令（助记符）域、操作数域、注释域 4 个部分，各部分之间用空格隔开，其格式如下。

[标号][：] 助记符[操作数列表][;注释]

其中标号域为可选项，指示段程序计数器当前值，用于供其他程序调用。标号从第一列开始写起，区分大小写。助记符指示处理器执行什么操作，它可以是指令、汇编伪指令、宏伪指令或者宏调用。操作数域指示指令执行过程中所需要的操作数，各操作数之间用逗号","隔开。注释域为可选项，用于说明源语句的功能，以便于程序的阅读。

2. 汇编伪指令

伪指令用于在汇编过程中为程序提供数据并控制汇编过程。常用的汇编伪指令根据其功能的不同，可以分为定义段的伪指令、初始化常数的伪指令、引用其他文件的伪指令、汇编时符号伪指令等。这里仅给出常用伪指令及其语法。

（1）定义段的伪指令

定义段的伪指令包括.text、.data、.bss、.sect 和.usect，其语法及功能如表 3.5 所示。

表 3.5　　　　　　　　　　　　　　　　定义段的伪指令

伪指令	语法	功能描述
.text	.text	将其后的源语句汇编至.text（代码）段
.data	.data	将其后的源语句汇编至.data（数据）段
.sect	.sect "段名"	将其后的源语句汇编至"段名"规定的段内
.bss	.bss　符号,字长	在.bss（未初始化的数据）段内保留字长（字数）
.usect	符号 .usect "段名",字长	在未初始化自定义段"段名"中保留字长

例：

```
st1: .bss x,6 ;在.bss 段内为符号 x 分配 6 个字
var2 .usect "newvars",7 ;在自定义段"newvars"中为变量 var2 保留 7 个字。
```

（2）初始化常数的伪指令

初始化常数的伪指令语法及功能如表 3.6 所示。

表 3.6　　　　　　　　　　　　　　　　初始化常数的伪指令

伪指令	语法		功能描述
.bes/.space	.bes　位长 .space　位长		在当前段内保留位长（位数），并用 0 填充。 .space 指向保留位的第一个字；.bes 指向最后一个字
.int/.word	.int　数值列表 .word　数值列表		将一个或者多个 16 位初始化数值存放在当前段内连续存储单元中
.byte/.string	.byte　数值列表 .string　数值列表		将来自数值/字符串中的 8 位数值/字符放入当前段

伪指令	语法	功能描述
.long/.blong	.long 数值列表 .blong 数值列表	将一个或多个 32 位数值存放于当前段内连续字中,先存放低位,后存放高位。.blong 可保证目标不跨越边界
.float/.bfloat	.float 数值 .bfloat 数值	将一个单精度浮点常数存放于当前段内。.bfloat 可保证目标不跨越边界
.field	.field 数值[, 位长]	将数值放入位长规定的位中

示例:

```
res_1   .space 17   ;在当前段内保留 17 个位,res_1 指向保留位的第一个字
res_2   .bes   20×16 ;在当前段内保留 20 个字,res_2 指向保留位的最后一个字
wordx:  .word 1,2, 'A',1+'B' ;从标号 wordx 开始的连续 4 个单元中存放数值 1, 2, 'A'和 1+'B'
```

(3)引用其他文件的伪指令

引用其他文件的伪指令包括.copy/.include、.def/.ref/.glolal 5 条指令,其语法和功能分别如下。

① 语法: .copy "文件名" (复制文件)

.include "文件名" (包含文件)

功能:通知汇编器从"文件名"规定的文件中读取源语句。其中.copy 规定的文件的源语句被打印在汇编列表中,而.include 规定的文件的源语句不打印在汇编列表中。

② 语法:.def/.ref/.glolal 符号名列表。

功能:这 3 条指令定义全局符号。其中.def 指示在当前模块中定义而在别的模块中引用的符号;.ref 指示在当前模块中引用而在别的模块中定义的符号;.global 定义的符号可以是上述任一情况。

(4)汇编时符号伪指令

汇编时符号伪指令中较常用的是.set、.equ。其语法及功能如下。

语法: 符号 .set 数值

符号 .equ 数值

功能:将数值赋予符号,从而可以将汇编语句中的数值用有意义的名字代替。注意符号必须出现在标号域。

3. 汇编程序设计示例

汇编语言程序以.asm 为扩展名。编写汇编源程序时,首先要根据实际要求确定算法,其次还要注意基于块(即段)来考虑:可执行代码放入.text 段,初始化数据放入.data 段,变量在.bss 段内保留空间。此外,还可以用.sect 伪指令自定义初始化段,用.usect 伪指令自定义未初始化段。

编写汇编程序,首先要熟悉常用指令和伪指令,在此基础上还要了解一些基本运算,以及循环、子程序等的实现方法。若需用汇编开发 DSP 的硬件资源,特别是设计 DSP 应用系统,还必须深入了解其硬件结构、片内外设及接口等。以实现数学运算(10+2)为例,说明汇编程序结构和编写方法,其程序代码如例 3.2 所示。

例 3.2 (10+2)的汇编语言程序代码。

```
.def  _c_int00 ;定义外部符号_c_int00
global  _main
```

```
;建立复位向量表
.sect ".vectors"
RESET:    .long  _c_int00 ; 复位时跳转到_c_int00 处执行
;可执行代码放入.text 段
       .text
_main:  MOV ACC,#10   ;10→ACC
        MOV T,#2      ;2→T
        ADD ACC,T     ;(T)+(ACC)→ACC
```

3.3 C/C++程序开发基础

TMS320x28xx 的 C 优化编译器是一个功能全面的优化编译器,它能够将标准 C/C++语言程序转换成汇编程序输出。

3.3.1 TMS320x28xx C/C++优化编译器

1. C/C++编译器概述

TMS320x28xx 的 C/C++编译器支持美国国家标准局(ANSI)颁布的标准 C 语言和 ISO/IET14882-1998 定义的 C++语言。

C/C++编译器为各种处理器提供完整的运行支持库,库中包括字符串操作、动态存储器分配、数据转换、时间记录及三角、指数和双曲等各种函数,但不包括 I/O 和信号处理函数。

C/C++编译器能够将 C/C++源程序转换成汇编代码并输出,以便于查看或编辑。另外,在独立的嵌入式应用中,C/C++编译器允许将所有的代码和初始化数据连接至 ROM 存储器,使代码从复位处开始运行。编译器输出的 COFF 文件还可以进一步被十六进制转换程序转换成可被编程器接收的数据格式。

C/C++编译器具有灵活的汇编程序接口。利用函数调用规范,易于编写可相互调用的 C 和汇编函数。使用集成在分析器(Parser)中的预处理器(Integrated Preprocessor),可以进行快速编译。通过激活优化器,可以采用优化编译生成效率更高的汇编代码。

2. 代码的优化

优化器可通过诸如简化循环、软件流水线操作、重组语句或简化表达式,以及将变量重新定位至寄存器等优化操作,提高程序执行速度,缩减程序代码。优化器是 C/C++编译器中一个独立的可选模块,其优化等级分为 0、1、2、3、4 五个等级,数字越大,优化等级越高。

使用-o0 优化级别可完成以下优化操作:简化控制流图、为变量分配寄存器、完成循环旋转、简化表达式和语句、删除未使用代码、展开 inline 函数等。

使用-o1 选项,可在-o0 基础上进行局部优化,如执行局部复制/常数传递、删除未使用的赋值语句、删除局部公共表达式等。

使用-o2 选项,在-o1 基础上进行全局优化,如完成循环优化、删除全局公共表达式、删除全局未使用的赋值语句等。-o2 是默认的优化级。

使用-o3 选项,在-o2 基础上进行文件级优化,如删除未使用的函数、简化返回值未使用函数的返回形式、调用内联函数、记录函数声明以优化调用、优化参数传递、识别文件级变量特征等。

使用-o4 选项，在-o3 基础上执行连接时优化。如允许各源文件独立编译、可从汇编中引用 C/C++符号、允许第三方目标文件参与优化、允许不同源文件采用不同的优化级别。

3．C/C++编译器产生的段

TMS320C28x C/C++编译器产生如下两类段。

（1）初始化段

用于存放数据表和可执行代码，包括以下 5 种。

.text 段：存放可执行代码和实型常量。

.cinit 段：存放初始化变量表和常量表。

.const 段：存放字符串常量、全局变量和静态变量的定义及其初始化内容。

.econst 段：存放大内存模型下字符串常量，以及用 far const 限定的全局变量和静态变量的定义及其初始化内容。

.switch 段：存放 switch 语句建立的表格。

（2）未初始化段

用于在内存（通常是在 RAM）中保留空间，以便程序在运行时创建和存储变量。C/C++编译器产生的未初始化段有以下 5 种。

.bss 段和.ebss：为全局变量和静态变量保留空间。程序运行时，C 引导程序将.cinit 段（可以在 ROM 中）内的数据复制至.bss 段，完成变量的初始化工作。大内存模式下，在.ebss 段内为远内存中定义的变量保留空间。

.stack 段：为 C 系统堆栈保留存储区，用于函数参数传递、为局部变量分配空间。

.sysmem 段和.esysmem 段：为动态存储器分配保留空间，供 calloc、malloc 和 realloc 函数使用。若程序未使用上述函数，则不建立.sysmem 段。大内存模式下，若使用 far malloc() 函数，则在.esysmem 段内为其保留空间。

C/C++源程序由编译器自动完成段的分配和定位，也可通过 CODE_SECTION 和 DATA_SECTION 等#pragma 操作来完成自定义代码段或数据段的创建和定位。

连接器组合所有同名段生成同名输出段，并根据需要将各输出段分配至程序存储器或数据存储器。一般情况下，初始化段定位至 RAM 或 ROM；未初始化段连接至 RAM。注意：尽管.const 段可定位至 ROM，但必须配置到数据存储空间。各种段的用途及其在存储器中配置情况如表 3.7 所示。

表 3.7　　　　　　　　　　　　C 编译器生成的段及其定位

段名	段类型	用途	存储器类型	页
.text	初始化段	可执行代码和实型常量	ROM/RAM	0（程序存储器）
.cinit	初始化段	全局和静态变量表	ROM/RAM	0
.switch	初始化段	switch 语句表格	ROM/RAM	0
.const/.econst	初始化段	字符串常量	ROM/RAM	1（数据存储器）
.bss/.ebss	未初始化段	全局、静态变量空间	RAM	1
.stack	未初始化段	系统堆栈空间	RAM	1
.sysmem/.esysmem	未初始化段	动态分配存储器空间	RAM	1

3.3.2 C/C++编程基础

1. C 语言数据类型

（1）标识符

标识符可以由字母、数字和下划线组成，但首字母不能为数字。标识符长度不超过 100 个字符，区分大小写。标识符的符号集为 ASCII 字符，不支持多字节符号（如汉字）。对于多字符的字符常数，仅最后一个字符有效，如 'abc' 为 'c'。

（2）数据类型

各种变量的数据类型如表 3.8 所示。数据单元的基础是字（16 位），所有的 char、short、int 类型均为 16 位。枚举型（enum）也等效为 int，为 16 位有符号整型数。有符号数用二进制补码表示。所有长整型数（long）为 32 位。浮点数（float）和双精度数（double）完全等效，均为 32 位的单精度浮点数。编译器支持的默认指针型为 16 位，可使用 far 型指针访问 22 位地址的存储空间。

表 3.8　　　　　　　　　　　　　　　变量的数据类型

类型	位	说明	取值范围	
			最小值	最大值
char, signed char	16	字符，有符号字符（ASCII 码）	−32768	32767
unsigned char	16	无符号字符（ASCII 码）	0	65535
short	16	有符号短整数（2 补码）	−32768	32767
unsigned short	16	无符号短整数（二进制）	0	65535
int, signed int	16	有符号整数（2 补码）	−32768	32767
unsigned int	16	无符号整数（二进制）	0	65535
long, signed long	32	有符号长整数（2 补码）	−2147483648	2147483647
unsigned long	32	无符号长整数（二进制）	0	4294967295
long long, signed long long	64	有符号 64 位整数（2 补码）	−9223372036854775808	9223372036854775807
unsigned long long	64	无符号 64 位整数（二进制）	0	18446744073709551615
enum	16	2 的补码	−32768	32767
float	32	浮点数	1.19209290e−38	3.4028235e+38
double	32	双精度浮点数	1.19209290e−38	3.4028235e+38
long double	64	长双精度浮点数	2.22507385e−308	1.79769313e+308
pointers	16	指针型（二进制）	0	0xFFFF
far pointers	22	远指针型（二进制）	0	0x3FFFFF

另外，也可用 typedef 定义新的类型名称，例：

typedef int BYTE ;将 BYTE 定义为 int 型，从而可以将 BYTE 作为数据类型用于声明变量。

2．C 语言关键词

C/C++编译器支持 const、register、volatile 等标准关键字和 cregister、interrupt、inline、ioport、far 等扩展关键词。下面简要介绍其功能和使用方法。

（1）interrupt 关键词

作用：定义中断服务程序（中断函数）。

语法：void interrupt 函数名( ){}

中断函数遵循专门的寄存器保存规则和特定的返回机制。Interrupt 关键字告知编译器生成寄存器保存和函数返回的相关代码。中断函数返回值为 void，且无形式参数。例：

```
void interrupt nothing()
{return;}
```

（2）ioport 关键词

作用：定义 C 中访问 I/O 端口空间的端口变量。编译器会将对 ioport 关键词声明的端口变量的访问编译成 IN 或 OUT 指令。

语法：ioport 类型标示符 端口编号

其中类型标示符可为 int、char、short 和 unsigned int；端口编号为 16 进制表示的 I/O 端口的绝对地址。例：

```
ioport int port10;
```

注意：ioport 变量一般在头文件位置定义。另外，对于 TMS320C28xx DSP 控制器，由于其 I/O 空间与存储空间统一，故不使用该关键字。

（3）volatile 关键词

作用：避免变量被优化。为优化代码效率，编译器访问普通变量时可能将其暂存于 CPU 寄存器中，下次访问时直接从寄存器中读取。若访问期间该变量已被其他程序修改，可能出现读取值与实际值不一致的现象。因此，对于特殊变量（如片内外设的寄存器或某些控制变量），可用 volatile 关键词声明，通知编译器每次访问该变量时均需从其地址读取。例：

```
volatile short flag; /*通知编译器每次访问变量 flag 时均从其地址读取*/
```

（4）register 关键词

作用：定义寄存器变量，以加快访问速度。

（5）cregister 关键词

作用：允许在 C/C++中直接访问 CPU 的中断控制寄存器 IER 和 IFR。例：

```
extern cregister volatile unsigned int IER;
main()
{…
IER|=0x0100;
…}.
```

（6）inline 关键词

作用：定义可直接扩展到被调用处的 inline 函数。调用 inline 函数时，直接将其源代码插入到调用位置，该过程称为 inline 扩展。一般情况下，一些源代码较短的函数可定义为 inline 函数，以减小函数调用所产生的时间开销。例：

```
inline int volume_sphere(float r)
{retrurn 4.0/3.0*PI*r*r*r;}
```

```
main()
{…
volume=volume_sphere(radius);  /*编译器编译后代码为 volume=4.0/3.0*PI* radius * radius *
radius;*/
…}
```

优化器可根据上、下文代码情况对 inine 函数自由进行优化。但使用 inline 函数会增加源代码长度。

（7）const 关键词

作用：保护变量或数组的值不被改变。其典型应用是保护函数传递的参数不被改变。若不希望一个函数修改传递给它的参数，则可使用 const 关键词声明该函数的形式参数，这样在函数体内对该形参的任何形式的修改均被编译器视为非法。例：

```
int * const p=&x;
*p=10;                 /*合法，表示给变量 x 赋值 10*/
*p++;                  /*非法，指针 p 是常量指针，不能修改其内容*/
```

（8）far 关键词

作用：指定 22 位长度的指针。C/C++编译器的默认地址空间被限制在其内存的低 64K 字，所有指针默认值为 16 位。far 关键词声明的指针的长度为 22 位，可访问 4M 字的内存空间。例：

```
int far sym;           /*声明 sym 位于远内存，为 far 类型的变量*/
```

3. #pragma 指令

预编译器指令由 C/C++编译器在对代码正式处理前调用预编译函数解释和执行。#pragma 预编译器指令告诉预处理器怎样对待函数。C28x C/C++编译器支持 CODE_ALIGN、CODE_SECTION、DATA_SECTION、FAST_FUNC_CALL、FUNC_EXT_CALLED、INTERRUPT、MUST_ITERATE 等#pragma 指令，下面简要介绍常用#pragma 指令的功能和用法。

（1）CODE_SECTION

作用：为某一段程序指定特定的代码存储段，以便单独为其分配存储空间。

语法：#pragma CODE_SECTION (func, " section_name"); /*C 语法*/

　　　#pragma CODE_SECTION (" section_name ");   /*C++语法*/

为 C 中函数 func 或 C++中下一函数在"section_name"段内分配空间，以便将其定位至.text 以外的代码段。如，下列代码自定义了一个名为 my_sect 的代码段，并将函数 fn 的代码定位至该段。

```
#pragma CODE_SECTION (fn, " my_sect")
int fn (int x)
{return c;}
```

（2）DATA_SECTION

作用：为某一段数据指定特定的数据存储段，以便单独为其分配存储空间。

语法：#pragma DATA_SECTION (symbol , " section name ");   /*C 语法*/

　　　#pragma DATA_SECTION (" section name ");   /*C++语法*/

为 C 变量 symbol 或 C++中下一个变量在"section_name"段内分配空间，以便将其定位至.bss 以外的数据段。例如，下列代码自定义了一个名为 BufferB_sect 的数据段，用于为字符型变量 bufferB 保留空间。

```
#pragma DATA_SECTION(bufferB, "BufferB_sect");
char bufferB[512];
```

（3）CODE_ALIGN

作用：为某一段程序指定特定的代码存储边界，以保证某函数代码存于特定位置。该指令在需要将函数定位至特定边界时特别有用。

语法：#pragma CODE_ALIGN (func, constant);　　/*C 语法*/

　　　#pragma CODE_ALIGN (constant);　　　　/*C++语法*/

注意：constant 必须是 2 的幂次，以保证内存边界问题。

（4）INTERRUPT

作用：指明函数为中断处理函数，从而允许直接在 C 代码中处理中断。

语法：#pragma INTERRUPT (func);　　/*C 语法*/

　　　#pragma INTERRUPT ;　　　　　/*C++语法*/

声明 C 函数 func 或 C++中下一个函数为中断函数。中断函数通过中断返回指针 IRP 返回。另外，在浮点处理器 FPU 中，中断可分为高优先级中断（HPI）和低优先级中断（LPI）。高优先级中断具有快速保护机制且不能嵌套；低优先级中断像正常的 C28x 中断一样可以嵌套。此时中断优先级可通过嵌套声明。

语法：#pragma INTERRUPT (func , {HPI|LPI});　　/*C 语法*/

　　　#pragma INTERRUPT ({HPI|LPI});　　　　/*C++语法*/

（5）FAST_FUNC_CALL

作用：允许在 C/C++中直接调用汇编编写的函数。调用时采用快速函数调用（FFC）机制，而非使用普通函数调用流程。FFC 进栈、出栈及函数返回与普通函数有所不同，调用更快速。

语法：#pragma FAST_FUNC_CALL (func);

由于调用时返回地址存放于 XAR7 中，故汇编函数返回时的 asm 代码是：LB *XAR7。具体用法见 3.4 节"C/C++和汇编混合编程"。

（6）FUNC_EXT_CALLED

作用：保证程序执行期间未被调用的函数不被编译器优化掉。编译器有一种优化方式，可将从未在 main()函数中直接或间接调用的函数删除。在 C 和汇编混合编程中，为防止在汇编中调用的函数被优化器删除，可用该指令声明。

语法：#pragma FUNC_EXT_CALLED （func）;　　/*C 语法*/

　　　#pragma FUNC_EXT_CALLED;　　　　　/*C++语法*/

（7）MUST_ITERATE

作用：指明某循环必须执行的次数，以防止该循环被优化掉。如，通过空循环建立的延时，在程序优化时会被删除，此时可使用该指令声明。

语法：#pragma MUST_ITERATE (min, max, multiple);

其中，min 和 max 为编程者指定的最小和最大迭代次数，必须能被 multiple 整除。所有选项均为可选项。例：

```
for( i=0; i<100; i++){}
```

编译器在优化时会删除该循环，此时可使用如下代码。

```
#pragma MUST_ITERATE(8, 48, 8);
```

```
for(i=0; i<100; i++) {}
```

告诉编译器该循环执行 8～48 次，循环次数是 8 的倍数，以保证编译器不将其优化掉。

4. 中断处理方法

TMS320C28x C/C++编译器的中断可用中断服务函数进行处理。中断服务函数可与其他函数一样访问全局变量、分配局部变量，以及调用其他子函数。在处理中断时，不能破坏 C 环境，因此必须遵循以下规则。

（1）总体规则

① 中断服务程序没有参数，即使声明了参数，也将会被忽略。

② 中断服务程序理论上可由标准 C/C++代码调用。但由于所有寄存器均被保留，调用效率极低。

③ 中断服务程序可以处理单个中断或多重中断。但仅系统复位中断_c_int00 在编译器中具有特定代码。

④ 为某中断提供中断服务程序时，必须将其地址赋给相应中断向量。中断向量表可通过使用汇编伪指令.sect 创建。

⑤ 在汇编程序中，要在中断服务程序名称前加下划线。如，使用_c_int00 引用 c_int00。

（2）C/C++中断服务程序的使用

若 C/C++中断服务程序中未调用其他函数，只需保护和恢复中断处理过程中用到的寄存器。若 C/C++中断服务程序调用了其他函数，因被调用的函数可能修改其他寄存器，故编译器会保护所有调用寄存器。

C/C++中断服务程序可以像其他 C/C++函数一样具有局部变量和寄存器变量。但声明函数时不能有参数和返回值，且中断服务函数不能直接调用。

C/C++中断函数可采用 3 种方法定义。一是以 c_int*d*（*d* 为数字）为名称定义中断函数。以 c_int*d* 为名字定义的函数均视为中断函数，其中 c_int00 为保留的中断函数。另外，也可如前所述利用关键字 interrupt 或#pragma 指令 INTERRUPT 定义中断函数。

3.4 C/C++和汇编混合编程

用 C/C++语言开发 DSP 软件，尽管编程相对容易，且可通过优化器优化代码。但 C/C++代码的执行速度和效率在某些情况下尚不如汇编代码。如 FFT 算法，中断处理和要求对硬件进行控制的场合，C/C++代码效率低，速度也慢。故开发 DSP 软件时，可将 C/C++和汇编结合起来，进行混合编程。混合编程时，一般程序主体由 C/C++控制，对实时性要求较高或需要对 DSP 底层资源进行操作的代码用汇编实现，然后将 C/C++和汇编连接起来。这样可取长补短，达到对 DSP 软硬件资源的最佳利用。

3.4.1 C/C++编译器运行环境

使用 C/C++和汇编混合编程时，必须遵循系统对 C 运行环境的约定，主要包括 C 系统堆栈管理、寄存器使用规则和函数调用 3 个方面。

1. C 系统堆栈

C 编译器利用内部软件堆栈存放局部变量，传递函数参数，保存处理器状态、函数返回地址、中间结果和寄存器的值。运行时堆栈地址由低向高生长。

正常情况下，编译器使用硬件堆栈指针 SP 管理 C 系统堆栈，SP 指向当前堆栈栈顶（下一个可用的字）。由于 SP 为 16 位的指针，故只能操作内存空间的低 64K 字。SP 采用-*SP[6 位偏移量]的形式访问堆栈。每调用一次函数，均会在当前栈顶产生一个新的帧，用于存放局部变量和中间结果。当帧的大小超过 63 个字（SP 偏移地址的最大值）时，使用辅助寄存器 XAR2 作为帧指针（Frame Pointer，FP），指向当前帧的起始地址。使用 FP 指针可以访问 SP 无法直接访问的存储空间。

C 语言环境自动操作这两个寄存器。若汇编程序中可能用到堆栈，一定要正确使用这两个寄存器。编写汇编与 C 的接口时，也应该遵循这些规则。

C 系统堆栈的默认大小是 1K 字。系统初始化时，SP 指向.stack 段的首地址。

注意：编译器不提供任何检查堆栈溢出的方法，故使用系统堆栈时一定要保证堆栈空间足够大，以防止因其溢出而破坏运行环境。堆栈大小的更改可在连接器选项-stack 后指定。

2. 寄存器使用规则

C/C++编译器中规定了严格的寄存器使用规则，包括编译器如何使用寄存器和调用函数期间如何保存环境两方面的内容。编写 C 和汇编接口时，一定要遵循这些规则，否则可能破坏 C 环境。寄存器变量有两种，一种用于保护调用环境，一种用于保护入口环境。函数调用时，保护调用环境的寄存器变量由调用者（父函数）保存；保护入口环境的寄存器变量由被调用者（子函数）保存。

表 3.9 列出了 C 编译器对寄存器的使用情况，并给出了函数调用期间需要保护的寄存器。FPU 除了使用表 3.9 所示 C28x 寄存器外，还使用了表 3.10 所示的浮点 CPU 寄存器。C/C++编译器对状态寄存器各状态位的使用情况如表 3.11 所示。FPU 使用的额外状态位如表 3.12 所示。

表 3.9 寄存器使用和保护规则

寄存器	用途	入口保护	调用保护
AL	表达式、参数传递、从函数返回 16 位结果	否	是
AH	表达式和参数传递	否	是
DP	数据页面指针（用于访问全局变量）	否	否
PH	乘法表达式和临时变量	否	是
PL	乘法表达式和临时变量	否	是
SP	堆栈指针		注:
T	乘法和移位表达式	否	是
TL	乘法和移位表达式	否	是
XAR0	指针和表达式	否	是
XAR1	指针和表达式	是	否
XAR2	指针、表达式和帧指针（需要时）	是	否
XAR3	指针和表达式	是	否
XAR4	指针、表达式、参数传递、从函数返回 16 和 22 位的指针值	否	是
XAR5	指针、表达式和参数	否	是
XAR6	指针和表达式	否	是
XAR7	指针、表达式、直接调用和分支（实现指向函数和 switch 声明的指针）	否	是

注：SP 在约定中保留，所有压入堆栈的内容在返回前均需弹出。

表 3.10　　　　　　　　　　　FPU 寄存器使用和保护规则

寄存器	用途	入口保护	调用保护
R0H	表达式、参数传递、从函数返回 32 位浮点数	否	是
R1H	表达式和参数传递	否	是
R2H	表达式和参数传递	否	是
R3H	表达式和参数传递	否	是
R4H	表达式	是	否
R5H	表达式	是	否
R6H	表达式	是	否
R7H	表达式	是	否

表 3.11　　　　　　　　　　　状态位使用情况

状态位	名称	期望值	修改与否
ARP	辅助寄存器指针	-	是
C	进位	-	是
N	负标志	-	是
OVM	溢出模式	0	是
PAGE0	直接/堆栈地址模式	0	否
PM	乘积移位模式	0	是
SPA	堆栈指针对齐位	-	是（在中断中）
SXM	符号扩展模式	-	是
TC	测试/控制标志	-	是
V	溢出标志	-	是
Z	零标志	-	是

表 3.12　　　　　　　　　　　FPU 状态位使用情况

状态位	名称	期望值	修改与否
LVF	缓存浮点溢出标志	-	是
LUF	缓存浮点下溢标志	-	是
NF	浮点负标志	-	是
ZF	浮点零标志	-	是
NI	负整数标志	-	是
ZI	零整数标志	-	是
TF	测试标志位	-	是
RNDF32	取整 F32 模式	-	是
RNDF64	取整 F64 模式	-	是
SHDWS	影子模式状态	-	是

注：表 3.12 中期望值是指编译器在函数调用或者返回时的期望值；划"-"线的表示编译器对该状态位的值未作要求；修改与否表示编译器产生代码时是否修改该状态位。

3. 函数调用规则

C 编译器对函数的调用有一套严格的规则。除了特殊的运行支持函数外，任何调用 C 函数的函数和被 C 调用的函数均需遵循这些规则，否则可能破坏 C 环境，使程序无法运行。

典型的函数调用过程如图 3.3 所示，首先将不能通过寄存器传递的参数存放于系统堆栈中，接着保存返回地址（原 RPC），然后为被调用函数分配局部变量和参数块。注意，图 3.3 描述的是如何利用系统堆栈为被调用函数分配局部帧和参数块。若被调用函数无参数，也未使用局部变量，则不需为其分配局部帧。

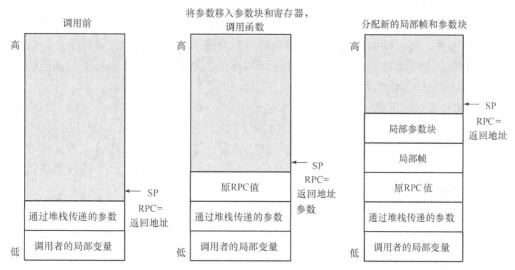

图 3.3　调用函数时堆栈使用情况

参数块是局部帧中为其他函数传递参数的部分。参数的传递是通过将其移入参数块而非将其压入堆栈实现的。函数调用过程中，局部帧和参数块同时分配。

（1）函数调用

父函数调用子函数时需要执行以下任务。

① 子函数无需保存但函数返回后需要用到的寄存器的值压入堆栈。

② 若子函数返回一个结构体，父函数需要为该结构体分配空间，并将所分配空间的地址作为第一个参数传递给子函数。

③ 传递给子函数的参数首先存放于寄存器中，必要时也可存放于堆栈中。参数传递时对寄存器使用情况：（a）若目标系统为 FPU，且需要 32 位的浮点参数，前 4 个浮点参数存放于寄存器 R0H～R3H；（b）若存在 64 位的整型参数（long long），第一个存放于 ACC 和 P（ACC 存放高 32 位，P 存放低 32 位）；（c）若存在 32 位参数（long 或 float），第一个参数存放于 ACC；（d）指针型参数前两个存放于 XAR4 和 XAR5；（e）16 位参数前 4 个的存放顺序为 AL、AH、XAR4、XAR5。

④ 未放入寄存器的其他参数以逆序压入堆栈（最左边的参数最后进栈）。所有 32 位参数在堆栈中从偶地址开始存放）。结构体变量仅传递其地址。

⑤ 调用子函数前，父函数必须将堆栈指针 SP 对齐偶地址（可通过将 SP 增 1 实现）。

⑥ 父函数使用 LCR 指令调用子函数。首先将 RPC 寄存器的值压入堆栈，然后将返回地址存放于 RPC 寄存器。

⑦ 堆栈对齐函数边界。

（2）子函数的响应

子函数执行以下任务。

① 若子函数修改了 XAR1、XAR2 或 XAR3，必须对其进行保护（因父函数假定这些寄存器在返回前已经保护）。若目标系统为 FPU，R4H、R5H、R6H 或 R7H 也需同样处理。

② 子函数需要为局部变量、临时存储区域，以及它所调用的其他函数的参数传递分配足够的空间。空间分配可在函数体的起始处对 SP 寄存器增加一个常数实现。

③ 堆栈与函数边界对齐。

④ 若子函数需要结构体参数，将会收到一个指向该结构体的指针。若子函数需要对该结构体进行写操作，则必须在堆栈中为该结构体分配空间，并通过传递过来的指针将该结构体内容复制进来。若子函数无需对该结构体进行写操作，则可通过指针间接引用该结构体。

⑤ 子函数执行函数代码。

⑥ 子函数遵循以下规则通过寄存器传递返回值：16 位整型数存放于 AL，32 位整型数存放于 ACC，64 位整型数存放于 ACC/P，16 或 22 位指针存放于 XAR4。若目标系统为 FPU，且需要返回 32 位浮点数，则返回值存放于 R0H。若函数返回一个结构体，则父函数首先为结构体分配空间，并将返回空间的地址存放于 XAR4 中传递给子函数；子函数将该结构体复制至该结构体指针指向的存储空间。

⑦ 子函数通过从 SP 减去先前加进去的常数撤消局部帧。

⑧ 子函数恢复先前保存的寄存器的值。

⑨ 子函数使用 LRETR 指令返回。PC 指向 RPC 寄存器值规定的地址，原 RPC 值从堆栈弹出至 RPC 寄存器。

（3）子函数需要大存储空间的特殊情况

若子函数需要分配的帧空间超过 63 个字，则需使用帧指针 FP（XAR2）在局部帧内访问局部变量。分配空间之前，FP 指向堆栈中传递过来的第一个参数；若无参数传递到堆栈，FP 指向父函数的返回地址。函数调用过程中尽可能避免分配大量局部数据（如不要在子函数内声明大数组）。

（4）访问参数和局部变量

子函数通过 SP 或 FP 间接访问局部变量和堆栈中的参数。由于 SP 指向堆栈栈顶，且堆栈总是向高地址方向生长，因此所有 SP 能访问到的参数使用 "*-SP[6 位偏移量]" 寻址方式进行访问。

"*-SP[6 位偏移量]" 的最大偏移量为 63，故当帧空间大于 63 个字时，编译器使用 FP（XAR2）对其进行访问。由于 FP 指向当前帧的底部，因此可使用 "*+FP[偏移量]" 或 "*+FP[AR0/AR1]" 寻址方式进行访问。

3.4.2　C/C++和汇编接口

在使用 C/C++和汇编混合编程时，必须注意以下规则。

① 无论 C/C++还是汇编函数，编写时均须遵循寄存器规则。

② 必须保护被子函数修改的专用寄存器 XAR1、XAR2、XAR3 和 SP。对于 PFU，还需要对 R4H、R5H、R6H 和 R7H 进行同样处理。非专用寄存器可自由使用。

注意：若正常使用 SP，则不需要对其进行明确保护。汇编子程序可以自由使用堆栈，但要保证子程序返回之前，所有压入堆栈的内容均已弹出。

③ 调用子函数之前，父函数必须将堆栈指针 SP 偶对齐。

④ 堆栈与函数边界对齐。

⑤ 中断服务程序必须保护所有用到的寄存器。

⑥ 在汇编中调用 C/C++函数时，需要使用指定的寄存器传递参数或将参数压入堆栈。

⑦ 长整型和浮点数均为 32 位，存储时高 16 位存于高地址，低 16 位存于低地址。

⑧ 结构体的返回方法如前文所述。

⑨ 汇编模块不能使用 .cinit 段。C/C++引导程序假定 .cinit 段中仅仅存放了变量初始化表。若将其他信息装入该段，将会引起不可预测的后果。

⑩ 汇编模块中被 C/C++访问的标识符前要加下划线。C/C++编译器在所有 C 标识符前加下划线，故汇编模块中被 C/C++访问的汇编标识符前也必须加下划线。如，若变量 x 要被 C/C++程序访问，必须用 _x 表示。汇编模块中其他标识符前则不需加下划线，且只要不加下划线，即使与 C/C++中变量名相同，也不会发生冲突。

⑪ 汇编模块中被 C/C++模块引用的变量或函数需用伪指令 .def 或 .global 声明；同样，C 模块中需要被汇编模块引用的变量或者函数在汇编模块中也必须用伪指令 .global 声明。

3.4.3 混合编程方法

用 C/C++语言和汇编语言进行混合编程，可以采用以下 6 种方法：①独立编写 C/C++和汇编程序模块；②使用 FAST_FUNC_CALL 预编译器指令；③直接在 C/C++中嵌入汇编语句；④在 C/C++中访问汇编变量；⑤使用内部算子访问汇编函数；⑥快速产生被 C/C++调用的汇编函数。下面对各种方法进行简要介绍。

1. 独立编写 C/C++和汇编程序模块

该方法的基本思想为：独立编写 C/C++和汇编程序模块，将汇编程序模块编写为子程序的形式，作为 C/C++的函数调用。编写汇编子程序时要遵循 C/C++与汇编接口。

该方法代码产生过程为：C/C++程序经编译、汇编后生成目标文件（.obj），汇编程序汇编后生成目标文件；然后由连接器将所有目标文件连接成一个完整的文件。下面举例说明如何采用独立编写 C/C++和汇编模块的方法进行混合编程。

例 3.3 C 主程序调用汇编子程序，汇编子程序接收 C 传递的参数并将其加至 C 全局变量 gvar，然后返回 gvar 的值。分别编写 C 和汇编程序如下。

```
C 主程序：
extern int asmfunc();          /* 声明全局汇编函数 */
int gvar;                      /* 定义全局变量 gvar */
void main()
{
   int i = 5;
   i = asmfunc(i);             /* 正常调用汇编函数 */
}
汇编子程序
  .global _gvar
  .global _asmfunc
_asmfunc:
          MOVW DP,#_gvar
          ADD  AL, @_gvar
          MOV @_gvar, AL
          LRETR
```

例 3.3 中，16 位参数 i 通过寄存器 AL 传递给汇编子程序。

2. 使用 FAST_FUNC_CALL 预编译器指令

FAST_FUNC_CALL 预编译器指令的语法已在 3.3.2 节已做了介绍。下面举例说明如何采用该方法进行混合编程。

例 3.4 C 主程序调用汇编子程序 add_long，汇编子程序接收 C 传递的 2 个参数并将其累加后返回。

```
C 主程序：
#pragma FAST_FUNC_CALL(add_long); /*声明对 add_long 汇编函数的调用采用快速调用机制*/
long add_long(long, long);
void f()
{long x=0, y=0;
 int k;
 x=67000;
 y=76000;
 y=add_long(x, y);
while(1)
{k=0;}
汇编子程序
.global _add_long
_add_long:  ADDL ACC, *-SP[2]
            LB *XAR7
```

例 3.4 中由于采用快速调用机制，调用汇编子程序之前返回地址已存放于辅助寄存器 XAR7 中，故返回时使用指令 LB *XAR7 取代正常返回指令 LRETR。

3. 直接在 C/C++ 中嵌入汇编语句

在 C/C++ 程序中也可直接嵌入汇编语句，实现对 DSP 硬件资源的控制，优化 C/C++ 代码。嵌入汇编语句时，只需将汇编语句用双引号引起来后放入小括号，然后在小括号前加上 asm 标识符即可。格式如下。

```
asm（" 汇编语句"）
```

注意：

① 小括号中双引号后第一列为标号位置，若嵌入的汇编语句中无标号，则用空格代替；

② 编译器在编译过程中并不对输入的汇编语句进行编译，而只是将内嵌指令照搬到编译生成的汇编代码的相应位置；

③ 不要将转移指令或带标号的汇编语句嵌入 C/C++ 程序；

④ 不要通过嵌入汇编语句来改变任何 C/C++ 变量的值；

⑤ 不要嵌入任何可能会改变汇编环境的汇编语句。

采用直接嵌入汇编语句的方法进行混合编程具有以下优点。

① 程序编写方便。由于出、入口都要 C/C++ 管理，不必手工编程实现。

② 程序保留 C/C++ 程序结构，结构清晰，可读性好。

③ 程序调试方便。程序中变量由 C/C++ 定义，可采用 C/C++ 源代码调试器方便地观察 C 变量。

4. 在 C/C++ 中访问汇编变量

在 C/C++ 程序中可以访问汇编模块中定义的变量。C/C++ 程序访问汇编模块中在.bss 段中的变量和不在.bss 段中的变量时，方法稍有不同。

（1）访问.bss 段中变量

访问.bss 段中变量比较方便，可以采用如下方法实现。

① 用.bss 汇编伪指令定义被访问的变量。

② 用.global 伪指令将该变量声明为外部变量。

③ 在变量名的前面加下划线"_"。

④ 在 C 程序中将该变量声明为全局变量。

这样即可在 C 中直接引用该变量，如例 3.5 所示。

例 3.5 C 程序中引用.bss 中变量。

```
（a）C 程序
extern int var;    /*声明 var 为全局变量*/
var=1;             /*引用 var*/
（b）汇编程序
.bss _var,1        ;定义变量_var
.global _var       ;声明_var 为全局变量
```

（2）访问不在.bss 段中的变量

若需要访问的变量不在.bss 段中，比如要访问汇编中定义的查找表，又不希望将其放入 RAM 中（即放在.bss 段中），这时可以首先定义该表，然后定义一个指向该表的标号，如例 3.6 所示。

例 3.6 访问不在.bss 段中的变量。

```
（a）C 程序
extern float sine[ ];          /* 说明 sine 为全局变量*/
f = sine[2];                   /*  sine 视作正常数组*/
（b）汇编程序
.global _sine                  ; 说明 sine 为全局变量
.sect "sine_tab"               ; 定义一个独立的段
_sine:                         ; 查找表的初始地址
        .float 0.0
        .float 0.015987
        .float  0.022145
```

5. 使用内部算子访问汇编

C28x 编译器能够识别一些内部算子（intrinsics）。使用内部算子可将 C/C++中无法描述或描述比较复杂的任务用特定汇编语句描述。内部算子以函数形式调用，可以像调用普通函数一样将内部算子与 C/C++变量一起使用。内部算子使用时前面要加下划线，例如：

```
int x1, x2, y;
y = _add(x1, x2);
long lvar;
unsigned int uivar1, uivar2;
lvar =_mpyu(uivar1, uivar2);
```

其中_add(x1,x2)和_mpyu(uivar1, uivar2)均为内部算子。内部算子"void __add(int *m, int b);"对应汇编语句"ADD * m，b"，其实现的功能为：将存储单元 m 的内容和 b 相加，并将结果存放于 m。内部算子"unsigned long __mpyu(unit src1, unit srt2);"代表汇编语句"MPYU {ACC | P}，T,src2"，其实现的功能为：将 src1（T 寄存器）与 src2 相乘。两个操作数均为 16 位无符号整数，结果存放于 ACC 或 P 中。C28x 编译器支持的内部算子列表详见 TI 手册 "TMS320C28x Optimizing C/C++ Compiler User's Guide（spru514e）"。

6. 快速产生被 C 调用的汇编函数

为方便混合编程，TI 提供了一种快速产生可被 C 调用的汇编函数的方法（详见 An Easy Way of Creating a C-callable Assembly Function for the TMS320C28x DSP(spra806)）。其基本步骤如下。

（1）新建一个 C 源文件，在其中完成以下操作。

① 为汇编函数声明一个函数原型。

② 在 main()函数中调用该汇编函数。

③ 为该汇编函数原型创建 C 函数实体。

完成后 C 源文件如例 3.7 所示。

例 3.7 产生 C 可调用汇编函数。

```
int slope(int,int,int);        /*为汇编函数 slope 声明函数原型；*/
main()
{
   int y=0, x=1, b=2, m=3;
   y=slope(b,m,x);             /*调用汇编函数 slope；*/
}
slope (b,m,x)                  /*为汇编函数 slope 创建函数*/
{ int temp;
   temp=m*x+b;
   return temp;
}
```

（2）编译 C 文件。使用编译器选项"-k（保留汇编文件） -ss（执行 C 和汇编交叉列表）-al（创建汇编列表）"编译该 C 文件。

（3）观察编译之后生成的同名汇编文件。找到该文件中关于汇编函数的代码，例 3.7 中 slope()函数的代码主体（其中不需要的汇编语句已经删除）为

```
_slope: ADDB     SP, #4            ;分配存储空间
        MOV      *-SP[3],AR4       ;16 位数压入堆栈
        MOV      *-SP[2],AH
        MOV      *-SP[1],AL
;  实现运算 temp=m*x+b;
        MOV      T,*-SP[3]
        MPY      ACC,T,*-SP[2]
        ADD      AL,*-SP[1]
        MOV      *-SP[4],AL
        SUBB     SP, #4                  ;撤消存储空间
        LRETR
```

（4）利用生成的汇编函数代码创建汇编文件。

（5）在 C 中将汇编函数原型声明为外部的，并删除为汇编函数原型创建的函数。最终的 C 程序为

```
extern int slope(int,int,int); /*为汇编函数 slope 声明函数原型；*/
main()
{
   int y=0, x=1, b=2, m=3;
   y=slope(b,m,x); /*调用汇编函数 slope；*/
}
```

3.5　集成开发环境及其应用

3.5.1　集成开发环境简介

1. CCS 简介

代码设计工作室（Code Composer Studio，CCS）是目前使用最广泛的 DSP 集成开发环境。CCS 具有可视化的代码编辑界面，集成了汇编器、连接器、C 编译器等代码生成工具，提供了强大的程序调试、跟踪与分析工具，可以帮助用户快速有效地在软件环境下完成代码编辑、编译、连接、调试和数据分析等工作。CCS 有两种工作模式：软件仿真（Simulator）和硬件仿真（Emulator）。前者无需 DSP 硬件系统，可直接在计算机上对 DSP 的指令集和 CPU 进行模拟；后者支持在 DSP 芯片上在线实时运行和调试程序。本节以 CCSV3.3 为例，说明集成开发环境及其应用。

2. CCS 的安装与配置

（1）CCS 的安装

CCSV3.3 的安装与一般 Windows 应用程序的安装过程类似：插入安装盘，运行根目录下 setup.exe，选择默认的安装路径（建议不要更改安装路径，以免某些应用程序在其他目录或中文目录下不能正确运行），根据向导提示完成安装。安装的最低要求为：Windows 95、32M RAM、100M 剩余硬盘空间、奔腾 90 以上处理器、SVGA 显示器（分辨率 800×200 以上）。安装完毕，在桌面创建 Setup CCStudio v3.3 和 CCStudio v3.3 两个快捷图标。

（2）CCS 的 Simulator 模式配置

Simulator 模式是一种纯软件仿真，直接在 PC 上构造一个虚拟的 DSP 环境，以调试、运行程序。但是因为其不能构建 DSP 的片内外设，故一般用于调试和分析纯软件算法。该模式不需要 DSP 硬件系统和 JTAG 仿真器等硬件支持，其配置步骤比较简单。直接双击 Setup CCStudio v3.3 快捷图标，进入图 3.4 所示 CCS 设置窗口；然后根据图 3.4 中标号顺序进行设置即可。仿真器配置成功并将状态保存后，若一直使用该模式，则不需要每次重新进行配置。

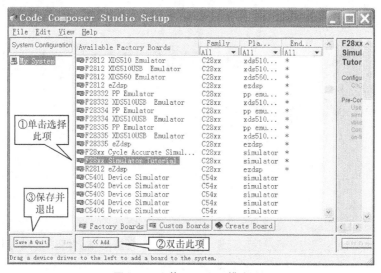

图 3.4　CCS 的 Simulator 模式配置

（3）CCS 的 Emulator 模式配置

Emulator 模式是基于 JTAG 仿真器和目标系统硬件的在线仿真模式，配置前应先安装仿真器的驱动程序。下面以使用第三方公司提供的 USB2.0 接口的 JTAG 仿真器（SEEDXDS510 PLUS Emulator）连接 TMS320F28335 开发板为例，说明 Emulator 模式的配置步骤。

第一步，直接双击 Setup CCStudio v3.3 快捷图标，进入图 3.5 所示 CCS 设置窗口。

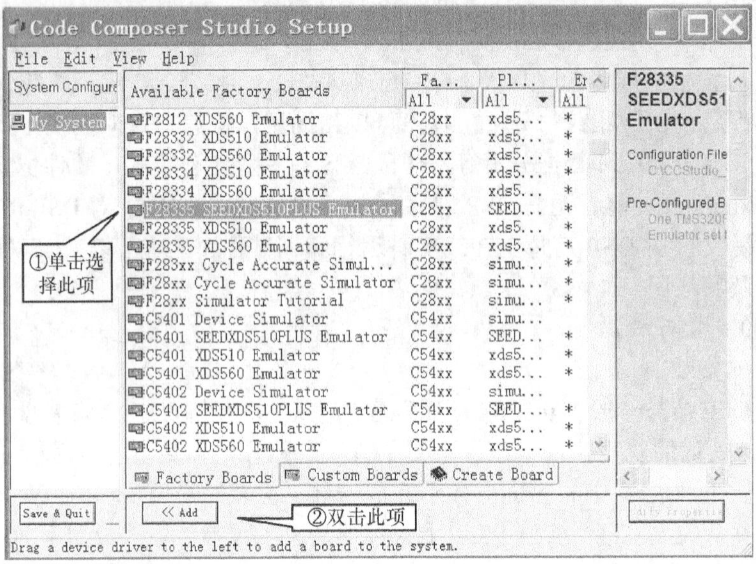

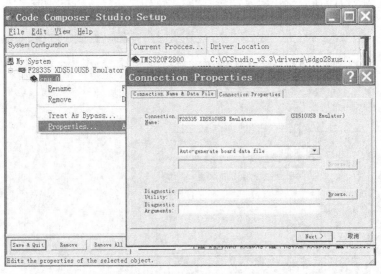

图 3.5 CCS 的 Emulator 模式配置

第二步，根据图 3.5 中标号所示顺序和方法添加仿真器。

第三步，设置仿真器属性。仿真器添加成功后，其名称会出现在设置界面左侧的 My System 栏，如图 3.6 所示。在图 3.6 中选中该仿真器并用鼠标右击，选择属性（Properties），则会弹出一个新的连接属性（Connection Properties）对话框，可以在其中配置仿真器属性。

图 3.6 配置仿真器属性

CCS 的常用工作界面如图 3.7 所示。除了命令菜单（菜单条）和各种快捷工具条（调试工具条、编辑工具条、编译工具条等），还包括工程管理窗口、源程序编辑窗口（C 源程序编辑窗口和汇编程序编辑窗口）、编译状态窗口和各种观察窗口（图像显示窗口、存储器显示窗口、CPU 寄存器窗口和存储器观察窗口等）。

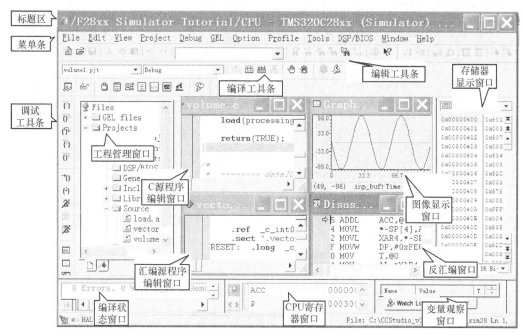

图 3.7　CCS 的常用工作界面

图 3.7 中工程管理窗口对用户的工程文件进行管理和树状显示，用户可以添加、删除和替换工程中的文件；也可以同时打开多个工程，但任意时刻只有一个工程有效。源程序编辑窗口用于显示和编辑用户的源程序，也可在源程序上设置断点和探测点以方便调试。反汇编窗口显示源程序生成的机器指令及连接器为其分配的物理地址，以方便高级程序员查错。编译状态窗口用于显示编译过程中的编译信息，并可提示用户源程序中错误的类型和位置。观察窗口用于辅助用户在调试过程中观察运行结果是否正确；CPU 寄存器窗口可以显示各 CPU 寄存器值的变化；变量观察窗口可对变量的值进行跟踪；存储器显示窗口可显示各内存单元值的变化；图像观察窗口则可将某些内存区域的内容绘制成曲线或图像，以方便用户分析数据的特征。

CCS 中经常使用的菜单包括工程菜单（Project）、文件菜单（File）、调试菜单（Debug）和观察菜单（View）。其中 Project 菜单用于对工程进行管理，包括新建（New）、打开（Open）、关闭（Close）工程，向工程添加文件（Add Files to Project），对工程进行编译（Compile file、Build、ReBuild All），以及对汇编器、连接器和 C 编译器进行设置（Build Options），如图 3.8（a）所示。

File 菜单中最常用的有新建（New）、打开（Open）源文件，以及加载可执行文件（Load Program）。Debug 菜单中提供了各种常用调试手段，包括设置断点或探测点（Breakpoints）、单步运行（Step Into 和 Step Over，其中前者对子程序或被调用函数的每条语句均单步运行，后者则将其看做整体单步运行）、全速运行（Run，运行到断点停止）、动画运行（Animate，运行到断点停顿设定的时间后继续运行）以及其他调试手段（如运行到光标所在处 Run to Cursor、重新开始 Restart、跳到 main 函数 Go Main 等），如图 3.8（b）所示。View 菜单则提供了各种观察手段，最常用的包括观察存储器（Memory）、寄存器（Registers）、图像（Graph）和观察窗口（Watch Window）。这些菜单中常用的选项均有对应的快捷工具和/或快捷键，读者可在 CCS 中自行观察。

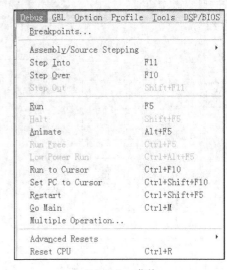

（a）Project 菜单　　　　　　　　　　　　　　　　（b）Debug 菜单

图 3.8　CCS 的部分常用菜单选项

3.5.2　DSP 应用程序开发调试示例

下面以 CCS 安装目录下 tutorial 文件夹中的 volume1（…\tutorial\sim28xx\volume1）为例，说明在 CCS 中如何创建工程和调试 DSP 应用程序。该文件夹包含的工程中有 3 个源文件：volume.c、vectors.asm 和 load.asm。其中，vectors.asm 为复位和中断向量文件；load.asm 中包含一个可被 C 直接调用的汇编函数 load()，通过递减实现延时；volume.c 为主程序，用于将输入缓冲区（inp_buffer）中的数据乘上一个增益（gain）后，送至输出缓冲区（out_buffer），如例 3.8 所示。

例 3.8　volume.c 源程序

```
#include <stdio.h>
#include "volume.h"
/* 全局声明 */
int inp_buffer[BUFSIZE];                            /* 输入缓冲区 */
int out_buffer[BUFSIZE];                            /* 输出缓冲区 */
int gain = MINGAIN;                                 /* 控制变量增益 */
unsigned int processingLoad = BASELOAD;             /* 递减延时循环次数 */
struct PARMS str ={ 2934, 9432, 213, 9432, &str};
/* 函数声明*/
extern void load(unsigned int loadValue);           /* 外部汇编函数声明 */
static int processing(int *input, int *output);      /* 数据处理函数声明 */
static void dataIO(void);                            /* 数据输入/输出函数声明 */
void main()
{   int *input = &inp_buffer[0];
    int *output = &out_buffer[0];
```

```
            puts("volume example started\n");
            while(TRUE)                                  /* 无限循环 */
            {   dataIO();                                /* 使用探针输入数据        */
                #ifdef FILEIO
                puts("begin processing")                 /* 故意设置的语法错误*/
                #endif
                processing(input, output);               /* 乘上增益 */
            }
}
static int processing(int *input, int *output)
{   int size = BUFSIZE;
    while(size--){ *output++ = *input++ * gain; }
    load(processingLoad);                                /* 进一步调用 load 函数*/
    return(TRUE);
}
static void dataIO()
{    return;
}
```

例 3.8 中全局变量 BUFSIZE、MINGAIN、BASELOAD，以及结构体 PARMS 均在头文件 volume.h 中定义。另外，工程中还包含了命令文件 volume.cmd 和数据文件 sine.dat。

1. 目标代码的生成

假设所有文件已准备好，生成目标代码的主要步骤如下。

第一步，新建工程。单击 "Project" → "New"，在弹出的 "Project Creation" 对话框中按图 3.9 所示步骤完成工程的创建，则会在设定路径下创建的与工程同名的文件夹下，生成一个空工程。

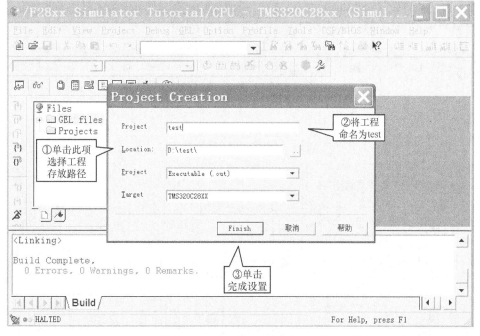

图 3.9 新建工程

第二步，向工程添加文件。首先将 volume1 文件夹下的 volume.c、volume.h、volume.cmd、vectors.asm、load.asm 和 sine.dat 等文件，以及 CCS 安装目录下 C2000 文件夹中

（…\C2000\cgtools\lib）的库文件 rts2800_ml.lib 复制至工程所在的文件夹下；然后单击"Project" → "Add Files to Project"，在弹出的对话框中，将复制过来的文件中除 sine.dat 之外的其他文件添加到工程中，如图 3.10 所示。文件添加成功之后，在工程管理窗口双击某文件，可将其打开、查看并进行编辑。

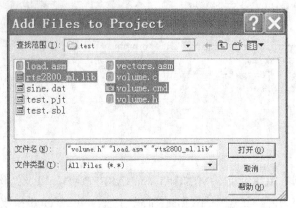

图 3.10 添加文件

第三步，生成可执行代码。单击"Project" → "Rebuild All"或者快捷工具 ⬛ 对整个工程进行编译、汇编和连接。在此过程中，可从 CCS 主界面左下方的编译状态窗口观察编译信息。若代码有错误，可根据给出的错误信息进行修改。若代码无误，则会在工程所在文件夹下的 Debug 文件夹下生成可执行文件 test.out。

2. 目标代码的加载

可执行代码生成之后，按照图 3.11 所示步骤将其加载到 DSP 中。

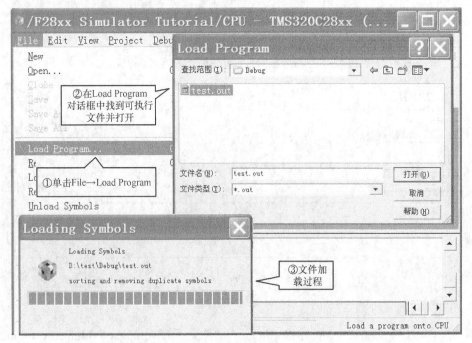

图 3.11 加载文件

3. 目标代码的调试

文件加载后，可使用各种观察和调试方法对代码进行调试。

（1）常用观察方法

调试过程经常需要借助各种观察手段辅助进行。常用的观察方法包括观察存储器（Memory）、CPU 寄存器（CPU Registers）和观察窗口（Watch Window），观察步骤如图 3.12 所示。其中步骤①和②为存储器观察步骤，步骤③和④为 CPU 寄存器观察步骤，步骤⑤～⑦为打开观察窗口添加感兴趣变量方法。另外，还可以观察图像（Graph），在本节后文探测点的使用中一并介绍。

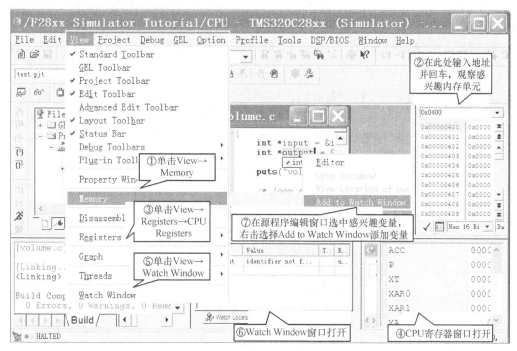

图 3.12　常用观察方法的使用步骤

（2）常用运行方法

根据需要确定使用何种观察方法后，接下来要选择相应的运行方法调试程序并进行观察。Debug 菜单中有各种运行方法选项，单击 Run 选项（或 ✧ 快捷工具）可使代码全速运行；单击 Step Into（或 ➴ 快捷工具）和 Step Over（或 ➴ 快捷工具）选项可单步运行代码，同时观察各观察窗口中相应量的变化；单击 Go Main 选项可使程序运行至 C 程序 main 函数源代码处。另外，还可先单击 Breakpoints 选项（或 ✋ 快捷工具）在光标所在语句设置断点（再次单击则可去掉断点）；然后单击 Animate 选项（或 ✧ 快捷工具）动画运行以进行观察，这种方法在调试中断服务程序（函数）时特别有用。

（3）探测点的使用与图像观察

探测点允许用户在任意指定位置（源语句）提取/注入数据。当程序运行到探测点时，将会触发设定的事件；事件结束后，程序会继续运行。利用探测点可以在 DSP 与计算机文件间交互数据（如从 MATLAB 产生的主机文件中读取数据，供算法使用；或者将 DSP 缓冲区中数据输出至主机文件中以便分析），或者利用数据更新图形显示等观察窗口。下面以在

volume.c 的 dataIO()语句上添加探测点读入数据为例，说明探测点的使用方法。

CCSV3.3 中未区分断点和探测点，故其探测点的使用方法与老版本有所不同，其基本步骤如下。

第一步，设置断点。将光标放在"dataIO();"语句所在行，单击快捷工具，则该源语句前面出现一个高亮度的红色圆点，表示断点设置成功。

第二步，将断点改为探测点并为其关联文件。如图 3.13 所示，首先单击"Debug"→"Breakpoints"，打开断点管理器；然后在断点管理器中单击 Action 下的下拉菜单，将"Halt Target"改为"Read Data From File"；接着在弹出的 Parameter 对话框中，如图 3.13 所示设置关联文件（File）、来自文件的数据存放的起始地址（Start Address）和每次读取的数据样本数（Length），并选中"Wrap Around"以允许数据循环使用。设置完毕，则会弹出被关联文件（这里为 sine.dat）的数据控制窗口；程序运行过程中可利用该窗口在数据文件中进行开始、停止、循环和快进等操作。

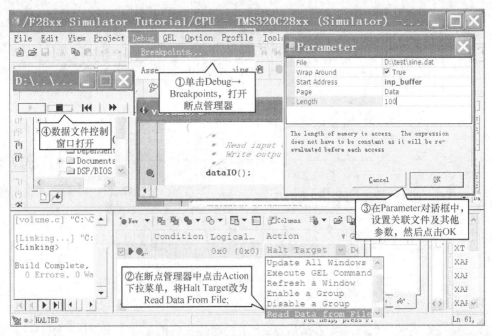

图 3.13　将断点改为探测点并为其关联文件

文件关联成功后，以观察输入和输出缓冲区数据为例说明图像观察方法。输入缓冲区的观察方法如图 3.14 所示。

首先单击"View"→"Graph"→"Time/Frequency"打开 Graph Property Dialog 对话框；然后在该对话框中设置图像标题（Graph Title）为 Input Buffer，数据起始地址（Start Address）为 inp_buffer，获取缓冲区大小（Acquisition Buffer Size）和显示缓冲区大小（Display Buffer Size）均为 100，DSP 数据类型（DSP Data Type）为 16 位有符号整型（16-bit signedinteger，与 sine.dat 一致），并单击 OK 完成设置；设置完毕则弹出图 3.14 所示输入缓冲区图形显示窗口。用同样的方法可以设置输出缓冲区显示窗口，并将其标题改为 Output Buffer，起始地址改为 out_buffer。

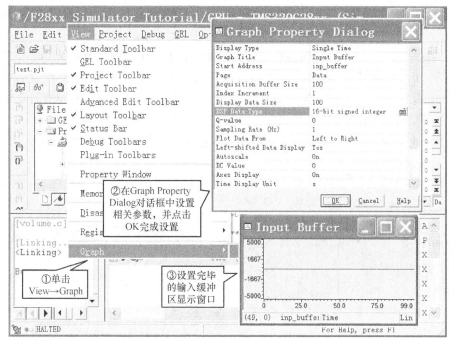

图 3.14　设置图形观察窗口方法

图像观察窗口打开后，再次将光标放在"dataIO();"语句所在行，单击 快捷工具，为其加上断点，使其既是探测点也是断点。然后单击 快捷工具动画运行，则每次程序运行到该语句时，从关联文件中读取数据送入缓冲区，同时更新图像显示窗口，如图 3.15 所示。

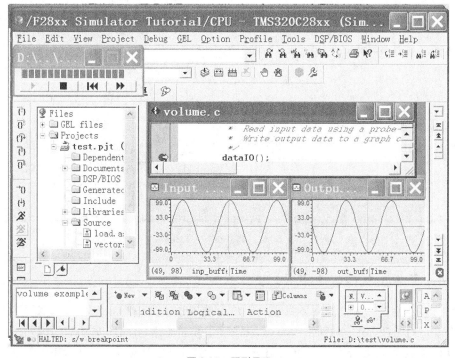

图 3.15　图形显示

3.5.3　程序烧写

程序调试无误后，即可烧写到 DSP 的 FLASH 中，使 DSP 系统脱离仿真器独立运行。烧写 DSP 程序可利用仿真器制造商提供的烧写软件通过仿真器来进行。不同型号的 DSP 往往使用不同的烧写软件，不同仿真器对烧写环境的要求也有不同，使用前要详细阅读相应说明。下面以使用 CCSV3.3 中自带的程序烧写工具为例，简要说明烧写步骤。

第一步，单击菜单栏"Tool"→"F28xx On-Chip Flash Programmer"，打开如图 3.16 所示的程序烧写界面。

第二步，在图 3.16 所示程序烧写界面中首先单击"Browse"，指定需要烧写的 COFF 目标文件；然后单击 Execute Operation，执行程序烧写。

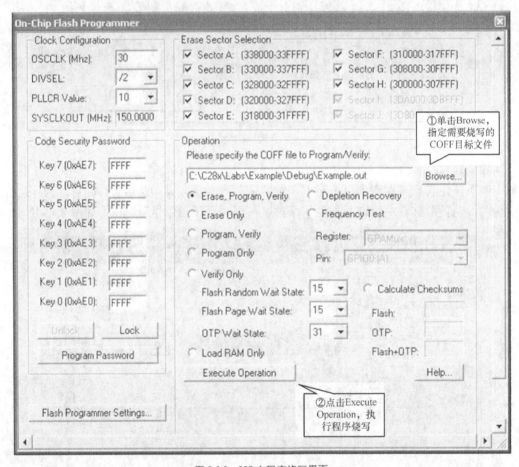

图 3.16　CCS 中程序烧写界面

3.5.4　通用扩展语言（GEL）简介

通用扩展语言是一种高级脚本语言，用户可使用该语言编写.gel 文件，以扩展 CCS 的功能或者自动运行 CCS 中一系列常用命令。GEL 文件的作用与 cmd 文件基本相同，也用于初始化 DSP，但其功能比 cmd 文件有所增强。CCS 集成开发环境中有一个 GEL 菜单，可以根据 DSP 对象的不同，选择不同的初始化程序。GEL 文件的结构如例 3.9 所示。

例 3.9 GEL 文件示例。

```
#define   DEC28335_CTL   0x60000   //定义 DEC28335_CTL 寄存器
#define   DEC28335_INT   0x60001   //定义 DEC28335_ INT 寄存器
#define   DEC28335_STA   0x60002   //定义 DEC28335_ STA 寄存器
StartUp( )；开始函数
{
    GEL_MapReset()；存储空间复位
    GEL_MapAdd(0x0000,0,0x7fff,1,1)；定义程序空间 0000～7fff 可读写
    GEL_MapAdd(0x8000,0,0x7000,1,1)；定义程序空间 8000～f000 可读写
    GEL_MapAdd(0x0000,1,0x1000,1,1)；定义数据空间 0000～f000 可读写
    GEL_MapAdd(0xffff,2,1,1,1)；定义 I/O 空间 0xffff 可读写
    GEL_MapOn()；存储空间打开
    GEL_MemoryFill(0xffff,2,1,0x40)；在 I/O 空间添入数值 40h
}
```

3.5.5 DSP/BIOS 工具简介

DSP/BIOS（Built-In Operation System，嵌入式操作系统）是 TI 公司为其 TMS320C6000、C5000 和 C28x 系列 DSP 平台设计开发的一个尺寸可裁剪的实时多任务操作系统内核，是 CCS 开发工具的组成部分之一。

DSP/BIOS 主要由 3 部分组成：多线程实时内核（抢占式多线程）、实时分析工具和芯片支持库。DSP/BIOS 以模块化方式为用户提供对线程、中断、定时器、内存资源、所有外设资源的管理能力，并可根据需要剪裁。利用 DSP/BIOS 可以方便快捷地开发复杂的 DSP 程序。操作系统维护调度多线程的运行，可将定制的数字信号算法作为一个线程嵌入系统；芯片支持库帮助管理外设资源，可利用图形工具完成复杂的外设寄存器初始化配置；实时分析工具可帮助分析算法实时运行情况。

3.6 基于示例模板的驱动程序开发

3.6.1 驱动程序开发包简介

为使 DSP 控制器的 CPU 控制片内各功能模块正常工作，必须对其进行编程驱动，使系统时钟、片内外设等硬件资源按照各自功能和系统需求运行，这就是驱动程序开发。驱动程序开发的基本思想为：首先通过代码描述片内硬件资源，然后编写程序对硬件资源进行设置。

为便于用户编程，TI 提供了驱动程序开发包和部分源程序。其中最基本的开发包是 C/C++头文件和外设示例（C/C++ Header Files and Peripheral Examples），可根据 DSP 目标系统芯片的不同选择对应的开发包。如 F2833x 和 F2823x 对应的开发包为 SPRC530，F281x 对应的开发包为 SPRC097。开发包所提供的示例程序具有代码质量高、内容全面，结构规范、易于掌握，开发周期短、便于实时硬件评测等优点。基于这些代码库，可以方便地进行驱动程序设计。

下面以 F2833x 的开发包为例，说明 CCSV3.3 下驱动程序开发方法。从 TI 网站下载 SPRC530，解压缩后安装，则安装路径（默认路径为：C:\tidcs\c28\DSP2833x\v131）下跟 F2833x 有关的 4 个文件夹为 DSP2833x_headers、DSP2833x_common、DSP2833x_examples 和 DSP2833x_examples_ccsv4。其中前两个文件分别提供了 F2833x 所有片内外设寄存器访问的

硬件抽象层描述和各片内外设模块初始化描述；后两个文件则分别提供了 CCSV3.3 和 CCSV4 下所有片内外设的驱动程序示例文件。

3.6.2 外设寄存器访问的硬件抽象层方法

为方便用户开发，提高 C 程序运行效率，TI 为访问外设寄存器提供了硬件抽象层方法。其基本思路为：采用寄存器结构体和位定义形式定义各片内外设的寄存器，以方便访问寄存器及其某些位；然后在编译时将其映射到 DSP 数据空间对应的地址。DSP2833x_headers 文件夹中给出了外设寄存器访问的硬件抽象层描述，包括所有片内外设的寄存器结构体及其位定义和地址映射。该文件夹下有 4 个相关子文件夹：include、source、cmd 和 gel。其中 include 文件夹下的各头文件（*.h）给出了所有片内外设的寄存器结构体及其位定义，source 文件夹下的源文件 DSP2833x_GlobalVariableDefs.c 给出了各寄存器结构体变量的段分配，cmd 文件夹下的连接器命令文件给出了段映射情况，而 gel 文件夹下给出了 CCS 中使用的 GEL 文件。

1．寄存器结构体及其位定义

在 DSP2833x_headers\include 文件夹下，给出了定义 F2833x 各片内外设的寄存器结构体及其位域的头文件，如图 3.17 所示。其中除了 DSP2833x_Device.h 和 DSP2833x_PieVect.h 这两个文件外，其他头文件分别用于定义各片内外设的寄存器结构体及其位域。所有的头文件均包含在 DSP2833x_Device.h 中；用户在编程时，只需用 include 语句包含该文件即可。DSP2833x_PieVect.h 定义了 PIE 中断向量表（详见 4.2 节"中断管理系统"）。

```
C:\tidcs\c28\DSP2833x\v131\DSP2833x_headers\include
DSP2833x_Adc.h          DSP2833x_ECan.h         DSP2833x_I2c.h          DSP2833x_Spi.h
DSP2833x_CpuTimers.h    DSP2833x_ECap.h         DSP2833x_Mcbsp.h        DSP2833x_SysCtrl.h
DSP2833x_DevEmu.h       DSP2833x_EPwm.h         DSP2833x_PieCtrl.h      DSP2833x_Xintf.h
DSP2833x_Device.h       DSP2833x_EQep.h         DSP2833x_PieVect.h      DSP2833x_XIntrupt.h
DSP2833x_DMA.h          DSP2833x_Gpio.h         DSP2833x_Sci.h
```

图 3.17　DSP2833x_headers\include 文件夹下的头文件

下面以系统控制模块（头文件 DSP2833x_SysCtrl.h）为例，说明其外设寄存器访问的硬件抽象层方法，其全部寄存器如表 3.13 所示。

表 3.13　系统控制模块的寄存器

名称	地址	描述	名称	地址	描述
PLLSTS	0x7011	PLL 状态寄存器	PCLKCR3	0x7020	外设时钟控制器寄存器 3
保留	0x7012～0x7019	保留	PLLCR	0x7021	PLL 控制寄存器
HISPCP	0x701A	高速外设时钟定标器	SCSR	0x7022	系统控制和状态寄存器
LOSPCP	0x701B	低速外设时钟定标器	WDCNTR	0x7023	看门狗计数器寄存器
PCLKCR0	0x701C	外设时钟控制器寄存器 0	Reserved	0x7024	保留
PCLKCR1	0x701D	外设时钟控制器寄存器 1	WDKEY	0x7025	看门狗复位密钥寄存器
LPMCR0	0x701E	低功耗模式控制寄存器 0	保留	0x7026～0x7028	保留
包括	0x701F	保留	WDCR	7029	看门狗控制寄存器

这些寄存器的传统 C 代码定义方法如例 3.10 所示。

例 3.10 系统控制模块寄存器的传统定义方法

```
#define  Unit16 unsigned int
#define  PLLSTS  (volatile Unit16 *) 0x7011      /* PLL 状态寄存器*/
#define  HISPCP  (volatile Unit16 *)0x701A       /*高速外设时钟定标器*/
#define  LOSPCP  (volatile Unit16 *)0x701B       /*低速外设时钟定标器*/
#define  PCLKCR0 (volatile Unit16 *)0x701C       /*外设时钟控制器寄存器 0*/
#define  PCLKCR1 (volatile Unit16 *)0x701D       /*外设时钟控制器寄存器 1*/
#define  LPMCR0  (volatile Unit16 *)0x701E       /*低功耗模式控制寄存器 0*/
#define  PCLKCR3 (volatile Unit16 *)0x7020       /*外设时钟控制器寄存器 3*/
#define  PLLCR   (volatile Unit16 *)0x7021       /* PLL 控制寄存器*/
#define  SCSR    (volatile Unit16 *)0x7022       /*系统控制和状态寄存器*/
#define  WDCNTR  (volatile Unit16 *)0x7023       /*看门狗计数器寄存器*/
#define  WDKEY   (volatile Unit16 *)0x7059       /*看门狗复位密钥寄存器*/
#define  WDCR    (volatile Unit16 *)0x705F       /*看门狗控制寄存器*/
```

使用传统寄存器定义方法，在访问某寄存器时，需要将其作为整体。如：

```
* PLLCR =0x000A; //写整个 PLL 控制寄存器
```

传统寄存器定义方法的优点是定义简单，且变量名称与寄存器名称完全匹配，易于记忆。缺点是不方便进行位操作，在 CCS 中无法显示每个位的定义和自动完成代码输入，且在很多场合产生的代码效率较低。

为方便编程，TI 为访问外设寄存器提供了新的硬件抽象层方法，以 DSP2833x_SysCtrl.h 中对系统控制模块寄存器的描述为例，其基本步骤如下。

第一步，为每个需要进行位域访问的寄存器定义一个位定义结构体变量，为寄存器内各特定功能位段分配相关的名字和相应的宽度,以允许采用位域名直接操作寄存器中的某些位。如，PLLCR 的位定义结构体为

```
struct PLLCR_BITS {          //位定义
    Uint16 DIV:4;            //3:0  为 PLL 模块设置时钟速率
    Uint16 rsvd1:12;         //15:4  保留
};
```

PCLKCR0 的位定义结构体为

```
struct PCLKCR0_BITS {        //位描述
    Uint16 rsvd1:2;          //1:0   保留
    Uint16 TBCLKSYNC:1;      //2     EPWM 模块 TBCLK 同步允许
    Uint16 ADCENCLK:1;       //3     允许到 ADC 的高速外设时钟
    Uint16 I²CAENCLK:1;      //4     允许到 I²C-A 的 SYSCLKOUT
    Uint16 SCICENCLK:1;      //5     允许到 SCI-C 的低速外设时钟
    Uint16 rsvd2:2;          //7:6   保留
    Uint16 SPIAENCLK:1;      //8     允许到 SPI-A 的低速外设时钟
    Uint16 rsvd3:1;          //9     保留
    Uint16 SCIAENCLK:1;      //10    允许到 SCI-A 的低速外设时钟
    Uint16 SCIBENCLK:1;      //11    允许到 SCI-B 的低速外设时钟
    Uint16 MCBSPAENCLK:1;    //12    允许到 McBSP-A 的低速外设时钟
    Uint16 MCBSPBENCLK:1;    //13    允许到 McBSP-B 的低速外设时钟
    Uint16 ECANAENCLK:1;     //14    允许到 eCAN-A 的系统时钟
    Uint16 ECANBENCLK:1;     //15    允许到 eCAN-B 的系统时钟
};
```

第二步，为方便同时可对每个寄存器进行位域访问和整体访问，为每个寄存器定义一个共同体。如，PLLCR 的共同体为

```
union PLLCR_REG {
    Uint16          all;
    struct PLLCR_BITS bit;
};
```

PCLKCR0 的共同体为

```
union PCLKCR0_REG {
    Uint16          all;
    struct PCLKCR0_BITS bit;
};
```

第三步，将特定外设的所有寄存器定义为一个结构体变量。如系统控制模块的结构体为

```
struct SYS_CTRL_REGS {
    Uint16          rsvd1;          //0: 为从偶地址开始，保留一个单元
    union  PLLSTS_REG PLLSTS;       //1: 锁相环状态寄存器
    Uint16          rsvd2[8];       //2-9 保留
    union  HISPCP_REG HISPCP;       //10: 高速外设时钟定标器
    union  LOSPCP_REG LOSPCP;       //11: 低速外设时钟定标器
    union  PCLKCR0_REG PCLKCR0;     //12: 外设时钟控制寄存器 0
    union  PCLKCR1_REG PCLKCR1;     //13: 外设时钟控制寄存器 1
    union  LPMCR0_REG LPMCR0;       //14: 低功耗模式控制寄存器 0
    Uint16          rsvd3;          //15: 保留
    union  PCLKCR3_REG PCLKCR3;     //16: 外设时钟控制寄存器 3
    union  PLLCR_REG  PLLCR;        //17: PLL 控制寄存器
    Uint16          SCSR;           //18: 系统控制与状态寄存器
    Uint16          WDCNTR;         //19: WD 计数寄存器
    Uint16          rsvd4;          //20 保留
    Uint16          WDKEY;          //21: WD 复位密钥寄存器
    Uint16          rsvd5[3];       //22-24 保留
    Uint16          WDCR;           //25: WD 时钟控制寄存器
};
```

第四步，对每个寄存器结构体变量进行实例化。例如：

```
extern volatile struct SYS_CTRL_REGS SysCtrlRegs;
```

这样，就实例化了一个系统控制寄存器变量 SysCtrlRegs，其中包含了系统控制模块所有寄存器的共同体，可以采用成员操作对结构体每个成员进行操作：使用.all 操作整个寄存器，使用.bit 操作指定的位。如：

```
SysCtrlRegs. PLLCR.all=0x0003;           //对 PLLCR 进行整体访问
SysCtrlRegs. PLLCR.bit.DIV =0x003;       //对 PLLCR 进行位域访问
SysCtrlRegs. PCLKCR0.bit.ADCENCLK=1;     //允许到 ADC 模块的高速外设时钟
```

采用这种硬件抽象层描述方法，不仅代码编写方便、效率高、易于升级，而且可充分利用 CCS 自动代码输入功能，并可通过观察窗口方便地观察各寄存器变量及其位域。另外，各片内外设的寄存器结构体及其位域定义由 TI 公司提供，用户只需会使用即可。

2. 寄存器结构体变量的地址映射

在头文件中仅定义了结构体变量，而未定义其地址，因此在编译时还需要将外设寄存器直接映射到相应存储空间。存储空间映射有如下两个步骤。

第一步，为各寄存器结构体变量分配自定义段。DSP2833x_headers\source 文件夹下的 DSP2833x_GlobalVariableDefs.c，使用预编译器指令 DATA_SECTION 定义了各片内外设寄存器结构体变量对应的段。如为 SysCtrlRegs 分配段的代码为

```
#ifdef __cplusplus
#pragma DATA_SECTION("SysCtrlRegsFile")                //C++语法
#else
#pragma DATA_SECTION(SysCtrlRegs,"SysCtrlRegsFile"); //C 语法
#endif
volatile struct SYS_CTRL_REGS SysCtrlRegs;
```

上述代码在自定义的段 SysCtrlRegsFile 中，为寄存器结构体变量 SysCtrlRegs 分配空间，即将 SysCtrlRegs 定位至自定义的段 SysCtrlRegsFile 中。

第二步，使用连接器命令文件将各寄存器结构体变量对应的段定位到 DSP 数据存储空间的相应地址。仍然以 SysCtrlRegs 对应的段 SysCtrlRegsFile 为例，在 DSP2833x_headers\cmd 文件夹下的 DSP2833x_Headers_nonBIOS.cmd（非实时操作系统头文件连接器命令文件）中，首先使用 MEMORY 伪指令给出系统控制模块寄存器映射的存储区。

```
MEMORY
{…
 PAGE 1:    /* 数据存储空间 */
…
SYSTEM    : origin = 0x007010, length = 0x000020    /* 系统控制寄存器区*/
…}
```

然后使用 SECTIONS 伪指令将自定义段 SysCtrlRegsFile 定位至 SYSTEM 存储区。

```
SECTIONS
{…
SysCtrlRegsFile  : > SYSTEM,      PAGE = 1
…}
```

3.6.3 片内外设驱动程序示例文件模板

为方便用户开发，TI 为 DSP 各片内外设提供了驱动程序示例，存放在 SPRC530 安装路径（默认路径为：C:\tidcs\c28\DSP2833x\v131）下的 DSP2833x_examples 文件夹中，如图 3.18 所示。

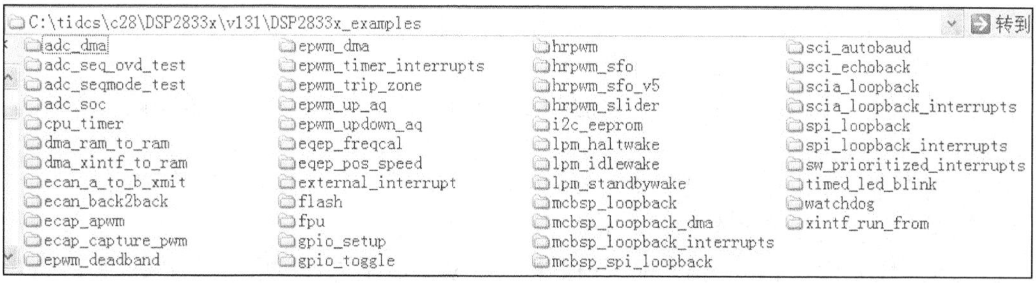

图 3.18 DSP2833x_headers\examples 文件夹下的外设驱动程序示例文件

各示例文件采用统一的模板，以其中以 cpu_timer 为例，在 CCSV3.3 下打开该文件夹下的工程文件 Example_2833xCpuTimer.pjt，其工程管理窗口的目录结构及其源文件中各种文件的作用如图 3.19 所示。其中示例或自定义源文件是主文件，即 main()函数所在的文件。开发某片内外设驱动程序时，只需找到相应外设的示例文件，然后在主文件中对代码进行修改。

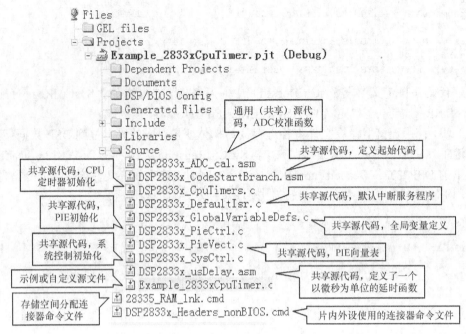

图 3.19 CPU 定时器外设驱动程序示例文件工程目录结构

3.6.4 驱动程序设计方法

如上节所述，用户在开发某片内外设驱动程序时，只需在 TI 提供的该片内外设驱动程序示例中修改用户程序（main()函数）。main()函数的一般程序结构如下。

（1）初始化系统控制模块。包括初始化 PLL、使能外设时钟及预分频、关闭看门狗等。

（2）初始化 GPIO。将数字量输入/输出引脚配置为基本功能或通用 I/O（GPIO）功能。

（3）禁止和清除所有中断（IER=0、IFR=0），初始化 PIE 模块（初始化 PIE 控制器和 PIE 向量表），映射用户中断服务程序入口地址到相应中断向量。

（4）初始化程序中用到的片内外设模块。

（5）用户特定代码。允许中断（使能 PIE 中断和 CPU 中断，使能全局中断），进行变量初始化。

（6）进入循环体，实现需求功能。

（7）定义其他功能函数或中断服务函数。

注意：以上步骤是 main()函数的一般结构，在实际应用中可根据需要省去一些步骤。

习题与思考题

3.1 DSP 软件开发流程包括哪些步骤，每个步骤的作用是什么？

3.2 请说明汇编语言指令有哪些组成部分及各部分的作用。

3.3 试说明汇编语言指令、汇编伪指令和宏伪指令的区别与作用。

3.4 TMS320C2000 系列 DSP 控制器的寻址方式有哪些？

3.5 试说明寻址方式选择位 AMODE 对直接寻址方式有什么影响。

3.6 试说明直接寻址方式下操作数地址的生成过程。其最大寻址空间多大？

3.7 堆栈寻址使用什么硬件实现？有哪 3 种方式？其最大寻址空间多大？

3.8 间接寻址方式的物理地址如何形成？有哪 5 种方式？其最大寻址空间多大？

3.9 寄存器寻址方式有哪两种形式？数据/程序/IO 空间立即寻址方式有哪 4 种形式？程序空间间接寻址方式有哪 3 种形式？

3.10 混合编程中常用的汇编指令有哪些？各自的作用是什么？

3.11 什么是 COFF 目标文件格式，采用这种格式有什么优点？

3.12 汇编器产生的默认段有哪些？各种段中主要包含什么内容？哪些是初始化、哪些是未初始化段？如何自定义初始化段和未初始化段？

3.13 说明汇编器和连接器的作用，它们分别对段做哪些处理？

3.14 说明连接器命令文件（.cmd 文件）的作用。其中包含哪些信息？如何使用 MEMORY 伪指令和 SECTIONS 伪指令实现段的定位和目标存储器分配？

3.15 常用的汇编伪指令有哪些，各自起什么作用？

3.16 简述采用 C 语言和汇编语言开发 DSP 软件的优缺点。

3.17 C 编译器的作用是什么？其中的优化器有什么作用？优化器的优化范围有哪些？使用优化器时如何避免对某变量进行优化？

3.18 C 编译器产生的段有哪些？C 编译器产生的段与汇编器产生的段有何不同？

3.19 试说明 DSP 支持的 C/C++数据类型有哪些，各自多少位。pointers 和 far pointers 两种类型有何区别？

3.20 在 C 编译器中如何访问 I/O 端口空间？试编程从 I/O 端口 100h 读数据，并将读得的数据送到端口 300h。

3.21 #pragma 预编译器指令的作用是什么？C28x C/C++ 编译器支持哪些常用#pragma 指令？掌握其功能和用法。

3.22 使用 C 处理中断时需要遵循哪些规则？中断服务函数的声明和使用与普通函数有什么不同？定义中断服务函数的方法有哪些？

3.23 试说明 C/C++编译器对寄存器和状态寄存器的使用情况。

3.24 试说明 C/C++编译器如何管理 C 系统堆栈。在函数调用过程中，父函数需要执行哪些任务？子函数需要作出哪些响应？如何访问参数和局部变量？

3.25 试说明在使用 C 和汇编混合编程时，必须注意哪些规则？为什么需要采用 C 语言和汇编语言进行混合编程？常用混合编程方法有哪 6 种，如何实现？

3.26 采用混合编程实现 $a=|3|$。主程序用 C 实现，求绝对值子程序用汇编语言编写；然后在 C 主程序中调用汇编子程序。

3.27 CCS 的软件仿真（Simulator）和硬件仿真（Emulator）两种工作模式有何不同？这两种模式在 Setup CCStudio v3.3 如何配置？

3.28 CCS 的常用工作界面有哪些，各自起什么作用？CCS 中经常使用的菜单有哪些，其中有哪些常用选项？

3.29 简述在 CCS 中创建工程和调试程序的操作步骤。

3.30 试说明在 CCS 集成开发环境中查看寄存器、存储器和变量的方法及其具体操作步骤。如何使用查看图像工具？

3.31 试说明 CCS 集成开发环境中如何纠正语法错误。

3.32   试说明 CCS 集成开发环境中有哪些常用程序调试方法？如何实现单步调试、全速调试、设置断点和动画运行？

3.33   试说明 CCS 集成开发环境中探测点的作用。在 CCSV3.3 中如何将断点改为探测点并为其关联 I/O 文件？

3.34   试说明如何使用 CCS 自带的烧写软件烧写 DSP 程序。

3.35   简要说明 CCS 中 gel 文件和 DSP/BIOS 工具的作用。

3.36   试说明外设寄存器访问的硬件抽象层方法的描述步骤。

3.37   简述 TI 提供的外设驱动程序示例文件的工程管理窗口的目录结构中各文件的作用。试说明如何利用示例文件模板进行应用程序开发？

3.38   试说明外设驱动程序示例文件的用户程序中 main()函数的一般程序结构。

第 **4** 章　基本外设及其应用开发

【内容提要】

DSP 控制器具有丰富的片内外设，可分为基本外设、控制类外设和通信类外设 3 大类。对 DSP 控制器的片内外设资源进行开发时，需要掌握其硬件结构与工作原理，了解其寄存器的配置与编程方法，然后根据应用需求对其编程实现期望的功能。本章以 3 个基本外设为例，讲述了 DSP 控制器片内外设模块的开发方法。首先以 GPIO 为例，在讲述其结构、工作原理与寄存器配置方法的基础上，说明了片内外设的应用开发步骤及软件编程方法，包括其汇编语言仿真调试与基于驱动程序模板的 C 语言编程开发方法；接着介绍了 DSP 控制器的中断管理系统结构、原理及其控制方法，并以可实现定时、计时和计数功能的 32 位 CPU 定时器的中断为例，说明了中断程序的编写方法。

4.1　通用数字输入/输出（GPIO）模块

DSP 控制器大部分引脚可作为通用数字量输入输出（General Purpose Input/Output，GPIO）引脚。GPIO 作为 DSP 控制器与外部世界联系的基本接口，可实现最基本的控制与数据传输任务。由于芯片上引脚资源十分有限，GPIO 引脚一般与某些片内外设的外部引脚复用。GPIO 接口是 DSP 控制器最简单的外设，经常作为片内外设应用开发入门性的实践对象。

4.1.1　GPIO 模块结构与工作原理

TMS320F28335 DSP 控制器的 GPIO 模块共有 88 个双向、复用的 GPIO 引脚，分为 A（32个引脚）、B（32 个引脚）、C（24 个引脚）3 个 32 位端口进行管理。GPIO 引脚的内部结构示意图如图 4.1 所示。

由图 4.1 可见，每个引脚最多可复用 4 种功能：GPIO 和外设 1、2、3，具体由复用控制寄存器 GPxMUX1/2 配置（其中 x 为 A、B、C，本节下文均如此）。当引脚配置为 GPIO 时，可由 I/O 方向控制寄存器（GPxDIR）控制数据传输方向；任意时刻，引脚上的电平与相应数据寄存器（GPxDAT）中数据位一致（"1"对应高电平，"0"对应低电平）；当引脚作为输出时，可由数据置位（GPxSET）、清零（GPxCLEAR）和翻转（GPxTOGGLE）寄存器对输出数据进行设置。每个引脚内部配有上拉电阻，可通过上拉寄存器（GPxPUD）来控制是否禁止或允许。另外，A、B 两个端口的引脚还具有输入限定功能，可通过输入量化寄存器（量化选择寄存器 GPQSEL1/2 和控制寄存器 GPxCTRL）规定输入信号的最小脉冲宽度，以滤除引脚上的噪声。

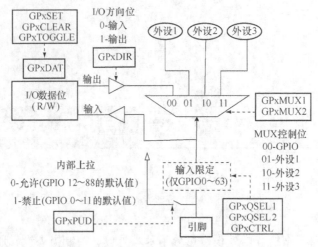

图 4.1　TMS320F28335 GPIO 引脚内部结构示意图

4.1.2　GPIO 寄存器

数字 I/O 模块的寄存器可分为 3 大类：GPIO 控制寄存器、GPIO 数据操作寄存器、外部中断源和低功耗模式唤醒源选择寄存器，如表 4.1 所示。其中控制和数据操作类寄存器仅列出了端口 A 的寄存器，端口 B、C 的控制类和数据类寄存器与端口 A 类似，但端口 C 无输入限定寄存器。

表 4.1　　　　　　　　　　　　　　　GPIO 模块的寄存器

	寄存器	字数	功能		寄存器	字数	功能
控制类	GPAMUX1	2	GPIO A 复用 1 (GPIO0-15)	外部中断与低功耗模式唤醒	GPIOXINT1SEL	1	XINT1 中断源选择 (GPIO0-31)
	GPAMUX2	2	GPIO A 复用 2 (GPIO16-31)		GPIOXINT2SEL	1	XINT2 中断源选择 (GPIO0-31)
	GPADIR	2	GPIO A 数据方向 (GPIO0-31)		GPIOXNMISEL	1	XNMI 中断源选择 (GPIO0-31)
	GPAPUD	2	GPIO A 上拉禁止 (GPIO0-31)		GPIOXINT3SEL	1	XINT3 中断源选择 (GPIO32 - 63)
	GPACTRL	2	GPIO A 控制(GPIO0-31)		GPIOXINT4SEL	1	XINT4 中断源选择 (GPIO32 - 63)
	GPAQSEL1	2	GPIO A 量化选择 1 (GPIO0-15)		GPIOXINT5SEL	1	XINT5 中断源选择 (GPIO32 - 63)
	GPAQSEL2	2	GPIO A 量化选择 2 (GPIO16-31)		GPIOXINT6SEL	1	XINT6 中断源选择 (GPIO32 - 63)
数据操作类	GPADAT	2	GPIO A 数据 GPIO0-31		GPIOXINT7SEL	1	XINT7 中断源选择 (GPIO32 - 63)
	GPASET	2	GPIO A 置位(GPIO0-31)		GPIOLPMSEL	1	LPM 唤醒源选择 (GPIO0-31)
	GPACLEAR	2	GPIO A 清零(GPIO0-31)				
	GPATOGGLE	2	GPIO A 触发(GPIO0-31)				

1．GPIO 控制类寄存器

每个端口的控制类寄存器包括引脚复用控制寄存器、数据方向控制寄存器、上拉控制寄存器，以及输入限定寄存器（端口 C 除外，无输入限定寄存器）。

（1）复用控制寄存器 GPxMUX1/2

复用控制寄存器是最基本的控制寄存器，其位描述如表 4.2 所示。

表 4.2　　　　　　　　　　　　　复用控制寄存器位描述

复用控制寄存器	位	位描述				复用控制寄存器	位	位描述		
		00	01	10	11			00	01	10/11
GPA MUX1	1,0	GPIO0	EPWM1A	保留	保留	GPB MUX1	25,24	GPIO44	保留	XA4
	3,2	GPIO1	EPWM1B	ECAP6	MFSRB		27,24	GPIO45		XA5
	5,4	GPIO2	EPWM2A	保留	保留		29,28	GPIO46		XA6
	7,6	GPIO3	EPWM2B	ECAP5	MCLKRB		31,30	GPIO47		XA7
	9,8	GPIO4	EPWM3A	保留	保留	GPB MUX2	1,0	GPIO48	ECAP5	XD31
	11,10	GPIO5	EPWM3B	MFSRA	ECAP1		3,2	GPIO49	ECAP6	XD30
	13,12	GPIO6	EPWM4A	EPWMSYNCI	EPWMSYNCO		5,4	GPIO50	EQEP1A	XD29
	15,14	GPIO7	EPWM4B	MCLKRA	ECAP2		7,6	GPIO51	EQEP1B	XD28
	17,16	GPIO8	EPWM5A	CANTXB	$\overline{ADCSOCAO}$		9,8	GPIO52	EQEP1S	XD27
	19,18	GPIO9	EPWM5B	SCITXDB	ECAP3		11,10	GPIO53	EQEP1I	XD26
	21,20	GPIO10	EPWM6A	CANRXB	$\overline{ADCSOCBO}$		13,12	GPIO54	SPISIMOA	XD25
	23,22	GPIO11	EPWM6B	SCIRXDB	ECAP4		15,14	GPIO55	SPISOMIA	XD24
	25,24	GPIO12	$\overline{TZ1}$	CANTXB	MDXB		17,16	GPIO56	SPICLKA	XD23
	27,24	GPIO13	$\overline{TZ2}$	CANRXB	MDRB		19,18	GPIO57	$\overline{SPISTEA}$	XD22
	29,28	GPIO14	$\overline{TZ3}$ / $\overline{XHOLD}$	SCITXDB	MCLKXB		21,20	GPIO58	MCLKRA	XD21
	31,30	GPIO15	$\overline{TZ4}$ / $\overline{XHOLDA}$	SCIRXDB	MFSXB		23,22	GPIO59	MFSRA	XD20
GPA MUX2	1,0	GPIO16	SPISIMOA	CANTXB	$\overline{TZ5}$		25,24	GPIO60	MCLKRB	XD19
	3,2	GPIO17	SPISOMIA	CANRXB	$\overline{TZ6}$		27,24	GPIO61	MFSRB	XD18
	5,4	GPIO18	SPICLKA	SCITXDB	CANRXA		29,28	GPIO62	SCIRXDC	XD17
	7,6	GPIO19	$\overline{SPISTEA}$	SCIRXDB	CANTXA		31,30	GPIO63	SCITXDC	XD16
	9,8	GPIO20	EQEP1A	MDXA	CANTXB	GPC MUX1	1,0	GPIO64		XD15
	11,10	GPIO21	EQEP1B	MDRA	CANRXB		3,2	GPIO65		XD14
	13,12	GPIO22	EQEP1S	MCLKXA	SCITXDB		5,4	GPIO66		XD13
	15,14	GPIO23	EQEP1I	MFSXA	SCIRXDB		7,6	GPIO67		XD12
	17,16	GPIO24	ECAP1	EQEP2A	MDXB		9,8	GPIO68		XD11
	19,18	GPIO25	ECAP2	EQEP2B	MDRB		11,10	GPIO69		XD10

续表

复用控制寄存器	位	00	01	10	11
GPA MUX2	21,20	GPIO26	ECAP3	EQEP2I	MCLKXB
	23,22	GPIO27	ECAP4	EQEP2S	MFSXB
	25,24	GPIO28	SCIRXDA	$\overline{\text{XZCS6}}$	
	27,24	GPIO29	SCITXDA	XA19	
	29,28	GPIO30	CANRXA	XA18	
	31,30	GPIO31	CANTXA	XA17	
GPB MUX1	1,0	GPIO32	SDAA	EPWMSYNCI	$\overline{\text{ADCSOCAO}}$
	3,2	GPIO33	SCLA	EPWMSYNCO	$\overline{\text{ADCSOCBO}}$
	5,4	GPIO34	ECAP1	XREADY	
	7,6	GPIO35	SCITXDA	$\text{XR}/\overline{\text{W}}$	
	9,8	GPIO36	SCIRXDA	$\overline{\text{XZCS0}}$	
	11,10	GPIO37	ECAP2	$\overline{\text{XZCS7}}$	
	13,12	GPIO38	保留	$\overline{\text{XWE0}}$	
	15,14	GPIO39		XA16	
	17,16	GPIO40		$\text{XA0}/\overline{\text{XWE1}}$	
	19,18	GPIO41		XA1	
	21,20	GPIO42		XA2	
	23,22	GPIO43		XA3	

复用控制寄存器	位	00	01	10/11
GPC MUX1	13,12	GPIO70		XD9
	15,14	GPIO71		XD8
		GPIO72		XD7
		GPIO73		XD6
	21,20	GPIO74		XD5
	23,22	GPIO75		XD4
	25,24	GPIO76		XD3
	27,24	GPIO77		XD2
	29,28	GPIO78		XD1
	31,30	GPIO79		XD0
GPC MUX2	1,0	GPIO80		XA8
	3,2	GPIO81		XA9
	5,4	GPIO82		XA10
	7,6	GPIO83		XA11
	9,8	GPIO84		XA12
	11,10	GPIO85		XA13
	13,12	GPIO86		XA14
	15,14	GPIO87		XA15

由表 4.2 可见，每个 GPIO 端口对应两个 32 位的复用控制寄存器 GPxMUX1/2（x=A、B、C，本节下文同），寄存器中每个 2 位字段控制一个引脚的功能复用，最多可复用 4 种功能。GPIO 寄存器的硬件抽象层描述在头文件 DSP2833x_Gpio.h 中定义，其中每个字段的位域名为 GPIOy（y=0~87）。如：

```
GpioCtrlRegs.GPAMUX1.bit.GPIO0 = 1;      //GPIO 引脚作为 PWM1A 输出引脚（外设 1 功能）
GpioCtrlRegs.GPCMUX2.bit.GPIO85 =0;      //GPIO85 引脚作为通用输入输出引脚 GPIO85
```

（2）数据方向控制寄存器 GPxDIR

当引脚作为 GPIO 时，可通过数据方向控制寄存器 GPxDIR 设置引脚上数据传输方向。GPxDIR 为 32 位宽，其每一位控制一个引脚的方向，该位为 1 设置相应引脚为输出，为 0 设置相应引脚为输入。复位时，各 GPIO 引脚默认方向为输入。如：

```
GpioCtrlRegs.GPADIR.bit.GPIO0 = 1;       //GPIO0 作为输出
GpioCtrlRegs.GPCDIR.bit.GPIO85 = 0;      //GPIO85 作为输入
```

（3）上拉禁止寄存器 GPxPUD

无论引脚作 GPIO 还是外设功能用，均可通过上拉禁止寄存器 GPxPUD 允许或禁止内部上拉电阻。GPxPUD 为 32 宽，对应位为 1 时禁止上拉电阻，为 0 时允许上拉电阻。复位时，可设置为 ePWM 输出的引脚（GPIO0~11）内部上拉电阻禁止，其他引脚上拉电阻允许。

（4）输入量化寄存器

端口 A 和 B 的引脚有输入量化功能，可由 GPxQSEL1/2 寄存器控制，选择不加限定（仅对外设功能有效）、与 SYSCLKOUT 同步、限定 3 个采样周期或 6 个采样周期。若限定 3/6 个采样周期，还可进一步通过 GPxCTRL 寄存器设置采样周期，只有脉冲宽度大于限定时间的脉冲才视为有效。端口 C 的引脚无输入限定功能，其所有引脚均与 SYSCLKOUT 同步。GPxQSEL1/2 的位分布如下。

	31	30	29	28	27 4	3	2	1	0
	R/W-0		R/W-0		R/W-0	R/W-0		R/W-0	
GPAQSEL1	GPIO15		GPIO14		....	GPIO1		GPIO0	
GPAQSEL2	GPIO31		GPIO30		....	GPIO17		GPIO16	
GPBQSEL1	GPIO47		GPIO46		....	GPIO33		GPIO32	
GPBQSEL2	GPIO63		GPIO62		....	GPIO49		GPIO48	

各字段功能描述：00-与 SYSCLKOUT 同步；01-限定 3 个采样周期；10-限定 6 个采样周期；11-无限定（仅对外设功能有效，对于 GPIO，其作用同 00）。

GPxCTRL 寄存器为 32 位宽，其位分布如下。

	31　　24	23　　16	15　　8	7　　0
	QUALPRD3	QUALPRD2	QUALPRD1	QUALPRD0
	R/W-0	R/W-0	R/W-0	R/W-0
GPACTRL	GPIO31～24	GPIO23～16	GPIO15～8	GPIO7～0
GPBCTRL	GPIO63～56	GPIO55～48	GPIO47～40	GPIO39～32

可见 GPxCTRL 寄存器分为 4 个 8 位位段，各自控制 8 个引脚的采样周期。各字段功能描述：00-无限定（仅与 SYSCLKOUT 同步），其他非零值 x-采样周期$= T_{\text{SYSCLKOUT}} \times (2x)$。

2．GPIO 数据类寄存器

GPIO 模块各端口的数据类寄存器主要包括数据寄存器 GPxDAT，以及对输出数据进行操作的寄存器 GPxSET（置位）、GPxCLEAR（清零）和 GPxTOGGLE（翻转），它们均为 32 位宽。当端口引脚配置为 GPIO 时，无论其作输入还是输出引脚，GPxDAT 各位的数据总是与相应引脚的电平对应（1 对应高电平，0 对应低电平）；当某引脚配置为输出时，还可通过其他 3 个寄存器对 GPxDAT 的相应位进行置位（置 1）、清零（置 0）和翻转操作，从而控制输出引脚上的电平。如：

```
GpioDataRegs.GPADAT.all=0x0000;          //GPIO 端口 A 所有引脚均输出低电平
GpioDataRegs.GPASET. bit.GPIO24= 1;      //GPIO24 输出高电平
GpioDataRegs.GPBCLEAR. bit.GPIO46= 1;    //GPIO46 输出低电平
GpioDataRegs.GPCTOGGLE. bit.GPIO80= 1;   //GPIO80 输出电平翻转
```

3．外部中断源和低功耗模式唤醒源选择寄存器

TMS320F28335 DSP 控制器有 7 个外部中断 XINT1～XINT7 和一个非屏蔽中断 XNMI。它们均可由外部中断源选择寄存器（GPIOXINTnSEL，n=1～7）选择一个 GPIO 引脚作为其中断源。另外，当 DSP 控制器处于低功耗模式时，也可由低功耗模式唤醒源选择寄存器（GPIOLPMSEL）指定的 GPIO 事件将其唤醒。外部中断源选择寄存器是 16 位的寄存器，其

位分布如下。

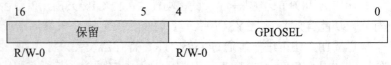

16	5	4	0
保留		GPIOSEL	
R/W-0		R/W-0	

XINT1/2、XNMI 中断源选择　　00000～11111：选择 GPIO0～GPIO31 作为相应中断源
XINT3～XINT7 中断源选择　　00000～11111：选择 GPIO32～GPIO63 作为相应中断源

低功耗模式选择寄存器为 32 位，从 LSB 到 MSB 分别为 GPIO0～GPIO31 的唤醒控制位。某位为 0 时，相应引脚上信号对低功耗模式无影响；为 1 时，相应引脚上信号能够将处理器从低功耗模式中唤醒。

4.1.3　GPIO 模块应用示例

对数字 I/O 模块进行开发应用时，除了扩展必需的硬件外，还需要使用软件对其进行设置。无论引脚作何用途，首先设置相应的复用控制寄存器（GPxMUX1/2），选择 I/O 端口引脚作为通用 I/O 功能（GPIO）还是某一种外设功能使用。若作为 GPIO，还必须根据需要设置相应的方向控制寄存器（GPxDIR），确定数据传输方向（输入还是输出）。若引脚作输入，可通过数据寄存器（GPxDAT）读取引脚上当前电平，并可通过输入量化寄存器对输入信号进行限定。若引脚作输出，可通过 GPxSET、GPxCLEAR 和 GPxTOGGLE 等寄存器进一步设置其输出电平。编程时可采用汇编、C/C++或二者混合编程。本章除了仿真示例使用汇编外，其他开发应用程序全部基于 C/C++语言驱动程序开发包进行混合编程。

控制系统中经常采用发光二极管作指示，其接口电路简单，且易于编程。下面以端口 A 的 GPIO0～GPIO31 作为输出控制 32 个发光二极管为例，说明当数字 I/O 模块用作 GPIO 引脚时的仿真调试和 C/C++语言驱动程序设计方法。

1．GPIO 模块的仿真调试

使用软件仿真的方法对硬件进行模拟可突破硬件的限制，采用尽可能简单的方法熟悉相关寄存器，加深对相关模块功能和编程方法的认识。GPIO 模块的工作与时钟和中断的关系不大，故下面以该模块为例说明软件仿真方法的使用。

第一步，采用 3.5 节的描述方法将 CCS 设置为软件仿真（Simulator）模式，并打开 CCS 仿真环境，新建一个名为 ioasm 的工程。

第二步，单击 File 菜单新建一个文件，输入例 4.1 所示代码并命名为 io.asm，然后将其添加到工程中，接着在工程中添加命令文件、库文件等，如图 4.2 所示。

例 4.1　GPIO 仿真源代码。

```
GPAMUX1 .set 0x6F86              //A 口复用控制寄存器 1 GPAMUX1 地址定义
GPAMUX2 .set 0x6F88              //A 口复用控制寄存器 2 GPAMUX2 地址定义
GPADIR .set 0x6F8A              //A 口方向控制寄存器 GPADIR 地址定义
GPADAT .set 0x6FC0              //A 口数据寄存器 GPADAT 地址定义
GPASET .set 0x6FC2              //A 口数据置位寄存器 GPASET 地址定义
GPACLEAR .set 0x6FC4            //A 口数据复位寄存器 GPACLEAR 地址定义
GPATOGGLE .set 0x6FC6           //A 口数据翻转寄存器 GPATOGGLE 地址定义
    .global _main
    .text
_main:  SETC OBJMODE            //设置为 C28x 模式
        MOVL XAR6, #GPAMUX1     //GPAMUX1 地址→XAR6
```

```
            MOV *XAR6++, #0x0000        //设置 GPIO0~15 为 GPIO 引脚
            MOV *XAR6, #0x0000
            RPT #5||NOP                 //延时 5 个机器周期
            MOVL XAR6, #GPAMUX2         //GPAMUX2 地址→XAR6
            MOV *XAR6++, #0x0000        //设置 GPIO16~31 为 GPIO 引脚
            MOV *XAR6, #0x0000
            RPT #5||NOP                 //延时 5 个机器周期
            MOVL XAR6, #GPADIR          //GPADIR 地址→XAR6
            MOV *XAR6++, #0xFFFF        //设置 GPIO0~31 为输出引脚
            MOV *XAR6, #0xFFFF
            RPT #5||NOP                 //延时 5 个机器周期
            MOVL XAR6, #GPADAT          //GPADAT 地址→XAR6
            MOV *XAR6++, #0xFFFF        //设置 GPIO0~31 输出高电平
            MOV *XAR6, #0xFFFF
            RPT #5||NOP                 //延时 5 个机器周期
            MOVL XAR7,#0x0300           //地址 0x300→XAR7，存放显示数据
            MOV *XAR7++,#0x0001         //设置初始显示数据为 0x1，即使 GPIO0 先点亮
            MOV *XAR7, #0x0000
            MOV AR5,#31                 //设置循环次数为 31+1=32
            MOVL XAR6, #GPADAT          //GPADAT 地址→XAR6
            MOVL ACC,*XAR7              //XAR7 指向单元（0x300）的显示数据→ACC
LOOP:       MOVL *XAR6, ACC            //ACC 中显示数据送 XAR6 指向单元（GPADAT）显示
            RPT #5||NOP                 //延时 5 个机器周期
            LSL ACC,1                   //显示数据左移一位，为下次显示做好准备
            BANZ LOOP,AR5--             //若 AR5 非零转移至 LOOP 继续执行
            MOV AR5,#31                 //否则若 AR5 为 0 重新为其赋值 31
            MOVL XAR7,#0x0300           //重新使 XAR7 指向 0x0300
            MOVL ACC,*XAR7              //再次将 XAR7 指向单元（0x300）的显示数据→ACC
            SB LOOP,UNC                 //无条件转向 LOOP 执行
```

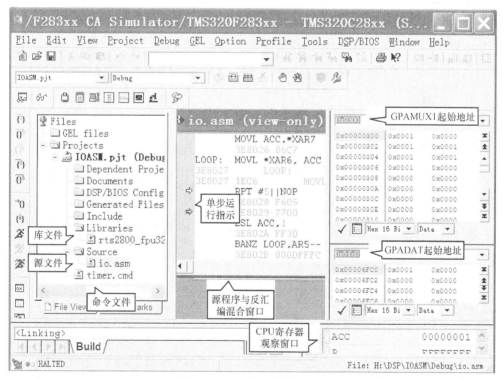

图 4.2　GPIO 汇编语言仿真示意图

第三步，Build 代码并装载生成的可执行文件。

第四步，单击 View 菜单，观察 CPU 寄存器和端口 A 寄存器映射的内存空间。图 4.2 中打开了两个存储器观察窗口，其中一个起始地址为 GPAMUX1 的地址，另一个起始地址为 GPADAT 的地址。

第五步，单击"Debug"→"Go Mian"使程序运行至例 4.1 中第一条可执行语句（_main: SETC OBJMODE）。然后单击"Debug"→"Assembly/Source Stepping"→"Assembly Step Into"（或快捷工具 ）单步运行，观察每条语句执行后 CPU 寄存器和 GPIO 寄存器的值的变化情况。此时 CCS 中间工作界面打开的窗口是汇编源程序与反汇编混合窗口，其中的两个箭头指示当前单步运行的语句（上、下两个箭头分别为汇编源程序和反汇编程序中位置）。

2. GPIO 模块的 C/C++驱动程序设计

根据 3.7 节的描述驱动程序设计方法，打开 SPRC530 安装路径下 DSP2833x_examples\gpio_toggle 文件夹中的工程文件 Example_2833xGpioToggle.pjt，并将其主程序 Example_2833xGpioToggle.c 代码替换为例 4.2 所示代码。

例 4.2 GPIO 的 C 语言驱动程序。

```c
#include "DSP2833x_Device.h"
#include "DSP2833x_Examples.h"
// 声明自定义函数原型
void delay_loop(void);                          //声明延时函数
void Gpio_select(void);                         //声明 GPIO 初始化函数
void main(void)
{   int ledcount,led;
// Step 1. 初始化系统控制、PLL/看门狗，允许外设时钟
    InitSysCtrl();
// Step 2.初始化 GPIO:描述如何将 GPIO 设置为初始状态，本例中使用如下配置
    Gpio_select();
// Step 3. 清除所有中断；初始化 PIE 向量表
    DINT;                                        //禁止 CPU 中断
    InitPieCtrl();//将 PIE 控制寄存器初始化至默认状态（禁止所有中断，清除所有中断标志）
    IER = 0x0000;                                //禁止 CPU 中断
    IFR = 0x0000;                                //清除所有 CPU 中断标志
    InitPieVectTable();//初始化 PIE 向量表，使其指向默认中断服务程序，在调试中断时特别有用
// Step 4. 初始化所用外设，本例中不需要
// Step 5. 用户特定代码，本例中不需要
// Step 6. 无限循环，实现 LED 灯循环点亮
    while(1)
    { for(ledcount=0,led=0x0001;ledcount<32;led=led<<1,ledcount++)
        { EALLOW; //宏指令，允许访问受保护寄存器（GPIO 寄存器受 EALLOW 保护）
          GpioDataRegs.GPADAT.all=led;
          EDIS;                                  //宏指令，恢复寄存器的保护状态
          delay_loop();
        }
    }
}
// Step 7. 用户自定义函数
void delay_loop()                                //定义延时函数
{   short     i;
    for (i = 0; i < 1000; i++) {}
}
void Gpio_select(void)                           //定义 GPIO 初始化函数
{   EALLOW;
    GpioCtrlRegs.GPAMUX1.all = 0x00000000;       //端口 A 所有引脚均为 GPIO
```

```
        GpioCtrlRegs.GPAMUX2.all = 0x00000000;    //端口A所有引脚均为GPIO
        GpioCtrlRegs.GPADIR.all = 0xFFFFFFFF;     //端口A所有引脚均作输出
        EDIS;
}
```

注意：由于 GPIO 的寄存器受 EALLOW 保护，故对其编程之前要用汇编指令 "EALLOW" 解除保护，编程结束之后用汇编指令 "EDIS" 恢复保护。例 4.2 中，"EALLOW" 和 "EDIS" 是这两条汇编指令对应的宏指令。为方便混合编程，TI 在头文件 DSP2833x_Device.h（路径为 2833x_headers\include）中，给出了这两条汇编指令及其他一些常用汇编指令的宏定义如下。

```
#define   EALLOW    asm(" EALLOW")
#define   EDIS      asm(" EDIS")
#define   EINT      asm(" clrc INTM")
#define   DINT      asm(" setc INTM")
#define   ERTM      asm(" clrc DBGM")
#define   DRTM      asm(" setc DBGM")
#define   ESTOP0    asm(" ESTOP0")
```

这样，在混合编程中需要解除或恢复 EALLOW 保护时，只需引用相应宏指令即可。

4.2 中断管理系统

4.2.1 中断管理系统概述

与其他微处理器类似，DSP 的中断源可分为两类：软件中断和硬件中断。前者主要由指令 INTR、OR IFR 和 TRAP 引起，后者则由物理器件产生的请求信号触发。硬件中断可分为外部中断和内部中断，如图 4.3 所示。前者由外部中断引脚上的信号触发，如复位信号 $\overline{\text{XRS}}$、非屏蔽中断 $\overline{\text{NMI}\_\text{XINT13}}$、控制系统出错中断 $\overline{\text{TZ1}}\sim\overline{\text{TZ6}}$），及外部中断 $\overline{\text{XINT1}}\sim\overline{\text{XINT7}}$；后者则由来自片内外设的信号触发，如 3 个 CPU 定时器的中断 TINT2/1/0，及左侧方框中所描述的其他片内外设模块的中断。

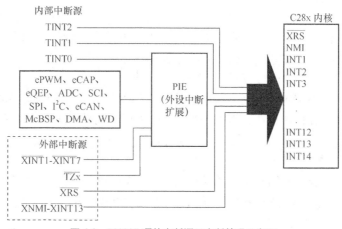

图 4.3 F28335 硬件中断源及中断管理示意图

CPU 对中断请求并非有求必应。有的中断请求 CPU 必须无条件响应，这样的中断称为非屏蔽中断，如图 4.3 中的 $\overline{\text{XRS}}$ 和 $\overline{\text{NMI}\_\text{XINT13}}$。有的中断请求 CPU 则可使用软件禁止或允许对其响应，这样的中断称为可屏蔽中断。

由于 DSP 控制器的 CPU 能直接响应的中断请求个数有限，而其众多外设的每一个均可产生一个或多个外设级中断请求，所以需要一个外设中断扩展模块（Peripheral Interrupt Expansion，PIE），对中断进行集中化扩展，使每一级 CPU 中断均可响应多个中断源。如图 4.3 所示，DSP 控制器的中断管理可分为 3 个层次：外设级、PIE 级和 CPU 内核级。其中外设级中断管理负责具体外设中断源的允许与禁止，PIE 级中断管理负责对外设级中断分组并按照优先级管理，CPU 内核级中断管理则负责处理直接向 CPU 申请的中断请求。

4.2.2 各级中断及其管理

1．CPU 内核级中断及其管理

DSP 控制器的 CPU 直接支持 17 个 CPU 级中断——1 个非屏蔽中断 NMI 和 16 个可屏蔽中断（INT1～INT14、RTOSINT 和 DLOGINT）。其中 RTOSINT 和 DLOGINT 是两个特殊中断请求，用户一般不使用。前者为实时操作系统中断，仅在运行实时操作系统时使用；后者为数据日志中断请求，保留给 TI 测试使用。

由于 CPU 对非屏蔽中断的响应是无条件的，下面重点讨论可屏蔽中断的管理。DSP 控制器通过中断标志寄存器 IFR 和中断允许寄存器 IER 对 16 个可屏蔽中断进行管理。IFR 和 IER 的位分布如下。

15	14	13	12	11	10	9	8
RTOSINT	DLOGINT	INT14	INT13	INT12	INT11	INT10	INT9
R/W-0	R/W-0	R/W-0	R/W-0	R/W-0	R/W-0	R/W-0	R/W-0

7	6	5	4	3	2	1	0
INT8	INT7	INT6	INT5	INT4	INT3	INT2	INT1
R/W-0	R/W-0	R/W-0	R/W-0	R/W-0	R/W-0	R/W-0	R/W-0

IFR 包含了所有可屏蔽中断的标志位。当有可屏蔽中断请求送至 CPU 时，IFR 中相应标志位置 1，表示中断挂起或等待响应。若允许该中断，CPU 对其响应后标志位将自动清除；但若 CPU 未对其响应，则该标志位将一直保持。另外，也可通过写 IFR 实现对中断标志的操作，向 IFR 的中断标志位写 1 会产生中断，写 0 则可清除中断标志。如：

```
IFR |= 0x0008;        //设置 IFR 中 INT4 中断的标志位为 1
IFR &= 0xFFF7;        //清除 IFR 中 INT4 中断的标志位
```

对 IER 的读取可识别各级中断是否禁止或允许，对 IER 的写入可允许或禁止各级中断。若允许某中断，可将 IER 中相应位置 1；若禁止某中断，可将 IER 中相应的位置 0。如：

```
IER |= 0x0008;          //在 IER 中允许 INT4 中断
IER &= 0xFFF7;          //在 IER 中禁止 INT4 中断
```

复位时，IER 中所有位均清零，故禁止所有可屏蔽中断。另外，可屏蔽中断还有一个全局屏蔽位 INTM（状态寄存器 ST0 的 LSB），用于可屏蔽中断的全局屏蔽/允许。但 INTM 只能通过汇编语言修改，如：

```
asm(" CLRC INTM");      //允许可屏蔽中断
asm(" SETC INTM");      //禁止可屏蔽中断
```

或者引用相应宏指令"EINT"、"DINT"。

2. PIE 级中断及其管理

为了使用有限的 CPU 级中断响应多个中断源，以满足众多外设的中断请求，DSP 控制器采用集中化的 PIE 中断扩展设计。利用 PIE 模块实现中断管理的示意图如图 4.4 所示。可见 CPU 内核级中断 INT1～INT14 中，INT13 由 CPU 定时器 1 和外部中断 XINT13 复用，INT14 由 CPU 定时器 2 独占，INT1～INT12 被 PIE 模块用来进行中断扩展。与 24 系列 DSP 控制器不同，28 系列 DSP 控制的 PIE 扩展采用统一的标准化扩展和管理方法。PIE 模块内部有 12 个八选一数据选择器，可将 96 个中断源每 8 个一组，通过数据选择器共享 CPU 可屏蔽中断的 INT1～INT12。表 4.3 列出了所有 96 个中断请求信号在 PIE 内部的分组情况及其对应的 CPU 中断请求信号。

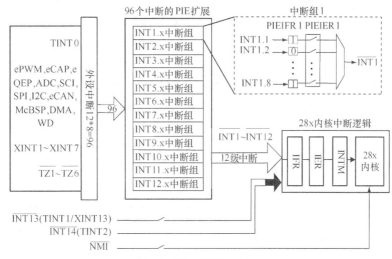

图 4.4　PIE 中断管理示意图

表 4.3　　　　　　　　　　　PIE 外设中断源及其 CPU 中断请求信号

CPU 中断请求	PIE 外设中断源							
	INTx.8	INTx.7	INTx.6	INTx.5	INTx.4	INTx.3	INTx.2	INTx.1
INT1	WAKEINT	TINT0	ADCINT	XINT2	XINT1	保留	SEQ2INT	SEQ1INT
INT2	保留	保留	EPWM6_TZINT	EPWM5_TZINT	EPWM4_TZINT	EPWM3_TZINT	EPWM2_TZINT	EPWM1_TZINT
INT3	保留	保留	EPWM6_INT	EPWM5_INT	EPWM4_INT	EPWM3_INT	EPWM2_INT	EPWM1_INT
INT4	保留	保留	ECAP6_INT	ECAP5_INT	ECAP4_INT	ECAP3_INT	ECAP2_INT	ECAP1_INT
INT5	保留	保留	保留	保留	保留	保留	EQEP2_INT	EQEP1_INT
INT6	保留	保留	MXINTA	MRINTA	MXINTB	MRINTB	SPITXINTA	SPIRXINTA
INT7	保留	保留	DINTCH6	DINTCH5	DINTCH4	DINTCH3	DINTCH2	DINTCH1
INT8	保留	保留	SCITXINTC	SCIRXINTC	保留	保留	I2CINT2A	I2CINT1A
INT9	ECAN1_INTB	ECAN0_INTB	ECAN1_INTA	ECAN0_INTA	SCITXINTB	SCIRXINTB	SCITXINTA	SCIRXINTA
INT10	保留	保留	保留	保留	保留	保留	保留	保留
INT11	保留	保留	保留	保留	保留	保留	保留	保留
INT12	LUF	LVF	保留	XINT7	XINT6	XINT5	XINT4	XINT3

表 4.3 中各中断的优先级自上而下、由右到左逐步降低，即：总体优先级为 INT1 最高，INT12 最低；每组中断中 INTx.1 最高，INTx.8 最低。

与 CPU 内核级中断的管理类似，PIE 中断的每一组均有独立的中断标志寄存器 PIEIFRx（x 为 1～12，本节下文同）和中断屏蔽寄存器 PIEIERx，它们均为 16 位宽，映射到数据空间。PIEIFRx 和 PIEIERx 的位分布如下。

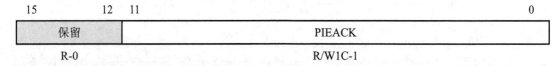

15 8	7	6	5	4	3	2	1	0
保留	INTx.8	INTx.7	INTx.6	INTx.5	INTx.4	INTx.3	INTx.2	INTx.1
R-0	R/W-0	R/W-0	R/W-0	R/W-0	R/W-0	R/W-0	R/W-0	R/W-0

与 CPU 级中断管理寄存器类似，PIEIFRx 某位为 1，表示有中断请求，为 0 表示无中断请求；向 PIEIERx 某位写 1 表示允许相应中断请求，写 0 表示禁止相应中断请求。如：

```
PieCtrlRegs.PIEIFR1.bit.INTx4 = 1;      //在 PIE 中断组 1 中设置 XINT1 的中断标志位
PieCtrlRegs.PIEIER3.bit.INTx5 = 1;      //允许 PIE 中断组 3 中 EPWM5_INT 中断
```

另外，PIE 模块的每个 CPU 中断组（INT1～INT12）均有一个应答位 PIEACKx。当 PIE 模块接收到外设中断请求时，相应中断标志位 PIEIFRx.y（y 为 1～8）置 1。若其对应中断允许位 PIEIERx.y 也为 1，则由 PIEACKx 决定 CPU 是否响应该中断。若 PIEACKx 为 0，则 PIE 中断送入 CPU；若 PIEACKx 为 1，则必须等待该位为 0 后中断请求才能送至 CPU。PIEACKx 位由 16 位的 PIE 中断应答寄存器 PIEACK 控制，其位分布如下。

15 12	11 0
保留	PIEACK
R-0	R/W1C-1

注：R/W1C -1=可读/写，置位后写 1 清除，复位后为 1，本书后文同。

PIEACK 的第 0～11 位分别作为 INT1～INT12 的应答位。读取某位可判断当前 CPU 是否已经响应过该组中断：为 0 表示未响应；为 1 表示已响应过，向其写 1 可清除之。复位时 PIEACK 中所有位默认值均为 1；CPU 每响应一次 PIE 中断也会将其应答位置 1。故使用 PIE 中断时，不仅需要在 PIE 初始化时向 PIEACK 所有位写 1 清除之，以便 CPU 能响应 PIE 中断；而且每响应一次中断，均需在中断服务程序中向其应答位写 1 清除之，以便 CPU 再次响应该组中断。如：

```
PieCtrlRegs.PIEACK.all = 0x0004;       //清除 PIE 中断组 3 的 ACK 位，以便 CPU 能再次响应该组中断
```

此外，PIE 模块还有一个控制寄存器 PIECTRL，其位分布如下。

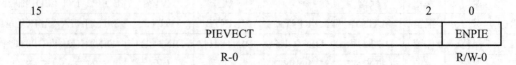

15 2	0
PIEVECT	ENPIE
R-0	R/W-0

其中 PIEVECT 为只读的，反映 CPU 读取的中断向量在 PIE 向量表中的地址；ENPIE 为 PIE 向量表的允许位，只有向该位写 1，CPU 才能从 PIE 中断向量表中读取除复位向量之外的所有中断向量地址（复位向量必须从 BOOT ROM 中读取）。如：

```
PieCtrlRegs.PIECTRL.bit.ENPIE = 1;    //允许从 PIE 向量表中读取中断向量
```

3. 外设级中断及其管理

由 PIE 管理的外设产生中断事件时，其外设级中断标志位置位，若允许该中断（相应外设级允许位为 1），则向 PIE 控制器发出中断请求。注意外设级中断的标志位一旦置位，无论响应与否均一直保持，必须向其写 1 才能清除之。

除众多的片内外设中断外，DSP 控制器还支持 7 个外部可屏蔽中断（$\overline{XINT1}\sim\overline{XINT7}$），另有一个外部中断 $\overline{XINT13}$ 与非屏蔽中断 XNMI 复用。这些外部中断可选择不同 GPIO 引脚作触发源（见 4.1.2 节），也可通过中断控制寄存器 XINTnCR（n 为 1～7，本节下文同）和 XNMICR 禁止或允许，并为其选择信号上升沿或下降沿触发。XINTnCR 的位分布如下。

15		4	3	2	1	0
保留			Polarity		保留	Enable
R-0			R/W-0		R -0	R/W-0

其中 Polarity 用于确定中断是产生在引脚上信号的上升沿还是下降沿：x0（00 或 10）-下降沿触发中断；01-上升沿触发中断；11-上升沿和下降沿均触发中断。Enable 为中断允许位：0-禁止该中断；1-允许该中断。

XNMICR 的位分布如下。

15		4	3	2	1	0
保留			Polarity		Select	Enable
R-0			R/W-0		R -0	R/W-0

其中 Polarity 和 Enable 位的作用同 XINTnCR 寄存器，而 Select 位用于为 INT13 选择中断源：0-将定时器 1 中断连接到 INT13；1-将 $\overline{NMI\_XINT13}$ 连接到 INT13。

4.2.3　中断响应过程

由 PIE 模块管理的外设级中断，从中断事件发生直到 CPU 响应中断的过程如图 4.5 所示，大体可分为以下几个步骤。

第一步，当 PIE 模块管理的任何外设或外部中断的中断事件发生时，若该中断在外设级是允许的，则该中断请求将送至 PIE 模块。

第二步，PIE 模块识别该中断，若该中断属于 PIE 第 x 组中断的第 y 个中断源，则相应标志位 PIEIFRx.y 置位。

第三步，若对应中断在 PIE 级是允许的（PIEIERx.y=1），且其应答位已清除（PIEACKx=0），则该中断请求将从 PIE 模块送至 CPU。

第四步，当中断请求从 PIE 模块送至 CPU

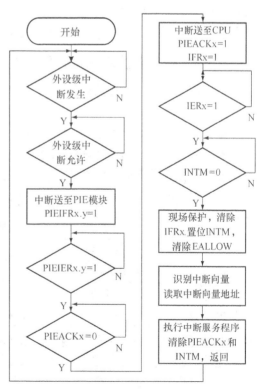

图 4.5　PIE 模块管理的外设级中断响应流程

后，相应应答位再次置位（PIEACKx=1），并一直保持。程序员必须在中断服务程序中使用软件清除之，以确保 CPU 能再次响应该 PIE 中断组的中断。

第五步，CPU 中断标志位置位（IFRx=1），指示 CPU 第 x 级中断等待响应。

第六步，若 CPU 第 x 级中断是允许的（IER x 为 1），且全局中断屏蔽位已清除（INTM=0），则 CPU 将响应 INTx。

第七步，CPU 识别中断并执行自动现场保护工作，清除 IFR，置位 INTM，并清除 EALLOW。现场保护工作包括保护 T、ST0、AH、AL、PH、PL、AR1、AR0、DP、ST1、DBSTAT、IER、PC(msw)、PC(lsw)等寄存器内容。

第八步，CPU 根据 PIEIERx 和 PIEIFRx 寄存器的值确定中断向量地址。

第九步，执行中断服务程序，清除 PIEACKx 和 INTM，然后返回。

如，若 $\overline{XINT1}$ 中断事件产生，且该中断在外设级是允许的（XINT1CR[Enable]=1），则该中断请求将送至 PIE 模块。PIE 模块收到 $\overline{XINT1}$ 中断请求后，将置位 PIEIFR1.4。若 PIEIER1.4=1，且 PIEACK1=0，则该中断请求将从 PIE 模块送至内核级，向 CPU 申请 INT1 中断。CPU 收到中断请求后，将置位 PIEACK1，同时 IFR 中 INT1 的标志位置 1，指示 CPU 有 INT1 中断等待响应。若 IER[INT1]=1，且 INTM=0，则 CPU 将响应 INT1 中断。CPU 识别中断并执行自动现场保护工作，清除 IFR，置位 INTM，并清除 EALLOW。然后根据 PIEIER1 和 PIEIFR1 寄存器的值找到 XINT1 的中断向量，并据此找到中断服务程序入口地址执行。中断服务程序执行完毕，返回之前，需要软件清除 PIEACKx 和 INTM，以便 CPU 能再次响应该组中断。

从片内外设中断事件发生到 CPU 为其执行中断服务程序至少需要 14 个时钟周期的延时。外部引脚上的中断事件需要额外 2 个时钟周期识别中断，故从中断事件发生到 CPU 为其执行中断服务程序至少需要 16 个时钟周期的延时。

4.2.4 中断向量表及其映射与描述

1. 中断向量表及其映射

中断向量表用于存放中断服务程序入口地址，每个中断向量需要 32 位（即 2 个存储单元）存放中断服务程序入口地址。F28335 DSP 控制器的中断向量表可映射至 4 个区域，具体由状态寄存器的 VMAP、M0M1MAP 及 PIE 控制寄存器的 ENPIE 3 位共同控制，如表 4.4 所示。其中 M0 和 M1 向量保留给 TI 测试用，因此 M0 和 M1 可作为普通 SARAM 自由使用。

表 4.4　　　　　　　　　　　　　　中断向量表映射

向量映射	向量获取位置	地址范围	VMAP	M0M1MAP	ENPIE
M1 向量	M1 SARAM	0x000000～0x00003F	0	0	x
M0 向量	M0 SARAM	0x000000～0x00003F	0	1	x
BROM 向量	Boot ROM	0x3FFFC0～0x3FFFFF	1	x	0
PIE 向量	PIE	0x000D00～0x000DFF	1	x	1

系统复位时，中断向量表映射至 BROM 向量区。由于 BROM 向量区只能存放 32 个中断向量地址，故仅能存放 CPU 级中断向量表，如图 4.6 所示。

器件复位时，复位向量从 BROM 向量表中读取。复位完成后，PIE 向量表被屏蔽，无法访问。若要使用 PIE 模块支持的中断，需在主程序（main()函数）中调用 PieVectTableInit()

函数重新初始化 PIE 向量表，允许从表 4.5 所示的 PIE 向量表中获取中断向量地址。F28335 DSP 控制器的 PIE 向量表支持 96 个中断源，目前使用了 58 个，其他保留用于测试和升级。

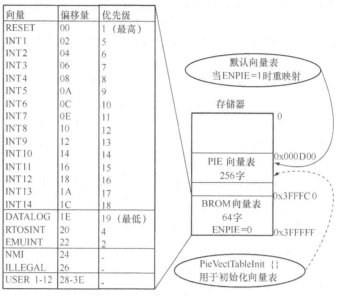

图 4.6　复位时默认的中断向量表

表 4.5　　　　　　　　　　　　　　　　　PIE 向量表映射关系

向量名称	向量 ID	字	PIE 向量地址	PIE 向量描述	CPU 优先级	PIE 优先级
未使用	0	2	0x000D00	复位向量 （总是从 BROM 向量表读取）	1（最高）	
INT1	1	2	0x000D02	INT1 重映射 （不使用，参考 PIE 组 1）	5	
…	…	…	…	…	…	
INT12	12	2	0x000D18	INT12 重映射 （不使用，参考 PIE 组 12）	16	
INT13	13	2	0x000D1A	外部中断 13 或 CPU 定时器 1 使用	17	
INT14	14	2	0x000D1C	CPU 定时器 2 使用	18	
DATALOG	15	2	0x000D1E	数据日志中断	19（最低）	
…	…	…	…	…	…	…
USER12	31	2	0x000D3E	用户定义的陷阱中断		
INT1.1	32		0x000D40	PIEINT1.1 中断向量	5	1（最高）
…	…	…	…	…	…	…
INT1.8	39		0x000D4E	PIEINT1.8 中断向量	5	8
…	…	…	…	…	…	…
INT12.1	120		0x000DF0	PIEINT12.1 中断向量	15	1（最高）
…	…	…	…	…	…	…
INT12.8	127		0x000DFE	PIEINT12.8 中断向量	15	8

CPU 级中断 INT1~INT12 的优先级由 CPU 确定，从 INT1 到 INT12 优先级逐步降低，INT1 优先级最高，INT12 优先级最低。PIE 模块管理的每组 8 个中断的优先级由 PIE 模块控制：INTx.1 优先级最高，INTx.8 优先级最低。如，若 INT1.1 和 INT12.1 同时产生，它们均会通过 PIE 模块向 CPU 申请中断，但 CPU 经优先级裁决，首先响应 INT1.1，再响应 INT12.1。若 INT1.1 和 INT1.8 中断同时产生，则 PIE 模块先将 INT1.1 中断请求送至 CPU，然后将 INT1.8 中断请求送至 CPU。

软件中断指令 TRAP 1~TRAP 12 或 INTR INT1~INTR INT12 从每一组的第一个位置（TRAP1.1~TRAP12.1）获取中断向量。同理，通过 OR IFR 指令置位中断标志引起的中断，也从 INTR 1~INTR12 的第一个位置获取中断向量。另外，中断向量表受 EALLOW 保护。

2. 中断向量表的描述与使用

（1）中断向量表的硬件抽象层描述

中断向量表的硬件抽象层描述与外设寄存器类似，首先在头文件 DSP2833x_PieVect.h 中，定义了 PIE 中断向量表的结构体变量 struct PIE_VECT_TABLE 及其实体变量 PieVectTable;，如例 4.3 所示；接着在 DSP2833x_GlobalVariableDefs.c 中，使用预编译器指令 DATA_SECTION 为结构体变量 PieVectTable 分配自定义段；然后在命令文件 DSP2833x_Headers_nonBIOS.cmd 中，将该自定义段定位至 PIE 向量表起始地址 0x000D00。

例 4.3 DSP2833x_PieVect.h 对中断向量表结构体变量的定义及其实例。

```
struct PIE_VECT_TABLE {
PINT  PIE1_RESERVED;        //0 复位向量，保留
PINT  PIE1_RESERVED;        //1 CPU 级中断 INT1，保留
…
PINT  PIE12_RESERVED;       //12 CPU 级中断 INT12，保留
PINT  XINT13;               //CPU 级中断 INT13，XINT13 和 CPU 定时器 1 复用
PINT  TINT2;                //CPU 级中断 INT14，定时器 2 专用
PINT   DATALOG;             //数据日志中断
…
PINT  USER12;               //用户定义陷阱 12
// PIE 中断组 1 向量:
PINT  SEQ1INT;              //1.1 ADC 双排序器 SEQ1 中断
…
PINT  WAKEINT;              //1.8  看门狗中断
…
// PIE 中断组 12 向量:
PINT  XINT3;                //12.1 外部中断 XINT3
…
PINT  LUF;                  //12.8  浮点下溢中断
};
extern structPIE_VECT_TABLE PieVectTable;
```

（2）定义 PIE 中断服务函数结构体变量及其初始化函数

PIE 中断服务函数结构体变量及其初始化函数在文件 DSP281x_PieVect.c 中定义，如例 4.4 所示。

例 4.4 DSP281x_PieVect.c 对 PIE 中断服务函数结构体变量及其初始化函数的定义。

```
//PIE 中断服务函数结构体变量
const struct PIE_VECT_TABLE PieVectTableInit = {
PIE_RESERVED;            //0  复位向量，保留
PIE_RESERVED;            //1 CPU 级中断 INT1，保留
…
```

```
PIE_RESERVED;          //12  CPU 级中断 INT12, 保留
INT13_ISR;             //XINT13 或 CPU 定时器 1 中断服务函数
INT14_ISR;             //CPU 定时器 2 中断服务函数
DATALOG_ISR;           //数据日志中断服务函数
…
USER12_ISR;            //用户定义陷阱 12 中断服务函数
// PIE 中断组 1 向量
SEQ1INT_ISR;           //1.1 ADC 双排序器 SEQ1 中断服务函数
…
WAKEINT_ISR;           //1.8  看门狗中断服务函数

// PIE 中断组 12 向量
XINT3_ISR;             //12.1  外部中断 XINT3 中断服务函数
…
LUF_ISR;               //12.8  浮点下溢中断服务函数
};
//PIE 中断服务函数结构体变量初始化
void InitPieVectTable(void)
{
int16   i;
Uint32 *Source = (void *) &PieVectTableInit;//指向 PIE 中断服务函数结构体变量
Uint32 *Dest = (void *) &PieVectTable;           //指向 PIE 中断向量表
EALLOW;
for(i=0; i < 128; i++)
  *Dest++ = *Source++;                    //将 PIE 中断服务函数地址赋给相应 PIE 中断向量
EDIS;
PieCtrlRegs.PIECTRL.bit.ENPIE = 1;       //允许访问 PIE 向量表
}
```

（3）定义默认的中断服务函数

PIE 向量表中各中断向量默认的中断服务函数在文件 DSP2833x_DefaultIsr.c 中定义，如例 4.5 所示。

例 4.5 **DSP281x_PieVect.c 对 PIE 中断默认中断服务函数的定义。**

```
interrupt void INT13_ISR(void)  //INT13 或 CPU 定时器 1 中断服务函数
{ asm ("      ESTOP0");
  for(;;);
}
…
interrupt void SEQ1INT_ISR(void)    //1.1 ADC 双排序器 SEQ1 中断服务函数
{ asm ("      ESTOP0");
  for(;;);
}
…
interrupt void LUF_ISR(void)         //12.8  浮点下溢中断服务函数
{ asm ("      ESTOP0");
  for(;;);
}
```

（4）重新映射中断服务函数入口地址

例 4.5 给出的是默认的中断服务函数，仅用于仿真目的。若用户在编程时使用某中断，需要用具体的中断服务函数替换该中断源的默认中断服务函数。下面以 CPU 定时器 0 中断服务函数入口地址的重新映射为例简要说明。

```
//中断函数声明
interrupt void cpu_timer0_isr (void);
```

```
main()
{ …
  EALLOW;
  PieVectTable.TINT0 = &cpu_timer0_isr;  //重新映射本例中使用的中断向量, 使其指向中断服务函数
  EDIS;
  …
}
```

4.3 CPU 定时器

F28335 有 3 个 32 位的 CPU 定时器：定时器 0、1、2。其中定时器 2 用于实时操作系统，定时器 0 和 1 留给用户使用。CPU 定时器具有定时、计时和计数的功能，可为 DSP 控制器提供时间基准，特别适合作为基准时钟实现用户软件各模块的同步。其输入为系统时钟 SYSCLKOUT，定时时间到达将产生相应中断信号。CPU 定时器结构简单，工作模式单一，一旦启动即可循环工作而不需软件干预，使用非常方便。它不仅可实现长时间定时，而且可触发中断，配合其他功能单元可实现更复杂的功能，在 DSP 控制器中具有非常重要的作用。

4.3.1 CPU 定时器结构与工作原理

每个 CPU 定时器的结构如图 4.7（a）所示，其核心是一个 32 位计数器 TIMH:TIM 和一个 16 位预定标计数器 PSCH:PSC。它们均进行减计数，且有各自的周期寄存器。计数器和预定标计数器的周期寄存器分别为 32 位周期寄存器 PRDH:PRD 和 16 位定时器分频寄存器 TDDRH:TDDR。其中预定标计数器用于将系统时钟 SYSCLKOUT 分频后作为计数器的计数脉冲，分频系数为 TDDRH:TDDR+1。计数器根据分频后时钟计数，每计（PRDH:PRD+1）个脉冲中断一次。故定时器中断一次的时间为：（PRDH:PRD+1）×（TDDRH:TDDR+1）× $T_{\text{SYSCLKOUT}}$。

图 4.7（b）为定时器中断与 CPU 中断连接关系，其中定时器 2 的中断 $\overline{\text{TINT2}}$ 独占 CPU 的 INT14 中断，定时器 1 的中断 $\overline{\text{TINT1}}$ 与外部中断 $\overline{\text{XINT13}}$ 复用 INT13 中断，定时器 0 的中断 $\overline{\text{TINT0}}$ 通过 PIE 模块与 CPU 中断相连。

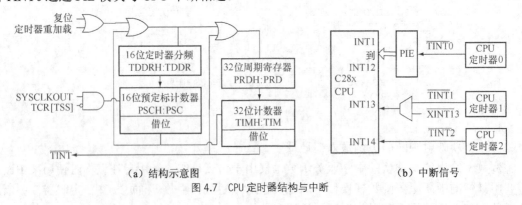

（a）结构示意图　　　　　　　　　（b）中断信号

图 4.7　CPU 定时器结构与中断

4.3.2 CPU 定时器的寄存器

每个 CPU 定时器均包含表 4.6 所示的 7 个寄存器（x 为 0、1、2，本节下文同）。

表 4.6 CPU 定时器的寄存器

寄存器	字 (16 位)	地址			描述
		定时器 0	定时器 1	定时器 2	
TIMERxTIM	1	0x0C00	0x0C08	0x0C10	计数器低 16 位
TIMERxTIMH	1	0x0C01	0x0C09	0x0C11	计数器高 16 位
TIMERxPRD	1	0x0C02	0x0C0A	0x0C12	周期寄存器低 16 位
TIMERxPRDH	1	0x0C03	0x0C0B	0x0C13	周期寄存器高 16 位
TIMERxTCR	1	0x0C04	0x0C0C	0x0C14	控制寄存器
TIMERxTPR	1	0x0C06	0x0C0E	0x0C16	低 8 位是预定标分频系数的低 8 位 TDDR 高 8 位是预定标计数器的低 8 位 PSC
TIMERxTPRH	1	0x0C07	0x0C0F	0x0C17	低 8 位是 TDDRH, 高 8 位是 PSCH

表 4.6 中，除 TIMERxTCR 外，其他均为数据类寄存器，编程时只需向其写入期望值即可。TIMERxTCR 的位分布如下，各位的位描述如表 4.7 所示。

15	14	13 12	11	10	9 6	5	4	3 0
TIF	TIE	保留	FREE	SOFT	保留	TRB	TSS	保留
R/W-0	R/W-0	R -0	R/W-0	R/W-0	R-0	R/W-0	R/W-0	R-0

表 4.7 TIMERxTCR 位描述

位	名称	功能描述
15	TIF	中断标志位，计数器递减到 0 时置位。0-无中断事件；1-有中断事件（写 1 清除）
14	TIE	CPU 定时器中断允许位。0-禁止该中断；1-允许该中断
11	FREE	CPU 定时器仿真模式位，规定调试过程中遇到断点时定时器的状态
10	SOFT	00-计数器完成下一次递减后停止；01-计数器减到 0 后停止；1x-定时器自由运行，不受断点影响
5	TRB	CPU 定时器重装载控制位。0-无影响；1-计数器和预定标计数器同时装载各自周期寄存器的值
4	TSS	CPU 定时器停止位。0-启动定时器工作，复位时为 0；1-停止定时器

4.3.3 CPU 定时器中断示例

3 个 CPU 定时器中，只有定时器 0 是由 PIE 模块管理的外设级中断，下面以该中断为例，说明 PIE 管理的外设级中断的驱动程序设计方法。根据 3.7 节所描述方法，打开 SPRC530 安装路径下 DSP2833x_examples\cpu_timer 文件夹中的工程文件 Example_2833xCpuTimer.pjt，并将其主程序 Example_2833xCpuTimer.c 代码替换为例 4.6 所示代码。

例 4.6 定时器 0 中断源代码。

```
#include "DSP2833x_Device.h"
#include "DSP2833x_Examples.h"
interrupt void cpu_timer0_isr(void);          //声明中断服务函数
 void main(void)
{// Step 1. 初始化系统控制、PLL、看门狗，允许外设时钟
```

```
    InitSysCtrl();
// Step 2.初始化 GPIO（描述如何将 GPIO 设置为初始状态）
    InitGpio();
// Step 3. 清除所有中断；初始化 PIE 向量表
    DINT;                                         //禁止 CPU 中断
    InitPieCtrl();//将 PIE 控制寄存器初始化至默认状态（禁止所有中断，清除所有中断标志）
    IER = 0x0000;                                 //禁止 CPU 中断
    IFR = 0x0000;                                 //清除所有 CPU 中断标志
    InitPieVectTable();//初始化 PIE 向量表，使其指向默认中断服务程序，在调试中断时特别有用
    EALLOW;
    PieVectTable.TINT0 = &cpu_timer0_isr;         //重新映射使用的中断向量，使其指向中断服务程序
    EDIS;
// Step 4.初始化本例中使用的外设模块
    InitCpuTimers();                              //本例中仅初始化 CPU 定时器
// 配置 CPU 定时器 0：150MHz CPU 频率，周期为 1 秒（以微秒为单位）
    ConfigCpuTimer(&CpuTimer0, 150, 1000000);
    CpuTimer0Regs.TCR.all = 0x4001;               //允许定时器中断，且设置 TSS 为 0 启动定时器工作
// Step 5.用户特定代码
    IER |= M_INT1;                                //允许 CPU 的 INT1 中断，该中断连接至 TINT0
    PieCtrlRegs.PIEIER1.bit.INTx7 = 1;            //在 PIE 中断组 1 中允许 TINT0 中断
    EINT;                                         //清除全局屏蔽位 INTM 以允许可屏蔽中断
    ERTM;                                         //允许全局实时中断 DBGM
// Step 6.空循环，等待中断
    for(;;);
}
// Step 7. 用户自定义函数
interrupt void cpu_timer0_isr(void)              //定义中断服务函数
{ CpuTimer0.InterruptCount++;
    PieCtrlRegs.PIEACK.all = PIEACK_GROUP1;//清除 PIE 中断组 1 的应答位，以便 CPU 再次响应之
}
```

习题与思考题

4.1 F28335DSP 控制器共有多少 GPIO 资源，可分为几个多少位的端口进行管理？其寄存器映射至哪个存储空间？

4.2 F28335 DSP 控制器的每个 GPIO 引脚最多可复用几种功能？其复用控制由什么寄存器编程？如何将芯片上相关引脚配置为 GPIO 功能？

4.3 若某引脚配置为 GPIO，其数据传输方向如何设置？当其作输出时，引脚上的电平由什么寄存器编程？有几种方法向外输出数字量 0 或 1？当其作输入时，从什么寄存器读取输入的数字量？

4.4 GPIO 模块的输入量化功能有什么作用？如何对输入进行量化？

4.5 外部中断源选择寄存器和低功耗模式唤醒源选择寄存器的作用是什么？

4.6 将 GPIO50 和 GPIO51 作为输入引脚，接收来自开关量的输入，GPIO8～11 作为输出引脚。要求：当开关量输入为 00 时，GPIO8～9 输出高电平（点亮相应的二极管）；为 01 时，GPIO10～11 输出高电平；为 10 时，GPIO8、10 输出高电平；为 00 时，GPIO9、11 输出高电平。

4.7 例 4.2 所示 GPIO 的 C 语言驱动程序代码是否可以进行简化，如何简化？提示：GPIO 模块可以不设置时间基准，也不触发中断。

4.8 DSP 控制器的中断管理分为哪 3 个层次，各层分别起什么作用？

4.9 CPU 级中断的可屏蔽中断有哪些？如何允许或禁止某中断？

4.10 DSP 控制器的中断为什么要使用 PIE 进行扩展？PIE 模块管理的中断源可分为几组，每组最多管理几个中断源？如何在 PIE 级允许某具体中断源？PIE 中断的优先级是如何规定的？

4.11 F28335 DSP 控制器支持哪些外部中断？PIE 管理的外设级中断的中断响应流程大概包括哪几个步骤？请以外部中断 XINT1 为例，简述从中断信号产生到 CPU 为其执行中断服务程序，及中断服务程序退出的整个过程，并简要说明在此过程中需要对哪些寄存器的哪些位编程，以及如何编程。

4.12 什么是中断向量表？F28335 DSP 控制器的中断向量表可映射至几个区域？BROM 向量和 PIE 向量各自映射到哪个区域，分别起什么作用？编程时如何使某中断向量指向自己编写的中断服务程序（函数）？

4.13 DSP 控制器有哪些 CPU 定时器资源，它们可实现什么功能？简述其工作原理，并说明如何计算其定时周期。CPU 定时器中断如何管理？哪些中断是通过 PIE 管理的？

4.14 CPU 定时器的寄存器资源有哪些？如何对定时器进行初始化？试编程实现定时器 0 和 2 的中断。

第 5 章　控制类外设及其应用开发

【内容提要】

在控制系统中，经常需要采用定时采样、定时显示、定时轮询等方式，以及输出各种控制波形。另外，被控制或测量的对象多为时间和幅度上连续的模拟量，使用嵌入式控制器对这些信号进行测量时，必须首先将其转换成数字信号。DSP 控制器片内集成了大量控制类外设，包括增强脉宽调制器、增强捕获单元和增强正交编码脉冲电路，以及模/数转换模块。本章给出了这些控制类外设的结构、原理、控制方法与应用开发示例。

5.1　增强脉宽调制（ePWM）模块

在控制系统中，经常需要采用定时采样、定时显示、定时轮询等方式，以及输出各种控制波形。在 F281x 系列 DSP 控制器中，每个器件包含两个结构和功能完全相同的事件管理器，用于为控制系统提供时间基准，以及对电机进行测试和控制。在 283xx 和 280xx 系列 DSP 控制器中，对事件管理器的功能进行了增强，将其分解为增强脉宽调制（Enhanced Pulse Width Modulator，ePWM）、增强捕获单元（Enhanced Capture，eCAP）和增强正交编码脉冲电路（Enhanced Quadrature Encoder Pulse，eQEP）3 个模块。其中 ePWM 模块可以输出脉宽调制信号控制电机，并可直接将 PWM 输出作为数/模转换使用；eCAP 模块可通过边沿检测测得外部信号的时间差，从而确定电机转子的转速；eQEP 模块可根据增量编码器信号获取电机的方向和速度信息。

5.1.1　ePWM 模块结构及工作原理

数字控制系统中，需要将数字控制策略转化为模拟信号以控制外部对象。目前大部分功率器件为开关型器件，故转化过程最常用的方法是采用脉宽调制（Pulse Width Modulator，PWM）技术。其核心是产生周期不变但脉宽可变的波形——PWM 波。DSP 控制器的 ePWM 模块可以灵活地编程，采用极少的 CPU 资源产生复杂的 PWM 波。

ePWM 模块是电机数字控制、开关电源、不间断电源及其他形式功率转换系统等电力电子电路的关键控制单元。它具有数/模转换（DAC）功能，其有效脉冲宽度与 DAC 的模拟值等价，因此也称功率 DAC。F28335 DSP 控制器的 ePWM 模块具有 6 个 ePWM 通道（ePWM1～6），能够输出 12 路 PWM 波（PWMxA/B，x=1～6，本节下文同）。每个通道可独立使用，需要时也可通过时钟同步机制使多个通道同步工作。为了高精度地控制 PWM，每个 ePWM 通道的 EPWMxA 还加入了硬件扩展模块——高精度脉宽调制（HRPWM）模块，可输出 6 路高精度 PWM 波。

每个 ePWM 通道的结构如图 5.1 所示，主要包括 7 个子模块：时间基准子模块 TB、计数比较子模块 CC、动作限定子模块 AQ、死区产生子模块 DB、PWM 斩波子模块 PC、错误控制子模块 TZ 和事件触发子模块 ET。各模块的主要作用为：TB 模块用于产生时间基准，CC 模块用于确定 PWM 波占空比，AQ 模块用于确定比较匹配时动作，DB 模块用于在互补 PWM 间插入死区，PC 模块用于产生高频 PWM 载波信号，TZ 模块用于规定外部出错时 PWM 输出，ET 模块用于中断和模/数转换（ADC）触发控制。各子模块可根据需要进行选择，组成流水线。实际使用时，往往只要配置 TB、CC、AQ、DB、ET 五个模块。

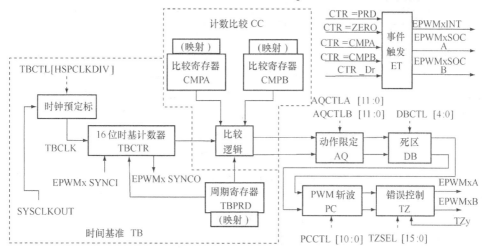

图 5.1 每个 ePWM 通道结构示意图

由图 5.1 可见，每个 ePWM 通道的输入信号主要包括系统时钟 SYSCLKOUT、时基同步输入 EPWMxSYNCI 和错误区域信号 TZy（y=1～6，本节下文同）。其中 SYSCLKOUT 经分频后为 TB 模块提供计数时钟，EPWMxSYNCI 用于实现各 ePWM 通道的同步，TZy 用于在外部被控单元产生错误时为 ePWM 通道提供错误标识。

每个 ePWM 通道的输出信号主要包括 PWM 输出信号 EPWMxA 和 EPWMxB、ADC 启动信号 EPWMxSOCA 和 EPWMxSOCB、时基同步输出 EPWMxSYNCO。其中 EPWMxA 和 EPWMxB 是通过 I/O 引脚输出的两路 PWM 信号，EPWMxSOCA 和 EPWMxSOCB 可分别作为 ADC 模块双排序器模式下 SEQ1 和 SEQ2 的触发源，EPWMxSYNCO 可作为其他 ePWM 通道的时钟同步输入（ePWM1 的同步输出信号也可作为增强捕获单元 eCAP1 的同步信号）。

每个 ePWM 通道的基本工作原理为：时间基准子模块 TB 将 SYSCLKOUT 预定标后，作为 16 位时基计数器（TBCTR）的计数时钟 TBCLK。每个计数周期，TBCTR 根据预设计数模式对 TBCLK 计数，且一边计数一边与其周期寄存器（TBPRD）的值比较，并产生两种事件——周期匹配（CTR=PRD）和下溢（CTR=ZERO）。每个计数周期的时间由计数模式、TBCLK 周期和 TBPRD 的值共同决定，只要这 3 个量不变，每个周期的时间就不变。因而，TB 模块不仅可提供时间基准，而且可为 PWM 波提供载波周期。

同时，在每个计数周期，时基计数器 TBCTR 的值还要与计数比较模块 CC 的两个比较寄存器 CMPA 和 CMPB 的值比较，从而产生两种比较匹配事件——CTR=CMPA 和 CTR=CMPB，并将这两种事件送至动作限定子模块。每个周期比较匹配发生的时间直接关系到 PWM 波的有效脉冲宽度，故 CC 模块用于确定 PWM 波的占空比。

动作限定子模块 AQ 用于规定 TB 和 CC 模块的 4 种事件（CTR=PRD、CTR=ZERO、CTR=CMPA 和 CTR=CMPB）发生时，相应两个输出 ePWMxA 和 ePWMxB 的动作（置高、置低、翻转和无动作），从而输出两路原始的 PWM 信号给死区产生子模块 DB。DB 子模块根据这两路信号产生两路具有可编程死区和极性关系的 PWM 波。

PWM 斩波模块 PC 和错误控制模块 TZ 是两个可选模块，其作用分别为产生高频 PWM 载波信号和规定外部出错时 PWM 输出的响应。事件触发子模块 ET 用于规定哪些事件可以申请中断或作为 ADC 触发信号，以及多少个事件（1～3）中断或触发 ADC 一次。

5.1.2 ePWM 各子模块及其控制

1. TB 子模块及其控制

如图 5.1 所示，时间基准子模块 TB 的核心部件是 16 位时基计数器 TBCTR，此外还包括一个双缓冲的周期寄存器 TBPRD。其基本作用是根据预先设定的计数模式对 TBCLK 计数，从而实现定时和为 PWM 波的产生提供载波周期，并可产生两种事件——周期匹配（CTR=PRD）和下溢（CTR=ZERO），送至动作限定子模块 AQ 和事件触发子模块 ET。另外，TB 模块可利用同步输入信号 EPWMxSYNCI，控制 TBCTR 装载相位寄存器 TBPHS 的值，以实现同步；也可选择一种事件作为同步输出信号 EPWMxSYNCO，送至其他 ePWM 通道，控制其同步。

（1）时基计数器的计数模式与 PWM 波的载波周期

时基计数器有 4 种计数模式：停止、连续增、连续减和连续增/减。其中停止模式为复位时默认状态，计数器保持当前值不变，其他 3 种模式如图 5.2 所示。在图 5.2（a）所示的连续增计数模式下，每个周期计数器 TBCTR 根据定标后时钟 TBCLK 增计数，计至周期匹配（CTR=PRD）时，复位到 0（此时发生下溢事件 CTR=ZERO），然后重新开始下一周期。图 5.2（b）所示的连续减计数模式与连续增计数模式相反，每个周期 TBCTR 以周期寄存器 TBPTR 的值为起始值减计数，减至 0 后重新装载 TBPRD 的值，然后开始下一周期。在图 5.2（c）所示的连续增/减计数模式下，TBCTR 先从 0 开始增计数，计至周期匹配后改为减计数，计至 0 后再重新开始下一周期。

图 5.2 中，（a）和（b）是非对称的，每个周期包含（TBPRD+1）个 TBCLK 脉冲，而图（c）为对称的，每个周期包含 2×TBPRD 个 TBCLK 脉冲。故使用图 5.2（a）和（b）产生 PWM 波时，载波周期为 $T_{PWM}=(TBPRD+1)\times T_{TBCLK}$。使用图

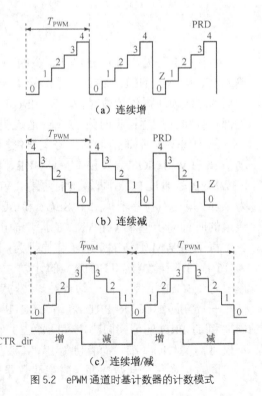

（a）连续增

（b）连续减

（c）连续增/减

图 5.2 ePWM 通道时基计数器的计数模式

5.2（c）产生 PWM 波时，载波周期为 $T_{PWM}=2×\text{TBPRD}×T_{TBCLK}$。载波频率 $f_{PWM}=1/T_{PWM}$。TBCLK 由 SYSCLKOUT 分频得到，其周期为 $T_{TBCLK}=(2*\text{HSPCLKDIV}×2^{CLKDIV})×T_{SYSCLKOUT}$。其中，HSPCLKDIV 和 CLKDIV 均为时基控制寄存器 TBCTL 中的控制位段。

（2）时基定时器的同步

每个 ePWM 模块均有一个同步输入 EPWMxSYNCI 和一个同步输出 EPWMxSYNCO，用于将多个 ePWM 通道连接起来使其同步工作。各 ePWM 通道的时基相位可通过硬件或软件同步。若允许同步（TBCTL[PHSEN]=1），则检测到同步输入脉冲 EPWMxSYNCI，或向 TBCTL[SWFSYNC]写 1 软件强制同步时，在下一个有效时钟沿，时基计数器 TBCTR 将自动装入相位寄存器（TBPHS）的内容，并在此基础上按原计数模式继续计数，如图 5.3 所示。

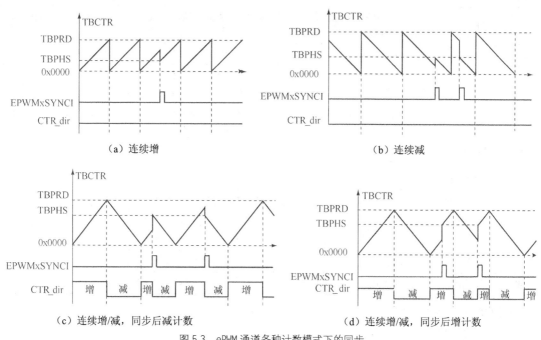

图 5.3　ePWM 通道各种计数模式下的同步

图 5.3（a）和（b）中，同步信号到来后，TBCTR 装载 TBPHS 的值并在此基础上按原计数规律继续计数（连续增计数模式下增计数，连续减计数模式下减计数）。图 5.3（c）和（d）均为连续增/减计数模式的同步，不过（c）为减同步（TBCTL[PHSDIR]=0），（d）为增同步（TBCTL[PHSDIR]= 1）。故同步信号到来时，TBCTR 装载 TBPHS 的值并在此基础上分别进行减计数和增计数。

各 ePWM 通道还可选择将同步输入信号 EPWMxSYNCI、下溢事件 CTR=ZERO 或比较匹配信号 CTR=CMPB 作为 EPWMxSYNCO 的同步输出源，送至其他 ePWM 通道，或者禁止同步信号输出。

（3）TB 子模块的寄存器

TB 子模块的寄存器包括计数器 TBCTR、周期寄存器 TBPRD、相位寄存器 TBPHS、控制寄存器 TBCTL 和状态寄存器 TBSTS。其中，TBCTR、TBPRD 和 TBPHS 均为 16 位，这里不再给出其具体位分布。需要说明的是，TBPRD 具有缓存，除动作寄存器（Active Register）外，还有一个映射寄存器（ Shadow Register）。前者可直接控制硬件动作，后者则用于为动作寄存器提供缓冲，防止由于软件异步修改寄存器造成的冲突或错误。

时基定时器的计数模式、时钟定标、同步等均由其控制寄存器 TBCTL 设置，其位分布如下，各位的功能描述如表 5.1 所示。

15	14	13	12 10	9 7	6	5 4	3	2	1 0
FREE_SOFT	PHSDIR	CLKDIV	HSPCLKDIV	SWFSYNC	SYNCOSEL	PRDLD	PHSEN	CTRMODE
R/W-0	R/W-0	R/W-0	R/W-0	R/W-0	R/W-0	R/W-0	R/W-0	R/W-0

表 5.1   TBCTL 的位描述

位	名称	说明
15-14	FREE_SOFT	仿真模式位，规定仿真挂起时时基定时器的动作。00-下一次递增或递减后停止；01-完成整个周期后停止；1x-自由运行
13	PHSDIR	相位方向位，规定同步后计数方向（仅连续增/减模式有效）。0-减计数；1-增计数
12～10	CLKDIV	时间基准时钟预分频位。000-不分频（复位后默认值）；其他值 x-2^x 分频。与 HSPCLKDIV 共同决定 TBCLK 频率。$f_{TBCLK}=f_{SYSCLKOUT} / (2*HSPCLKDIV \times 2^{CLKDIV})$
9～7	HSPCLKDIV	高速时间基准时钟预分频位。000-不分频；001-2 分频（复位后默认值）；其他值 x-$2x$ 分频。与 CLKDIV 共同决定 TBCLK 频率
6	SWFSYNC	软件强制产生同步脉冲位。0-无影响；1-产生一次软件同步脉冲
5-4	SYNCOSEL	同步输出选择位，为 EPWMxSYNCO 选择输入。00- 选择 EPWMxSYNCI；01-选择 CTR=ZERO；10-选择 CTR=CMPB；11-禁止 EPWMxSYNCO 信号
3	PRDLD	动作寄存器从映射寄存器装载位。0-映射模式，TBCTR=0 时，TBPRD 从其映射寄存器加载（对 TBPRD 的读写访问其映射寄存器）；1-直接模式，直接加载 TBPRD 的动作寄存器（对 TBPRD 的读写直接访问其动作寄存器）
2	PHSEN	同步允许位，规定是否允许 TBCTR 从 TBPHS 加载。0-不加载；1-加载
1-0	CTRMODE	计数模式位。00-连续增；01-连续减；10-连续增/减；11-停止/保持（复位默认值）

计数状态寄存器 TBSTS 反映了 TB 模块工作过程中 TBCTR 的计数方向、是否达到最大值、是否有同步事件发生等信息，其位分布如下。

15			3	2	1	0
保留				CTRMAX	SYNCI	CTRDIR
R-0				R/W1C-0	R/W1C-0	R-0

其中 CTRMAX 反映计数器是否达到其最大值 0xFFFF（0-未达到；1-达到，写 1 清除）；SYNCI 反映是否有同步输入事件发生（0-无；1-有，写 1 清除）；CTRDIR 为只读位，反映了任意时刻计数器的计数方向（0-减计数；1-增计数）。

2. CC 子模块及其控制

由图 5.1 可见，计数比较子模块 CC 有两个双缓冲的比较寄存器 CMPA 和 CMPB。时基计数器在每个周期内，除了与其周期寄存器 TBPRD 比较外，还要与 CMPA 和 CMPB 比较，并产生两种比较匹配事件——CTR=CMPA 和 CTR=CMPB，送至动作限定子模块 AQ 和事件触发子模块 ET。当时基计数器 TBCTR 工作于连续增或连续减计数模式时，每个周期每种比较匹配事件最多发生一次；当 TBCTR 工作于连续增/减计数模式时，每个周期每种比较匹配事件最多发生两次。

CC 模块比较寄存器包括两个数据类寄存器 CMPA 和 CMPB，以及一个控制寄存器 CMPCTL。其中 CMPA 和 CMPB 均带缓存，有动作寄存器和映射寄存器，且均为 16 位。CMPCTL 的位分布如下，各位的功能描述如表 5.2 所示。

15		10	9	8	7
保留			SHDWBFULL	SHDWAFULL	保留
R-0			R/W-0	R/W-0	R-0

6	5	4	3	2	1	0
SHDWBMODE	保留	SHDWAMODE	LOADBMODE		LOADAMODE	
R/W-0	R-0	R/W-0	R/W-0		R/W-0	

表 5.2 CMPCTL 的位描述

位	名称	说明
9	SHDWBFULL	CMPB 映射寄存器满标志。0-未满；1-满，再次写将覆盖当前映射值
8	SHDWAFULL	CMPA 映射寄存器满标志。0-未满；1-满，再次写将覆盖当前映射值
6	SHDWBMODE	CMPB 操作模式。0-映射模式（写操作访问映射寄存器）；1-直接模式（写操作访问动作寄存器）
4	SHDWAMODE	CMPA 操作模式。配置方式同 SHDWBMODE
3-2	LOADBMODE	CMPB 从映射寄存器加载时刻（映射模式下有效）。00-CTR=0 时加载；01-CTR=PRD 时加载；10-TCR=0 或 CTR=PRD 时加载；11-冻结（无加载可能）
1-0	LOADAMODE	CMPA 从映射寄存器加载时刻。配置方式同 LOADBMODE

3. AQ 子模块及其控制

（1）AQ 子模块的事件、动作及事件优先级

动作限定子模块 AQ 接收 TB 和 CC 两个模块送过来的 4 种事件（CTR=PRD、CTR=ZERO、CTR=CMPA 和 CTR=CMPB），并决定哪个事件转换成何种动作类型（置高、置低、翻转或无动作），也可通过软件强制发生各种动作，从而在 EPWMxA 和 EPWMxB 输出所需波形。各种事件对应的动作及其描述如表 5.3 所示。表 5.3 中所列各种事件均可对 ePWMxA 和 ePWMxB 的输出独立进行配置，具体由动作限定控制寄存器 AQCTLA 和 AQCTLB 编程实现。

表 5.3 各种事件对应的动作及其描述

软件强制	TBCTR=				动作描述
	ZERO	CMPA	CMPB	PRD	
SW X	Z X	CA X	CB X	P X	无动作
SW ↓	Z ↓	CA ↓	CB ↓	P ↓	置低
SW ↑	Z ↑	CA ↑	CB ↑	P ↑	置高
SW T	Z T	CA T	CB T	P T	翻转

另外，AQ 子模块可同时接收多个事件，并为其分配优先级。连续增计数模式下各种事件的优先级为：软件强制>周期匹配（CTR=PRD）>CBU（增计数过程中 CTR=CMPB）>CAU

（增计数过程中 CTR=CMPA）>下溢（CTR=ZERO）。连续减计数模式下各种事件的优先级为：软件强制>下溢>CBD（减计数过程中 CTR=CMPB）>CAD（减计数过程中 CTR=CMPA）>周期匹配。连续增减计数模式下，增计数过程的事件优先级为：软件强制> CBU>CAU>下溢 >CBD>CAD。减计数过程的事件优先级为：软件强制> CBD> CAD >周期匹配> CBU > CAU。

（2）AQ 子模块的寄存器

AQ 子模块的控制寄存器包括动作限定控制寄存器和软件强制寄存器。其中动作限定控制寄存器 AQCTLA 和 AQCTLB 分别用于规定各种事件发生时 ePWMxA 和 ePWMxB 的动作；软件强制寄存器 AQSFRC 和 AQCSFRC 分别用于为 ePWMxA 和 ePWMxB 的输出规定一次性和连续性软件强制事件及相应动作。

动作限定控制寄存器 AQCTLA 和 AQCTLB 的位分布如下。

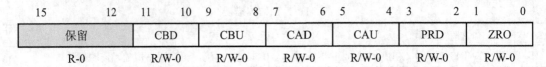

其中 CBD 和 CBU 分别用于规定减计数和增计数过程中 CTR=CMPB 时输出的动作，CAD 和 CAU 分别用于规定减计数和增计数过程中 CTR=CMPA 时输出的动作，PRD 和 ZRO 分别用于规定周期匹配和下溢事件发生时输出的动作。AQCTLA 和 AQCTLB 中各有效位域均为 2 位，其值与对应动作的关系为：00-无动作（复位后默认值）；01-置低；10-置高；11-翻转。

一次性软件强制寄存器 AQSFRC 的位分布如下，各位的功能描述如表 5.4 所示。

15		8	7	6	5	4	3	2	1	0
	保留		RLDCSF	OTSFB	ACTSFB	OTSFA	ACTSFA			
	R-0		R/W-0	R/W-0	R/W-0	R/W-0	R/W-0			

表 5.4　　　　　　　　　　　　AQSFRC 的位描述

位	名称	说明
7-6	RLDCSF	AQSFRC 动作寄存器从映射寄存器加载方式。00-CTR=0 时加载；01-CTR=PRD 时加载；10-CTR=0 或 CTR=PRD 时加载；11-直接加载（不使用映射寄存器）
5	OTSFB	对输出 B/A 进行一次软件强制事件。0-无动作；1-触发一次软件强制事件
2	OTSFA	
4-3	ACTSFB	一次性强制事件发生时输出 B/A 的动作。00-无动作；01-置低；10-置高；11-翻转
1-0	ACTSFA	

连续软件强制寄存器 AQCSFRC 的位分布如下。

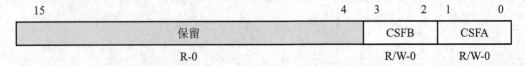

其中 CSFB 和 CSFA 的位段均为 2 位，分别进行连续软件强制。直接模式下，强制信号在下一个 TBCLK 边沿发生作用；映射模式下，强制信号在映射寄存器加载到动作寄存器后的下一个 TBCLK 边沿发生作用。强制动作如下：00-无动作；01-强制连续低；10-强制连续

高；11-禁用软件强制。

（3）利用 TB、CC 和 AQ 模块输出 PWM 波

PWM 波是一系列脉宽不断变化的脉冲，它们分布在定长的载波周期内，每个载波周期分布一个脉冲。PWM 脉冲宽度由调制信号确定。在电机控制系统中，经常使用 PWM 波来控制开关电源器件的开关时间，为电机绕组提供所需的能量。

产生 PWM 波，需要一个定时器重复产生计数周期作为 PWM 载波周期和一个比较寄存器装载调制值。比较寄存器的值不断与计数器的值进行比较，比较匹配时，输出发生跳变，发生第二次匹配或者周期结束时，输出再次跳变，从而产生开关时间与比较寄存器的值成比例的脉冲输出。不断改变比较寄存器的值，即可生成脉宽不断变化的 PWM 波。利用 ePWM 通道的 TB、CC 和 AQ 子模块可以方便地输出 PWM 波——TB 子模块的时基定时器 TBCTR 重复载波周期，CC 子模块的比较寄存器 CMPA 和 CMPB 装载调制值，AQ 模块规定各种事件发生时输出如何跳变。

每个 ePWM 通道的 AQ 子模块可以输出两路 PWM 波——EPWMA 和 EPWMB。以 EPWMA 输出为例，说明 PWM 波的产生原理。当 TBCTR 工作于连续增或连续减计数模式时，将产生单边非对称或脉冲位置非对称 PWM 波，如图 5.4（a）、（b）所示。当 TBCTR 工作于连续增/减计数模式时，若增计数和减计数过程选择同一个比较匹配事件产生动作，将输出双边对称 PWM 波，如图 5.4（c）所示；否则，将输出双边非对称 PWM 波，如图 5.4（d）所示。

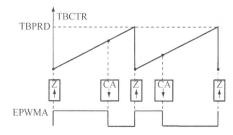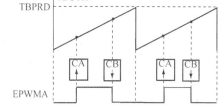

（a）连续增计数模式下产生的单边非对称 PWM 波　　（b）连续增计数模式下产生的脉冲位置非对称 PWM 波

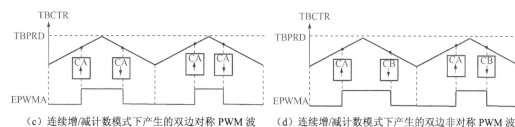

（c）连续增/减计数模式下产生的双边对称 PWM 波　　（d）连续增/减计数模式下产生的双边非对称 PWM 波

图 5.4　PWM 波产生原理

图 5.4（a）所示为高电平有效的单边非对称 PWM 波，有效脉冲从载波周期开始。TBCTR 工作于连续增计数模式，重复了定长的载波周期 $T_{\text{PWM}} = (\text{TBPRD}+1) \times T_{\text{TBCLK}}$。若在动作限定控制寄存器 AQCTRA 中规定 ZRO=10、CAU=01（其他位保持默认值 00），则将在 EPWMA 输出图示波形。即：每个周期开始（CTR=ZERO）时，EPWMA 置高，变成有效电平；CTR= CMPA 时，EPWMA 置低，变成无效电平。这样，有效脉冲的宽度就等于 $(\text{CMPA}+1) \times T_{\text{TBCLK}}$，只要每个周期改变 CMPA 的值，即可改变 EPWMA 输出有效脉冲的宽度。

图 5.4（b）所示为高电平有效的脉冲位置非对称 PWM 波，与图 5.4（a）区别在于有效脉冲可以从载波周期的任何位置开始。TBCTR 工作于连续增计数模式，重复了定长的载波周期 $T_{\mathrm{PWM}} = (\mathrm{TBPRD}+1) \times T_{\mathrm{TBCLK}}$。若在动作限定控制寄存器 AQCTRA 中规定 CAU=10、CBU=01（其他位保持默认值 00），则将在 EPWMA 输出图示波形。即：每个载波周期 CTR=CMPA 时，EPWMA 置高，变成有效电平；CTR=CMPB 时，EPWMA 置低，变成无效电平。这样，有效脉冲的宽度就等于 $(\mathrm{CMPB}-\mathrm{CMPA}) \times T_{\mathrm{TBCLK}}$。只要每个周期改变 CMPA 和 CMPB 的值，即可改变 EPWMA 输出有效脉冲的宽度。

图 5.4（c）所示为低电平有效的双边对称 PWM 波，有效脉冲以 PWM 周期的中心对称。TBCTR 工作于连续增/减计数模式，重复了定长的载波周期 $T_{\mathrm{PWM}} = 2 \times \mathrm{TBPRD} \times T_{\mathrm{TBCLK}}$。若在动作限定控制寄存器 AQCTRA 中规定 CAU=10、CAD=01（其他位保持默认值 00），则将在 EPWMA 输出图示波形。即：每个周期开始（CTR=ZERO）时，EPWMA 保持有效电平，增计数过程中 CTR=CMPA（即图示 CAU 事件）置高，变成无效电平；减计数过程中 CTR=CMPA（CAD）时，EPWMA 置低，变成有效电平，并一直保持到周期结束。这样，每个周期有两个有效脉冲，且有效脉冲的宽度与 CMPA 成比例，只要每个周期改变 CMPA 的值，即可改变 EPWMA 输出有效脉冲的宽度。

图 5.4（d）所示为低电平有效的双边非对称 PWM 波。TBCTR 工作于连续增/减计数模式，重复了定长的载波周期 $T_{\mathrm{PWM}} = 2 \times \mathrm{TBPRD} \times T_{\mathrm{TBCLK}}$。若在动作限定控制寄存器 AQCTRA 中规定 CAU=10、CBD=01（其他位保持默认值 00），则将在 EPWMA 输出图示波形。即：每个周期开始（CTR=ZERO）时，EPWMA 保持有效电平，增计数过程中 CTR=CMPA（即图示 CAU 事件）置高，变成无效电平；减计数过程中 CTR=CMPB（CBD）时，EPWMA 置低，变成有效电平，并一直保持到周期结束。这样，每个周期有两个非对称的有效脉冲，有效脉冲的宽度与（CMPA+CMPB）成比例，只要每个周期改变 CMPA 和 CMPB 的值，即可改变 EPWMA 输出有效脉冲的宽度。

4. DB 子模块及其控制

在电机控制和电力电子电路中，经常将两个功率器件（一个正向导通，另一个负向导通）串联起来控制，如图 5.5 所示。利用 ePWM 模块输出一对互补的信号可以满足这一要求。但是，晶体管导通比截止快，在互补信号电平转换（边沿）时刻，可能存在上下两个器件同时导通的情形。为避免同时导通的瞬间器件短路而发生击穿，必须保证二者的开启时间不能重叠。因此，经常需要在一个器件关断与另一个器件导通之间插入一段无信号的死区作为时间延迟。利用 DB 子模块可在 AQ 模块输出的一对 PWM 波中插入宽度可控的死区（即在波形上升沿或下降沿插入可编程的延时时间）。

死区产生子模块 DB 对 AQ 子模块的输出 PWMxA 和 PWMxB 进行配置，确定其是否需要上升沿或下降沿延时、延时时间及输出是否需要反相，如图 5.6 所示。

由图 5.6 可见，DB 模块的核心部件是两个 10 位计数器：DBRED 和 DBFED，分别用于确定上升沿延时和下降沿延时时间。两个计数器的输入源均可在 PWMxA 和 PWMxB 中选择，具体由死区控制寄存器 DBCTL 的 IN_MODE 位域确定。上升沿和下降沿延时后输出可直接或反相后作为 DB 子模块的输出源，是否反相由 DBCT[POLSEL]确定。最后，由 DBCTL[OUT_MODE]确定如何为 DB 子模块选择输出 PWMxA 和 PWMxB。

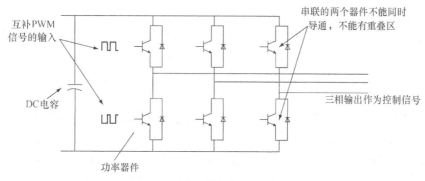

图 5.5 PWM 信号控制电压源逆变器件

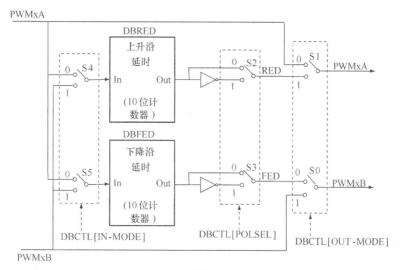

图 5.6 DB 子模块结构框图

DB 模块的寄存器包括两个数据类寄存器 DBRED 和 DBFED，以及一个控制寄存器 DBCTL。DBRED 和 DBFED 均为 10 位宽，代表延时的 TBCLK 周期数。上升沿延时和下降沿延时时间分别为 RED=DBFED$\times T_{TBCLK}$，FED=DBFED$\times T_{TBCLK}$。

DBCTL 的位分布如下。

15					6	5	4	3	2	1	0
保留						IN_MODE		POLSEL		OUT_MODE	
R-0						R/W-0		R/W-0		R/W-0	

其中 IN_MODE 用于为 DBRED 和 DBFED 选择输入信号源：00-AQ 模块输出的 PWMxA 同时作为上升沿和下降沿延时的输入源；01-PWMxB 作为上升沿延时输入源，PWMxA 作为下降沿延时输入源；10- PWMxA 作为上升沿延时输入源，PWMxB 作为下降沿延时输入源；11-PWMxB 同时作为上升沿和下降沿延时的输入源。

POLSEL 为极性选择位域，用于确定延时后输出是否需要反相：00-高有效（AH）模式，PWMxA 和 PWMxB 输出均不反相；01-低有效互补（ALC）模式，仅 PWMxA 输出反相；10-高有效互补（AHC）模式，仅 PWMxB 输出反相；11-低有效（AL）模式，PWMxA 和 PWMxB 输出均反相。

OUT_MODE 用于确定输出模式：00-死区旁路模式，直接将 AQ 模块的输出 PWMxA 和 PWMxB 送至斩波子模块 PC（POLSEL 和 IN_MODE 不起作用）；01-禁止上升沿延时，AQ 模块的输出 PWMxA 直接送至 PC 子模块，下降沿延时输出信号送至 PWMxB；10- AQ 模块的输出 PWMxB 直接送至 PC 子模块，上升沿延时输出信号送至 PWMxA；11-死区完全使能。

5. PC 子模块及其控制

PWM 斩波子模块 PC 是可选模块，它允许高频载波信号对 DB 子模块输出的 PWM 信号进行调制，在基于脉冲变压器驱动的功率开关中非常有用。如，当 PWM 波周期较长时，无法使用高频变压器作驱动器，此时可使用 PC 子模块将 PWM 波进行"再调制"，使用调制后的高频波做驱动，以解决该问题。下面以 ePWMxA 的调制为例，说明 PC 子模块对 DB 模块输出的信号进行斩波的原理，如图 5.7 所示。

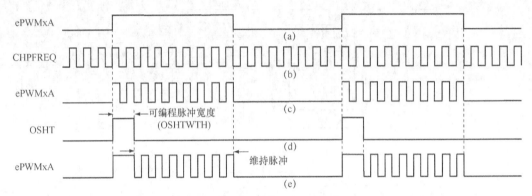

图 5.7 PC 子模块斩波原理波形

图 5.7 中，（a）为 DB 子模块输出的波形 ePWMxA（高电平有效），它与图（b）所示的高频斩波（载波）信号 CHPFREQ 相与后，形成了图（c）所示的不带首脉冲的再调制 PWM 波，该信号再与图（d）所示的首脉冲 OSHT 相或，就形成了图（e）所示的带首脉冲的完整的再调制 PWM 信号。图（e）中，首脉冲可提供较大能量的第一个脉冲，以确保功率开关能可靠闭合，后续脉冲可用来维持开关持续闭合。另外，高频斩波时钟频率和占空比，以及斩波首脉冲宽度均可由 PC 子模块的控制寄存器 PCCTL 编程。

PC 子模块的寄存器只有一个，即其控制寄存器 PCCTL，其位分布如下。

15		11	10		8	7		5	4		1	0
保留			CHPDUTY			CHPFREQ			OSHTWTH			CHPEN
R-0			R/W-0			R/W-0			R/W-0			R/W-0

其中 CHPEN 为 PC 模块允许位（0-禁止，1-允许）；CHPDUTY 为斩波时钟占空比控制位（其中 111 保留，000～110 分别对应占空比 1/8～7/8）；OSHTWTH 用于控制斩波首脉冲宽度；CHPFREQ 用于控制斩波时钟频率。由于 PC 子模块将 SYSCLKOUT8 分频后作为时基，故斩波首脉冲宽度为 $8 \times (\text{OSHTWTH} +1) \times T_{\text{SYSCLKOUT}}$，斩波时钟频率为 $f_{\text{SYSCLKOUT}} / [8 \times (\text{CHPFREQ} +1)]$。

6. TZ 子模块及其控制

错误控制子模块 TZ 是可选模块，它可在系统出现问题或发出制动信号时，强制 ePWMxA 和 ePWMxB 输出高电平、低电平、高阻态或无响应，以满足系统需求。F28335 有 6 个外部信号输入（$\overline{TZ1}\sim\overline{TZ6}$，低电平有效），可以连接到任意 PWM 通道。当引脚上有制动信号产生时，它不仅可使 ePWMxA 和 ePWMxB 产生相应动作，而且可实现一次性（One-Shot，OSHT）控制以支持短路或过流保护等单次错误，或者实现周期性（Cycle-By-Cycle，CBC）控制以支持当前限定操作的周期错误。另外，任意引脚出现错误信号均可引起中断，且可通过软件强制触发错误。

TZ 模块的寄存器包括 TZ 选择寄存器 TZSEL、TZ 控制寄存器 TZCTL、TZ 中断允许寄存器 TZEINT、错误标志寄存器 TZFLG、错误清除寄存器 TZCLR 和错误强制寄存器 TZFRC。其中 TZSEL 用于为每个 ePWM 通道选择 TZ 源，TZCTL 用于规定出错时 ePWMxA 和 ePWMxB 输出的响应，TZEINT 用于允许 OSHT 或 CBC 中断，TZFLG 用于指示相应错误事件是否发生，TZCLR 用于清除错误标志，TZFRC 用于软件强制错误事件。

TZSEL 的位分布如下。

15	14	13	12	11	10	9	8
保留		OSHT6	OSHT5	OSHT4	OSHT3	OSHT2	OSHT1
R-0		R/W-0	R/W-0	R/W-0	R/W-0	R/W-0	R/W-0

7	6	5	4	3	2	1	0
保留		CBC6	CBC5	CBC4	CBC3	CBC2	CBC1
R-0		R/W-0	R/W-0	R/W-0	R/W-0	R/W-0	R/W-0

其中 OSHT1～OSHT6 分别用于允许 $\overline{TZ1}\sim\overline{TZ6}$ 的一次性错误。CBC1～CBCT6 分别用于允许 $\overline{TZ1}\sim\overline{TZ6}$ 的周期性错误：0-禁止；1-允许。

TZCTL 的位分布如下。

15	4	3	2	1	0
保留		TZB		TZA	
R-0		R/W-0		R/W-0	

其中 TZB 和 TZA 分别用于规定错误事件发生时，ePWMxA 和 ePWMxB 输出的响应：00-高阻态；01-强制高；10-强制低；11-无响应。

TZEINT 和 TZFRC 的位分布如下。

15	3	2	1	0
保留		OST	CBC	保留
R-0		R/W-0	R/W-0	R/W-0

TZEINT 中，OST 和 CBC 分别用于允许一次性错误中断和周期性错误中断：0-禁止；1-允许。TZFRC 中，OST 和 CBC 分别用于软件强制产生一次性错误中断和周期性错误中断：0-无影响；1-软件强制产生相应中断。

TZFLG 和 TZCLR 的位分布如下。

15	3	2	1	0
保留		OST	CBC	INT
R-0		R/W-0	R/W-0	R/W-0

TZFLG 中，OST、CBC 和 INT 分别为一次性错误事件、周期性错误事件和 EPWMx_TZINT 中断事件的标志位：0-无相应事件；1-发生相应事件。当一次性错误事件发生时，其标志 OST 置位，可通过向 TZCLR 寄存器中对应位写 1 清除之。当周期性错误事件发生使 CBC 标志置位时，虽然也可通过向 TZCLR 中对应位写 1 清除该标志，但是只要引脚上该事件未消失，仍然会再次置位 CBC 标志。引脚上指定事件要到 TBCTR=0 时才会自动清除。另外，OST 或 CBC 置位，均会引起 INT 位置位，且 INT 位不能单独清除。

7. ET 子模块及其控制

如图 5.1 所示，事件触发子模块 ET 用于规定 TB 和 CC 模块产生的事件（CTR=PRD、CTR=ZERO、CTR=CMPA 和 CTR=CMPB）中，哪些事件可以向 PIE 申请中断（ePWMxINT），哪些事件可作为片内 ADC 启动的触发信号（ePWMxSOCA 和 ePWMxSOCB），以及多少个（1~3）事件申请一次中断或触发一次 ADC。

触发事件的选择由 ET 选择寄存器 ETSEL 控制，多少个事件中断或触发由 ET 预定标寄存器 ETPS 控制，中断或 ADC 触发事件发生后可以置位 ET 标志寄存器 ETFLG 中的标志位，标志位可通过 ET 清除寄存器 ETCLR 清除。另外，还可通过 ET 强制寄存器 ETFRC 强制产生中断或 ADC 触发信号。

ET 选择寄存器 ETSEL 的位分布如下。

15	14	12	11	10	8	7	4	3	2	0
SOCBEN	SOCBSEL		SOCAEN	SOCASEL		保留		INTEN	INTSEL	
R/W-0	R/W-0		R/W-0	R/W-0		R-0		R/W-0	R/W-0	

其中 SOCBEN、SOCAEN 和 INTEN 分别用于允许 ePWMxSOCB、ePWMxSOCA 和 ePWMxINT（0-禁止；1-允许）。SOCBSEL、SOCASEL 和 INTSEL 分别用于为 ePWMxSOCB、ePWMxSOCA 和 ePWMxINT 选择触发事件：000 和 011 保留；001-CTR=ZERO；010-CTR=PRD；100-CTR=CAU；101-CTR=CAD；110-CTR=CBU；111-CTR=CBD。

ET 预定标寄存器 ETPS 的位分布如下。

15	14	13	12	11	10	9	8	7	4	3	2	1	0
SOCBCNT		SOCBPRD		SOCACNT		SOCAPRD		保留		INTCNT		INTPRD	
R/W-0		R/W-0		R/W-0		R/W-0		R-0		R/W-0		R/W-0	

其中 SOCBPRD、SOCAPRD 和 INTPRD 分别为 ePWMxSOCB、ePWMxSOCA 和 ePWMxINT 选择触发或中断周期：00-禁用事件计数器；01-1 个选定事件；10-2 个选定事件；11-3 个选定事件。SOCBCNT、SOCACNT 和 INTCNT 分别为 ePWMxSOCB、ePWMxSOCA 和 ePWMxINT 的事件计数器，反映当前已经发生了多少个选定事件：00-无；01-1 个；10-2 个；11-3 个。

寄存器 ETFLG、ETCLR 和 ETFRC 的位分布如下。

15	4	3	2	1	0
保留		SOCB	SOCA	保留	INT
R-0		R/W-0	R/W-0	R-0	R/W-0

ETFLG 中 SOCB、SOCA 和 INT 分别为 ePWMxSOCB、ePWMxSOCA 和 ePWMxINT 事

件的标志位。某事件发生（设定周期个选定事件发生）时，对应标志位置位，标志位置位后，可通过向 ETCLR 寄存器中相应位写 1 清除之。另外，向 ETFRC 寄存器中相应位写 1 可软件强制某事件发生。

5.1.3　ePWM 应用示例

使用 ePWM4 产生 PWM 波，其时基计数器工作于连续增/减计数模式，输出为高电平有效互补并带死区控制，每 3 个零事件中断 1 次，在中断服务程序中修改死区时间。死区时间调整范围为 $0 \leqslant DB \leqslant DB\_MAX$。主程序如例 5.1 所示。

例 5.1　ePWM4 产生 PWM 波示例代码。

```
#include "DSP2833x_Device.h"
#include "DSP2833x_Examples.h"
// 函数声明
void InitEPwm4Example(void);                      //EPWM4 初始化函数
interrupt void epwm4_isr(void);                   //EPWM4 中断服务函数
// 全局变量声明
Uint32 EPwm4TimerIntCount;                        //ePWM 中断次数计数器
Uint16 EPwm4_DB_Direction;                        //死区方向
#define EPWM4_MAX_DB   0x03FF                      //死区最大值
#define EPWM4_MIN_DB   0                          //死区最小值
#define DB_UP   1                                //死区时间变长
#define DB_DOWN 0                                //死区时间变短
void main(void)
{// Step 1. 初始化系统控制
    InitSysCtrl();
// Step 2. 初始化 GPIOGPIO, 此处使用于下代码
    InitEPwm4Gpio();
// Step 3. 清除所有中断; 初始化 PIE 向量表
    DINT;                                         //禁止可屏蔽中断
    InitPieCtrl();                               //初始化 PIE 控制
    IER = 0x0000;                                //禁止 CPU 中断
    IFR = 0x0000;                                //清除所有 CPU 中断标志
    InitPieVectTable();                         //初始化 PIE 向量表
    EALLOW;                                       //允许访问受保护寄存器
    PieVectTable.EPWM4_INT = &epwm4_isr;         //重新映射本例中使用的中断向量
    EDIS;                                         //恢复保护
// Step 4. 初始化器件外设, 本例不需要
    EALLOW;
    SysCtrlRegs.PCLKCR0.bit.TBCLKSYNC = 0;        //停止所有 EPWM 通道的时钟
    EDIS;
    InitEPwm4Example();                          //调用 EPWM4 初始化函数
    EALLOW;
    SysCtrlRegs.PCLKCR0.bit.TBCLKSYNC = 1;        //允许所有 EPWM 通道的时钟
    EDIS;
// Step 5. 用户特定代码, 允许中断
    EPwm4TimerIntCount = 0;                      //初始化计数器:
    IER |= M_INT3;                               //允许 CPU 的 INT3 (与 EPWM1~6 INT 连接)
    PieCtrlRegs.PIEIER3.bit.INTx4 = 1;           //允许 PIE 级中断 INT3.4, 即 EPWM4_INT
    EINT;                                        //清除 INTM
    ERTM;                                        //允许全局实时中断 DBGM
// Step 6. 空闲循环, 等待中断
    for(;;)
     {
       asm("          NOP");
     }
}
```

```
// Step 7. 用户自定义函数
void InitEPwm4Example()
{   EPwm4Regs.TBPRD = 6000;                              //设置定时器周期
    EPwm4Regs.TBPHS.half.TBPHS = 0x0000;                 //相位为 0
    EPwm4Regs.TBCTR = 0x0000;                            //清除计数器
// 设置 TBCLK
    EPwm4Regs.TBCTL.bit.CTRMODE= TB_COUNT_UPDOWN;        //连续增/减计数模式
    EPwm4Regs.TBCTL.bit.PHSEN = TB_DISABLE;              //禁止相位装载
    EPwm4Regs.TBCTL.bit.HSPCLKDIV = TB_DIV4;             //分频使时钟变慢以便观察
    EPwm4Regs.TBCTL.bit.CLKDIV = TB_DIV4;
    EPwm4Regs.CMPA.half.CMPA = 3000;                     //设置比较值
// 设置动作
    EPwm4Regs.AQCTLA.bit.CAU = AQ_SET;                   //EPWM4A 在 CAU 时变高
    EPwm4Regs.AQCTLA.bit.CAD = AQ_CLEAR;                 //EPWM4A 在 CAD 时变低
    EPwm4Regs.AQCTLB.bit.CAU = AQ_CLEAR;                 //EPWM4B 在 CAU 时变低
    EPwm4Regs.AQCTLB.bit.CAD = AQ_SET;                   //EPWM4B 在 CAD 时变高
//高电平有效 PWM 波 – 设置死区
    EPwm4Regs.DBCTL.bit.OUT_MODE= DB_FULL_ENABLE;        //完全允许死区
    EPwm4Regs.DBCTL.bit.POLSEL= DB_ACTV_HIC;             //输出高电平有效
    EPwm4Regs.DBCTL.bit.IN_MODE = DBA_ALL;               //EPWM4A 同时作 DBRED 和 DBFED 输入
    EPwm4Regs.DBRED = EPWM3_MIN_DB;                      //DBRED 初始化为死区最小值
    EPwm4Regs.DBFED = EPWM3_MIN_DB;                      //DBFED 初始化为死区最小值
    EPwm4_DB_Direction = DB_UP;                          //死区时间变化方向初始化为变长
//允许中断以便修改死区
    EPwm4Regs.ETSEL.bit.INTSEL = ET_CTR_ZERO;            //选择 CTR=ZERO 触发中断
    EPwm4Regs.ETSEL.bit.INTEN = 1;                       //允许中断
    EPwm4Regs.ETPS.bit.INTPRD= ET_3RD;/                  //每 3 个事件触发一次中断
}
interrupt void epwm4_isr(void)                           //EPWM4 中断服务函数定义
{ if(EPwm4_DB_Direction = DB_UP)                         //若死区时间变长
  { if(EPwm4Regs.DBFED < EPWM4_MAX_DB)                   //若死区时间未达到最大值
    {   EPwm4Regs.DBFED++;                               //下降沿延时 DBFED 值增 1
        EPwm4Regs.DBRED++;                               //上升沿延时 DBRED 值增 1
    }
    else                                                 //若死区时间达到最大值
    {   EPwm4_DB_Direction = DB_DOWN;                     //将死区变化方向改为变短
        EPwm4Regs.DBFED--;                               //下降沿延时 DBFED 值减 1
        EPwm4Regs.DBRED--;                               //上升沿延时 DBRED 值减 1
    }
  }
  else                                                   //否则若死区变化方向为变短
  { if(EPwm4Regs.DBFED = EPWM4_MIN_DB)                   //若死区时间达到最小值
    {   EPwm4_DB_Direction = DB_UP;                       //将死区变化方向改为变长
        EPwm4Regs.DBFED++;                               //下降沿延时 DBFED 值增 1
        EPwm4Regs.DBRED++;                               //上升沿延时 DBRED 增 1
    }
    else                                                 //否则若死区时间未达到最小值
    {   EPwm4Regs.DBFED--;                               //下降沿延时 DBFED 值减 1
        EPwm4Regs.DBRED--;                               //上升沿延时 DBRED 值减 1
    }
  }
  EPwm4TimerIntCount++;
  EPwm4Regs.ETCLR.bit.INT = 1;  //清除中断标志
  PieCtrlRegs.PIEACK.all = PIEACK_GROUP3;  //清除 PIE 中断组 1 的响应位，以便 CPU 再次响应。
}
```

5.1.4 高精度脉宽调制模块

F283xx、2823x 和 280xx 的每个 ePWM 通道的 EPWMxA 输出路径上，均扩展了高精度脉宽调制（High-Resolution Pulse Width Modulator，HRPWM）功能。HRPWM 使用微边沿位置调整（Micro Edge Positioner，MEP）技术，对传统 PWM 发生器的原始时钟进行细分，以实现更精确的时间间隔控制或边沿位置控制。HRPWM 还具有软件自诊断功能，用于检查MEP 逻辑是否工作于最优模式。HRPWM 主要用于电源转换技术等高频 PWM 波输出系统。如，单相或多相降压、升压和反激变换器，相移式全桥变换器，以及 D 类功率转换器的直接调制。

1. HRPWM 的基本原理

PWM 模块相当于一个有效脉冲宽度正比于原始信号的数/模转换器 DAC，如图 5.8 所示。其中有效脉冲的宽度是以系统时钟周期为步长进行调整的。如，F28335 的系统时钟为150MHz，则 PWM 有效脉冲的可调步长约为 6.67ns。因此，PWM 波的精度受系统时钟频率（周期）的限制，其精度用百分数表示为 $f_{\text{PWM}} / f_{\text{SYSCLKOUT}} \times 100\%$，用对数表示为 $\log_2(T_{\text{PWM}} / T_{\text{SYSCLKOUT}})$。当 PWM 精度低于 9～10 位（如 F28335 的系统时钟为 150MHz，若要求 PWM 频率高于 300MHz，则会出现此情况）时，就需要使用高精度脉宽调制 HRPWM模块，以扩展传统 PWM 模块产生的 PWM 波的精度。

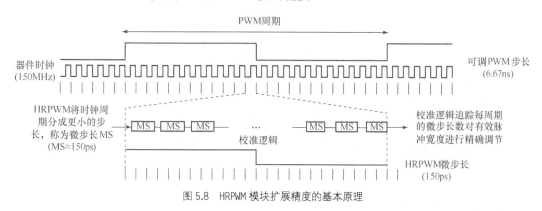

图 5.8 HRPWM 模块扩展精度的基本原理

HRPWM 模块扩展精度的基本原理如图 5.8 所示，它通过将系统时钟周期分成更小的步长单位，称为微步长（Micro-Step，MP）来实现。如，将其时钟细分为周期为 150ps 的微步长 MP，然后校准逻辑以微步长为单位对每个 PWM 周期内有效脉宽进行精确控制，以提高PWM 波的精度。

HRPWM 模块是通过对传统 PWM 通道的 TB 和 CC 子模块进行扩展，增加 TB 相位寄存器位数和 CC 子模块比较寄存器的位数实现的。边沿位置的精确调整由两个 8 位的扩展寄存器 TBPHSHR 和 CMPAHR 控制。扩展后 TBPHSHR 与 TBPHS 一起构成了 24 位的相位寄存器，CMPAHR 与 CMPA 一起构成了 24 位的比较寄存器。

HRPWM 可进行上升沿、下降沿或双沿的精确控制，具体可通过占空比控制或相位控制来实现。

2. HRPWM 的寄存器

HRPWM 的扩展寄存器除了 TBPHSHR 和 CMPAHR 外，还包括一个配置寄存器

HRCNFG。其中 TBPHSHR 和 CMPAHR 均为 16 位的数据类寄存器（仅使用了其高 8 位，低 8 位保留）。HRCNFG 的位分布如下。

15		4	3	2	1	0
保留			HRLOAD	CTLMODE	EDGMODE	
R-0			R/W-0	R/W-0	R/W-0	

其中 EDGMODE 用于选择由 MEP 逻辑控制的边沿模式：00-禁用 HRPWM；01-上升沿控制；10-下降沿控制；11-双沿控制。CTLMODE 用于选择控制 MEP 的寄存器：0-CMPAHR 控制边沿位置；1-TBPHSPR 控制边沿位置。HRLOAD 用于为 CMPAHR 的动作寄存器选择从映射寄存器加载的时刻：0-CTR=ZERO 时加载；1-CTR=PRD 时加载。

3. HRPWM 的配置计算方法

通过设置标准（CMPA）和微步长（CMPAHR）寄存器可以实现边沿位置的精确时间控制。下面举例说明在实际应用中，如何根据需求计算 CMPA 和 CMPAHR 的值。

例 5.2 假设 F28335 的系统时钟 SYSCLKOUT 频率为 150MHz，能够调整的微步长为 150ps，要保证 CMPAHR 的值在 1～255 范围内所需的默认值为 0180h。若需要产生频率为 1.5MHz、占空比为 40.5%的 PWM 波，CMPA 和 CMPAHR 的值应该为多少？

解： 由题意可知，系统时钟周期 $T_{\text{SYSCLKOUT}} = 1/(150 \times 10^6)$，PWM 频率 $T_{\text{PWM}} = 1/(1.5 \times 10^6)$，因此每个 PWM 周期包含的 SYSCLKOUT 周期数为

$$N = T_{\text{PWM}} / T_{\text{SYSCLKOUT}} = \frac{1/(1.5 \times 10^6)}{1/(150 \times 10^6)} = 100$$

则 PWM 波有效脉冲中包含的 SYSCLKOUT 周期数为 $D = N \times 40.5\% = 40.5$，因此，CMPR 寄存器的值为

$$\text{CMPA} = \text{int}(D) = 40$$

其中 int() 为取整函数。又因为实现每个 SYSCLKOUT 周期所需要的 MEP 步数为

$$\text{MEP\_SF} = \frac{T_{\text{SYSCLKOUT}}}{\text{MS}} = \frac{1/(150 \times 10^6)}{150 \times 10^{-12}} \approx 44$$

所以 CMPAHR 寄存器的值为

$$\text{CMPAHR} = (\text{frgc}(D) \times \text{MEP\_SF}) << 8 + 0180h = (\text{frgc}(40.5) \times 44) << 8 + 0180h$$
$$= (0.5 \times 44) << 8 + 0180h = 5632 + 0180h = 1780h$$

其中，frac() 为取小数函数。

5.2 增强捕获（eCAP）模块

F28335 有 6 个 eCAP 通道，每个通道均有两种工作模式：捕获模式和 APWM 模式，其中捕获模式是其主要功能。在捕获模式下，eCAP 通道是一种输入设备，可以检测捕获输入引脚上发生的电平跳变，并记录跳变的时刻。这种功能在对外部事件的精确时间要求较高的系统中非常重要，可用于测量转速、位置传感器脉冲间的时间间隔、脉冲信号的周期和占空比，以及根据电流/电压传感器编码的占空比计算电流/电压幅值。eCAP 模块对跳变的捕获不需要 CPU 的干预，能检测二次间隔极短的跳变，也可进行高精度的低速估计。在 APWM 模

式下，每个 eCAP 通道均可输出 PWM 波。

5.2.1 捕获模式下结构及工作原理

捕获模式下，每个 eCAP 通道的结构框图如图 5.9 所示。其核心是一个专用的捕获输入引脚 eCAPx（其中 x 表示通道 eCAP1～6，本节下文同）、一个 32 位的计数器 TSCTR 和 4 个时戳捕获寄存器 CAP1～4。另外还包括事件预定标逻辑、边沿检测逻辑和控制逻辑。其中事件预定标逻辑是可选的，当 eCAPx 引脚上信号跳变频率过高时，可用来对其进行分频，以提高对高速脉冲的检测精度。

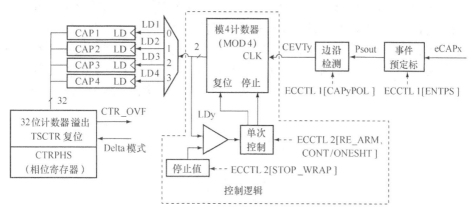

图 5.9　捕获模式下 eCAP 模块的结构框图

捕获模式下，每个 eCAP 通道最多可以连续检测 eCAPx 上发生的 4 次预设跳变，并将跳变时刻时基计数器 TSCTR 的值分别锁存在 CAP1～4 中。4 次连续跳变的极性（上升沿或下降沿）可独立设置，分别由控制寄存器 ECCTL1 的 CAPyPOL（y 表示连续 4 个跳变事件 CEVT1～4，本节下文同）位域控制。其基本工作原理为：时基计数器 TSCTR 以系统时钟 SYSCLKOUT 为基准增计数，计至最大值 0xFFFFFFFF 后溢出，给出溢出信号 CTR_OVF；然后复位到 0 并继续增计数。边沿检测逻辑根据预先设定的连续 4 次跳变的极性对 eCAPx 引脚上发生的信号进行检测，并输出相应的检测匹配信号 CEVT1～4 给控制逻辑。控制逻辑对 CEVT1～4 进行连续捕获或单次捕获控制。在连续捕获模式下，模 4 计数器 MOD4 以 CEVT1～4 事件为时钟，按照 0→1→2→3→0 的状态顺序循环计数，其状态经 2-4 线译码器译码后分别作为 CAP1～4 的锁存控制信号 LD1～4，控制 CAP1～4 在 CEVT1～4 发生时，分别锁存 TSCTR 的值。这样，当 CEVT1 发生时，MOD4 处于状态 0，CAP1 锁存 TSCTR 的值；CEVT2 发生时，MOD4 处于状态 1，CAP2 锁存 TSCTR 的值；CEVT3 发生时，MOD4 处于状态 2，CAP3 锁存 TSCTR 的值；CEVT4 发生时，MOD4 处于状态 3，CAP4 锁存 TSCTR 的值。从而实现了跳变事件的连续循环捕获。

单次捕获模式下，可以将 MOD4 的状态与 2 位的停止寄存器（控制寄存器 ECCTL2 的 SOTP_WRAP 位域）中预先设定的停止值（0～3）进行比较。比较匹配时，停止 MOD4 计数器，并冻结 CAP1～4 的值（禁止继续锁存时基）。然后，MOD4 计数器的状态和 CAP1～4 中记录的时基值将一直保持，除非通过软件向 ECCTL2[RE_ARM]写 1 再次进行单次强制。单次强制后，MOD4 计数器清零，CAP1～4 也可继续锁存时基值，从而为 eCAP 模块捕获下一个脉冲事件序列做好准备。

另外，CAP1～4 记录捕获时刻有两种模式：绝对时基模式和差分时基模式。前者每次捕获并不干预 TSCTR，后者每捕获一次重新复位 TSCTR。具体使用哪种时基模式由 ECCTL1[CTRRSTy]控制。

5.2.2 APWM 模式下结构及工作原理

在 APWM 模式下，每个 eCAP 通道的结构框图如图 5.10 所示。此时，eCAPx 引脚作为 PWM 波输出引脚，CAP1 和 CAP3 分别作为周期寄存器的动作和映射寄存器，CAP2 和 CAP4 分别作为比较寄存器的动作和映射寄存器。APWM 波形如图 5.11 所示，32 位的时基计数器以 SYSCLKOUT 为时钟增计数，当 TSCTR=CAP1 时发生周期匹配事件 CTR=PRD，然后复位到 0，重新开始下一个计数周期，从而重复了定长的 PWM 载波周期。在每个计数周期的开始，eCAPx 引脚上输出有效电平。当 TSCTR=CAP2 时，发生比较匹配事件 CTR=CMP，eCAPx 引脚跳成无效电平，如图 5.11 所示。因此，有效脉冲的宽度与比较寄存器 CAP2 的值成正比。对于每个计数周期，只要改变 CAP2 的值，即可改变有效脉冲宽度。

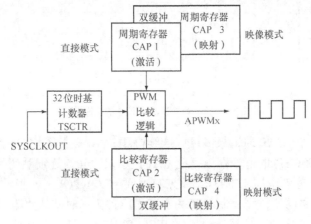

图 5.10 APWM 模式下的结构框图

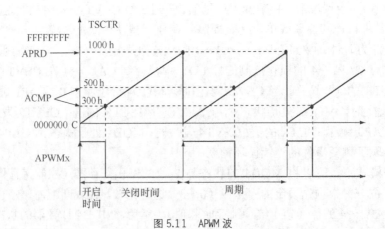

图 5.11 APWM 波

APWM 模式下，若各通道之间需要相位偏差，可事先在各通道的计数相位偏移寄存器 CTRPHS 中装入所需相位偏差值，然后通过硬件（SYNCIn 引脚上的信号）或软件（ECCTL2

的 SWSYNC 位）实现各通道时基计数器间的同步。另外，各通道也可选择同步输入信号或 CTR=PRD 事件作为同步输出信号 SYNCOut，控制其他通道的同步，具体由 ECCTL2 的 SYNCO_SEL 位域控制。

5.2.3　eCAP 中断控制

每个 eCAP 通道捕获模式下的 CEVT1～4 和计数器溢出 CTR_OVF 事件，以及 APWM 模式下的 CTR=PRD 和 CTR=CMP 事件发生时，均可向 PIE 模块申请 ECAPxINT 中断。各中断源的允许由中断允许寄存器 ECEINT 控制。任何一个中断事件发生时，均会置位中断标志寄存器 ECFLG 中相应标志位。ECFLG 中同时还包含一个全局中断标志位 INT。只有当某中断源的允许位为 1、标志位为 1，同时全局标志位 INT 为 0 时，才能向 PIE 申请 ECAPxINT 中断，并置位 INT，阻止该模块再次向 PIE 申请中断。故在中断服务程序中，必须通过向中断清除寄存器 ECCLR 中引起中断的事件的标志位写 1 清除之，同时向 INT 位写 1 清除全局中断标志，以允许 eCAP 模块再次向 PIE 申请中断。另外，也可通过向中断强制寄存器 ECFRC 中相应位写 1 软件强制某中断事件的发生。

5.2.4　eCAP 模块的寄存器

eCAP 模块的寄存器包括 6 个数据类寄存器（时基计数器 TSCTR、计数相位偏移寄存器 CTRPHS、循环缓冲器 CAP1～4），2 个控制类寄存器（ECCTL1 和 ECCTL2），以及 4 个中断控制寄存器（中断允许寄存器 ECEINT、中断强制寄存器 ECFRC、中断标志寄存器 ECFLG 和中断清除寄存器 ECCLR）。其中数据类寄存器均为 32 位，这里不再给出其位分布。

控制寄存器 ECCTL1 主要用于控制捕获模式下的操作，包括仿真挂起时操作、事件预定标、缓冲器装载允许、CEVT1～4 极性选择和是否复位 TSCTR 等操作，其位分布如下。

15	14	13				9	8
FREE/SOFT		PRESCALE					CAPLDEN
R/W-0		R/W-0					R/W-0

7	6	5	4	3	2	1	0
CTRRST4	CAP4POL	CTRRST3	CAP3POL	CTRRST2	CAP2POL	CTRRST1	CAP1POL
R/W-0	R/W-0	R/W-0	R/W-0	R/W-0	R/W-0	R/W-0	R/W-0

其中 FREE/SOFT 用于规定仿真挂起时 TSCTR 的操作：00-立即停止；01-计数到 0 后停止；1x-自由运行。PRESCALE 用于选择事件预定标系数：00000-旁路事件预定标模块；其他值-2×PRESCALE。CAPLDEN 用于规定 CEVT1～4 事件发生时是否允许 CAP1～4 锁存 TSCTR 的值：0-禁止；1-允许。CTRRST4～1 用于规定捕获时基模式（即规定捕获事件 CEVT1～4 发生时，是否需要复位 TSCTR）：0-绝对时基模式（不复位）；1-差分时基模式（复位）。CAP4POL、CAP3POL、CAP2POL 和 CAP1POL 分别用于为 CEVT1～4 选择事件极性：0-上升沿；1-下降沿。

控制寄存器 ECCTL2 主要用于控制 APWM 模式下的操作，包括 APWM 波极性选择、捕获/APWM 模式选择、连续/单次控制操作和同步操作等。其位分布如下，位描述如表 5.5 所示。

15				11	10	9	8
保留					APWMPOL	CAP/APWM	SWSYNC
R-0					R/W-0	R/W-0	R/W-0

7	6	5	4	3	2	1	0
SYNCO_SEL	SYNCI_EN	TSCTRSTOP	REARM	STOP_WRAP			CONT/ONESHT
R/W-0	R/W-0	R/W-0	R/W-0	R/W-0		R/W-0	R/W-0

表 5.5   **ECCTL2 的位描述**

位	名称	说明
10	APWMPOL	APWM 波极性选择。0-高电平有效；1-低电平有效
9	CAP/APWM	捕获/APWM 模式选择。0-捕获模式；1-APWM 模式
8	SWSYNC	软件强制计数器同步。0-无影响；1-强制 TSCTR 装载 CTRPHS 值
7-6	SYNCO_SEL	选择同步输出源。00-同步输入；01-CTR=PRD 事件；1x-禁止 SYSOout 信号
5	SYNCI_EN	软件强制产生同步脉冲位。0-无影响；1-产生一次软件同步脉冲
4	TSCTRSTOP	停止时基计数器 TSCTR。0-停止；1-运行
3	REARM	单次捕获重新强制控制（仅单次捕获模式下有效）。0-无影响；1-重启单次强制
2-1	STOP_WRAP	单次捕获模式的停止值。00-1 个事件；11-2 个事件；10-3 个事件；11-4 个事件
0	CONT/ONESHT	连续/单次捕获控制，用于选择捕获模式。0-连续模式；1-单次模式

中断允许寄存器 ECEINT 和中断强制寄存器 ECFRC 的位分布如下。

15	8	7	6	5	4	3	2	1	0
保留		CTR=CMP	CTR=PRD	CTROVF	CEVT4	CEVT3	CEVT2	CETV1	保留
R-0		R/W-0	R/W-0	R/W-0	R/W-0	R/W-0	R/W-0	R/W-0	R-0

ECEINT 寄存器中，CTR=CMP、CTR=PRD、CTROVF、CEVT4、CEVT3、CEVT2、CETV1 分别为相应事件的中断允许位，向某位写 1 可允许该中断。ECFRC 寄存器中，向某位写 1 可软件强制该中断事件的发生。

中断标志寄存器 ECFLG 和中断清除寄存器 ECCLR 的位分布如下。

15	8	7	6	5	4	3	2	1	0
保留		CTR=CMP	CTR=PRD	CTROVF	CEVT4	CEVT3	CEVT2	CETV1	INT
R-0		R/W-0	R/W-0	R/W-0	R/W-0	R/W-0	R/W-0	R/W-0	R/W-0

ECFLG 中 CTR=CMP、CTR=PRD、CTROVF、CEVT4、CEVT3、CEVT2、CETV1 分别为 7 种事件的中断标志位。某事件发生时，相应标志位置位。INT 为全局中断标志位，eCAP 通道每向 PIE 申请一次中断，该标志位置 1。标志位置位后将一直保持，除非向 ECCLR 寄存器相应位写 1 清除之。

5.2.5   eCAP 应用示例

1. eCAP 模块初始化

eCAP 模块初始化时，对中断和其他寄存器的配置步骤为：禁止全局中断，停止 eCAP 时基计数器，禁止 eCAP 中断，配置控制寄存器，清除 eCAP 中断标志，允许 eCAP 中断，启动 eCAP 时基计数器，允许全局中断。如，要使用 eCAP3 进行单次绝对时基捕获方式，每次启动捕获 4 个事件：CEVT1 和 CEVT3 捕获下降沿、CEVT2 和 CEVT4 捕获上升沿。捕获 4 个事件后启动中断，则其初始化函数 InitECapture()的代码如例 5.3 所示。

例 5.3　eCAP3 模块寄存器初始化代码。

```
void InitECapture()
{ ECap3Regs.ECEINT.all = 0x0000;           //禁止捕获中断
  ECap3Regs.ECCLR.all = 0xFFFF;            //清除所有 CAP 中断标志
  ECap3Regs.ECCTL1.bit.CAPLDEN = 0;        //禁止 CAP1～4 装载
  ECap3Regs.ECCTL2.bit.TSCTRSTOP = 0;      //确保定时器停止
    // 配置其他寄存器
  ECap3Regs.ECCTL2.bit.CONT_ONESHT = 1;    //单次捕获
  ECap3Regs.ECCTL2.bit.STOP_WRAP = 3;      //4 事件后停止
  ECap3Regs.ECCTL1.bit.CAP1POL = 1;        //下降沿
  ECap3Regs.ECCTL1.bit.CAP2POL = 0;        //上升沿
  ECap3Regs.ECCTL1.bit.CAP3POL = 1;        //下降沿
  ECap3Regs.ECCTL1.bit.CAP4POL = 0;        //上升沿
  ECap3Regs.ECCTL1.bit.CTRRST1 = 1;        //差分时基
  ECap3Regs.ECCTL1.bit.CTRRST2 = 1;        //差分时基
  ECap3Regs.ECCTL1.bit.CTRRST3 = 1;        //差分时基
  ECap3Regs.ECCTL1.bit.CTRRST4 = 1;        //差分时基
  ECap3Regs.ECCTL2.bit.SYNCI_EN = 1;       //允许同步
  ECap3Regs.ECCTL2.bit.SYNCO_SEL = 0;      //同步输入直接做同步输出源
  ECap3Regs.ECCTL1.bit.CAPLDEN = 1;        //允许 CAP1～4 装载
  ECap3Regs.ECCTL2.bit.TSCTRSTOP = 1;      //启动计数器
  ECap3Regs.ECCTL2.bit.REARM = 1;          //强制单次控制
  ECap3Regs.ECEINT.bit.CEVT4 = 1;          //允许 CEVT4 触发中断
}
```

2. eCAP 模块应用示例

使用 eCAP3 捕获 ePWM4A 输出的上升沿与下降沿之间的时间间隔。eCAP3 模块的工作模式如例 5.3，ePWM4A 配置为：增计数、周期从 2 开始到 1000 结束；周期匹配时输出翻转。其主程序如例 5.4 所示（其中 eCAP3 模块的初始化函数 InitECapture()的代码见例 5.3）。

例 5.4　eCAP3 捕获 ePWM4A 输出的上升沿与下降沿之间的时间间隔示例代码。

```
#include "DSP2833x_Device.h"
#include "DSP2833x_Examples.h"
// 为定时器配置起始/终止周期值
#define PWM4_TIMER_MIN    10              //定时器周期最小值为 10
#define PWM4_TIMER_MAX    8000            //定时器周期最大值为 8000
// 函数声明
interrupt void ecap3_isr(void);           //声明 ECAP3 中断服务函数
void InitECapture(void);                  //声明 ECAP 模块初始化函数
void InitEPwmTimer(void);                 //声明 EPWM 定时器初始化函数
void Fail(void);                          //声明错误处理函数
// 全局变量声明
Uint32 Ecap3IntCount;                     //ECAP 中断次数计数器
Uint32 Ecap3PassCount;
Uint32 EPwm4TimerDirection;               //计数器计数方向
// 追踪定时器计数方向
#define EPWM_TIMER_UP   1
#define EPWM_TIMER_DOWN 0
void main(void)
{// Step 1. 初始化系统控制
   InitSysCtrl();
```

```
// Step 2. 初始化 GPIO，此处使用如下代码
    InitEPwm4Gpio();
    InitEcap3Gpio();
// Step 3. 清除所有中断；初始化 PIE 向量表
    DINT;
    InitPieCtrl();                              //初始化 PIE 控制
    IER = 0x0000;                               //禁止 CPU 中断
    IFR = 0x0000;                               //清除所有 CPU 中断标志
    InitPieVectTable();                         //初始化 PIE 向量表
    EALLOW;
    PieVectTable.ECAP3_INT = &ecap3_isr;        //重新映射本例中使用的中断向量
    EDIS;
// Step 4. 初始化器件外设
    InitEPwmTimer();                            //初始化 ePWM 定时器
    InitECapture();                             //初始化捕获单元
// Step 5. 用户特定代码，允许中断
    Ecap3IntCount = 0;                          //初始化计数器:
    Ecap3PassCount = 0;
    IER |= M_INT4;                              //允许 CPU 的 INT4 （与 ECAP3INT 连接）
    PieCtrlRegs.PIEIER4.bit.INTx3 = 1          //允许 PIE 级中断 INT4.3，即 ECAP3_INT
    EINT;                                       //清除 INTM
    ERTM;                                       //允许全局实时中断 DBGM
// Step 6. 空闲循环，等待中断
    for(;;)
        {   asm("          NOP");
        }
}
// Step 7. 用户自定义函数
void InitEPwmTimer()                            //定义 EPWM 定时器初始化函数
{   EALLOW;
    SysCtrlRegs.PCLKCR0.bit.TBCLKSYNC = 0;      //停止所有 EPWM 通道的时钟
    EDIS;
    EPwm4Regs.TBCTL.bit.CTRMODE=TB_COUNT_UP;    //连续增计数模式
    EPwm4Regs.TBPRD = PWM4_TIMER_MIN;           //周期初始化为最小值
    EPwm4Regs.TBPHS.all = 0x00000000;           //相位为 0
    EPwm4Regs.AQCTLA.bit.PRD = AQ_TOGGLE;       //CTR= PRD 时翻转
    EPwm4Regs.TBCTL.bit.HSPCLKDIV = 1;          //TBCLK = SYSCLKOUT
    EPwm4Regs.TBCTL.bit.CLKDIV = 0;
    EPWM4TimerDirection = EPWM_TIMER_UP;        //计数方向初始化为增
    EALLOW;
    SysCtrlRegs.PCLKCR0.bit.TBCLKSYNC = 1;      //允许所有 EPWM 通道的时钟
    EDIS;
}
interrupt void ecap3_isr(void)                  //定义 ECAP3 中断服务函数
{//与 SYSCLKOUT 同步，可能有±1 周期偏差
    if(ECap3Regs.CAP2>EPwm3Regs.TBPRD*2+1||ECap3Regs.CAP2 < EPwm3Regs.TBPRD*2-1
    ||ECap3Regs.CAP3>EPwm3Regs.TBPRD*2+1||ECap3Regs.CAP3<EPwm3Regs.TBPRD*2-1
    || ECap3Regs.CAP4>EPwm3Regs.TBPRD*2+1||ECap3Regs.CAP4 < EPwm3Regs.TBPRD*2-1)
    {   Fail();                                 //调用错误处理函数
    }
    Ecap3IntCount++;                            //ECAP 中断次数计数器加 1
    if(EPwm4TimerDirection == EPWM_TIMER_UP)    //若 EPWM4 定时器计数方向为增
      { if(EPwm4Regs.TBPRD<PWM4_TIMER_MAX)      //若 TB 周期寄存器未达到最大值
      {   EPwm4Regs.TBPRD++;                    //TB 周期寄存器值增 1
      }
      else                                      //否则若 TB 周期寄存器达到最大值
      {   EPwm4TimerDirection=EPWM_TIMER_DOWN;  //将计数方向改为减计数
          EPwm4Regs.TBPRD--;                    //TB 周期寄存器值减 1
      }
      }
```

```
    else                                           //否则若 EPWM4 定时器计数方向为减
      { if(EPwm4Regs.TBPRD > PWM4_TIMER_MIN)        //若 TB 周期寄存器值未达到最小值
        { EPwm4Regs.TBPRD--;                        //TB 周期寄存器值减 1
        }
        else                                        //否则若 TB 周期寄存器值达到最小值
        { EPwm4TimerDirection= EPWM_TIMER_UP;        //将计数方向改为增
          EPwm4Regs.TBPRD++;                         //TB 周期寄存器值增 1
        }
      }
    Ecap3PassCount++;
    ECap3Regs.ECCLR.bit.CEVT4 = 1;                   //清除 CEVT4 中断标志
    ECap3Regs.ECCLR.bit.INT = 1;                     //清除全局中断标志
    ECap3Regs.ECCTL2.bit.REARM = 1;                  //重新强制单次捕获
    PieCtrlRegs.PIEACK.all = PIEACK_GROUP4;          //清除 PIE 中断组的应答位，以便 CPU 再次响应
  }
void Fail()                                          //定义错误处理函数定义
{    asm("   ESTOP0");
}
```

5.3 增强正交编码脉冲（eQEP）模块

F2833x DSP 控制器有 2 个增强的正交编码器脉冲（Enhanced Quadrature Encoder Pulse，eQEP）模块，能够对各种运行和位置控制系统中光电编码器的输出进行测量，以获取电机或其他旋转机构的位置、方向和速度等信息。

5.3.1 光电编码器工作原理

光电传感器能通过光电转换将输出轴上机械几何位移量转换成脉冲或数字量，是一种广泛应用的传感器。光电编码器一般由光栅盘和光电检测装置构成，如图 5.12（a）所示。其光栅盘与电动机同轴旋转，旋转过程中光栅盘上的缝隙针对光源（LED）和光敏元件产生规则的通断变化，从而产生相应的脉冲信号。由于两个光敏元件的安装位置等于光栅盘上缝隙间距的 1/4，所以其输出的两路脉冲信号 QEPA 和 QEPB 之间的相位相差 90°，故称正交脉冲信号，如图 5.12（b）所示。同时，光栅盘每旋转一周可输出一个索引脉冲 QEPI，用于判定光栅盘的起始位置或指示光栅盘旋转周数。

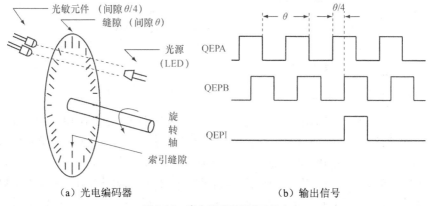

（a）光电编码器 （b）输出信号

图 5.12 光电编码器原理及输出

由于光栅盘与电动机同轴旋转，故 QEPA 和 QEPB 脉冲频率与电机的转速成正比。假设一个 2000 线的光电编码器安装在转速为 5000r/min 的电动机上，则产生的脉冲信号频率为 166.6kHz。因此，通过测量 QEPA 和 QEPB 的脉冲频率可测量电动机转速。同时，由于电机正转和反转时 QEPA 和 QEPB 的相位关系不同：正转时前者相位超前 90°，反转时后者相位超前 90°。故可通过判断 QEPA 和 QEPB 的相位关系获得电机转向信息（即正转或反转）。

5.3.2　eQEP 模块结构及工作原理

每个 eQEP 模块的结构框图及其与外部正交编码器的接口如图 5.13 所示。由图 5.13 可见，该模块有 4 个外部引脚：EQEPxA/XCLK、EQEPxB/XDIR、EQEPxI 和 EQEPxS（其中 x 表示 1~2，本节下文同）。eQEP 模块有两种输入模式：正交计数模式和方向计数模式。前者用于对图 5.12（a）所示正交编码器的输出进行测量，后者则用于一些使用方向和时钟信号取代正交编码输出的正交编码器输出的测量。在正交计数模式下，EQEPxA 和 EQEPxB 分别接收正交编码器的通道 A 和 B 的输出（即图 5.12（b）中的 QEPA 和 QEPB）；EQEPxI 用于接收索引信号；EPQExS 是一个通用选通引脚，该信号通常连接到传感器或限位开关，指示电机旋转到了指定位置，从而在该事件发生时初始化或锁存计数器的值。在方向计数模式下，EQEPxA 输入外部编码器提供的时钟信号，EQEPxB 引脚接收方向信号。

图 5.13 中，eQEP 模块除了 4 个输入引脚外，还包括 5 个子模块：正交解码单元 QDU、位置计数和控制单元 PCCU、正交边沿捕获单元 QCAP、单位时基 UTIME 和看门狗定时器 QWDOG。其中 QDU 子模块用于对 4 个输入信号进行解码，得到其他模块所需信号；PCCU 子模块用于位置测量；QCAP 子模块用于低速测量；UTIME 子模块用于为速度/频率测量提供时基；QWDOG 子模块用于监控指示运行控制系统操作正常的正交时钟。

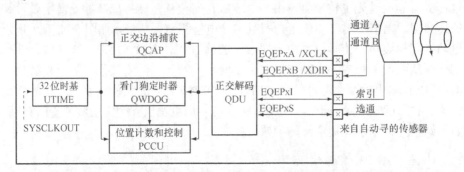

图 5.13　eQEP 模块结构及其余正交编码器接口

5.3.3　eQEP 子模块及其控制

1. QDU 子模块及其控制

正交解码单元 QDU 的基本作用是对 4 个输入引脚 EQEPxA/XCLK、EQEPxB/XDIR、EQEPxI 和 EQEPxS 的信号进行解码，得到 4 个输出信号 QCLK（时钟）、QDIR（方向）、QI（索引）和 QS（选通），为 PCCU、QCAP 和 QWDOG 模块提供输入，如图 5.14 所示。

QDU 子模块的控制均由 QEP 译码控制寄存器 QDECCTL 编程。由图 5.14 可见，选通信号 QS 的译码最简单，可由 QDECCTL[QSP]编程选择 EQEPxS 引脚上的原始信号或取反。QI 信号可由 QDECCTL[QIP]编程选择 QEPxI 引脚上的原始信号或取反，且可进一步对

QDECCTL[IGATE]编程选择是否需要将 QS 信号作为其闸门信号。

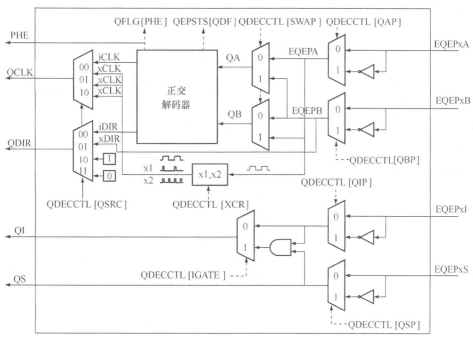

图 5.14 QDU 子模块对引脚上输入信号的译码

PCCU 子模块的位置计数器有 4 种计数模式：正交计数、方向计数式、递增计数和递减计数。各种计数模式所需 QCLK 和 QDIR 信号不同（所需输入源由 QDECCTL[OSRC]选择），故这两个信号的译码过程较复杂。首先，EQEPxA 和 EQEPxB 引脚上的输入信号分别由 QAP 和 QBP 位控制是否需要取反，得到 EQEPA 和 EQEPB。在方向计数、递增计数和递减 3 种计数模式下，QCLK 均为 EQEPA 或其 2 倍频（由 XCR 位编程）；而 QDIR 分别为 EQEPB、1 或 0。在正交计数模式下，EQEPA 和 EQEPB 可直接或交换后（由 SWAP 位编程）作为 QA 和 QB，送译码单元，译码后得到 QCLK 和 QDIR，如图 5.15（a）所示。

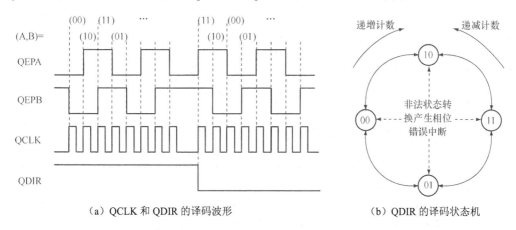

（a）QCLK 和 QDIR 的译码波形　　　　　　（b）QDIR 的译码状态机

图 5.15 正交计数模式下 QCLK 和 QDIR 的译码

由图 5.15（a）可见，QCLK 的译码是在 QEPA 和 QEPB 的上升沿和下降沿均产生一个脉冲，因此其频率是 QEPA 和 QEPB 的 4 倍。而 QDIR 的译码是根据 QEPA 和 QEPB 的相位关系实现的，具体通过判断 QEPA 和 QEPB 的状态（图 5.15（a）中最上面一行（A,B））转换关系实现，如图 5.15（b）所示。电机正转过程中 QEPA 相位超前，状态转换顺序为：00→10→11→01→00，QDIR 输出为高。电机反转过程中 QEPB 相位超前，状态转换顺序为 11→10→00→01→11，QDIR 的输出为低。QEPA 和 QEPB 的状态转换关系只能是以上两种，若出现其他的状态转换均为非法，会产生相位错误，置位相应中断标志位（QFLG[PHE]），并可向 PIE 模块申请中断。

另外，QDU 子模块还可对 PCCU 子模块的位置计数器与比较计数器匹配时产生的输出信号 PCSOUT 进行控制，确定是否允许该信号从索引引脚 eQEPxI 或选通引脚 eQEPx 输出，以及在哪个引脚上输出。具体由 QDECCTL 寄存器的 SOEN 和 SPSEL 编程控制。

综上所述，QDU 子模块对各种信号的译码均由其控制寄存器 QDECCTL 编程，该寄存器的位分布如下，位描述如表 5.6 所示。

15	14	13	12	11	10	9	8
QSRC		SOEN	SPSEL	XCR	SWAP	IGATE	QAP
R/W-0	R/W-0	R/W-0	R/W-0	R/W-0	R/W-0	R/W-0	R/W-0

7	6	5	4	3	2	1	0
QBP	QIP	QSP	保留				
R/W-0	R/W-0	R/W-0	R-0				

表 5.6   QDECCTL 的位描述

位	名称	说明
15-14	QSRC	位置计数器输入源选择。00-正交计数模式输入（QCLK= iCLK，QDIR=iDIR，均为图 5.14 所示正交译码后输出）；01-方向计数模式输入（QCLK=xCLK。QDIR=xDIR）；10-递增计数模式输入（QCLK= xCLK，QDIR=1）；11-递减计数模式输入（QCLK= xCLK，QDIR=0）
13	SOEN	PCSOUT 输出允许。0-禁止；1-允许
12	SPSEL	PCSOUT 输出引脚选择。0-选择索引引脚 eQEPxI；1-选择选通引脚 eQEPx
11	XCR	外部时钟频率。0-2 倍频；1-1 倍频
10	SWAP	交换时钟输入。0-不交换；1-交换
9	IGATE	索引闸门选项。0-禁止索引闸门；1-允许索引闸门
8	QAP	QEPA 极性。0-无影响（原始信号）；1-反相
7	QBP	QEPB 极性。0-无影响（原始信号）；1-反相
6	QIP	QEPI 极性。0-无影响（原始信号）；1-反相
5	QSP	QEPS 极性。0-无影响（原始信号）；1-反相

2. UTIME 子模块及其控制

单位时基 UTIME 子模块的作用是为 PCCU 和 QCAP 子模块测量速度提供单位时间基准。其核心是一个以系统时钟 SYSCLKOUT 为基准计数的 32 位计数器 QUTMR，以及一个 32 位的周期寄存器 QUPRD，如图 5.16 所示。

其基本工作原理为：QUTMR 以 SYSCLKOUT 为时钟增计数，计至周期匹配

（QUTMR=QUPRD）时，产生单位时间到达事件，输出 UTOUT 信号给 PCCU 和 QCAP 模块；同时置位单位时间到达中断标志（QFLG[UTO]），并可向 PIE 模块申请中断。

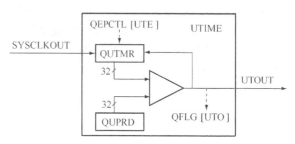

图 5.16 UTIME 子模块结构框图

3. QWDOG 子模块及其控制

图 5.17 所示为看门狗定时器 QWDOG 子模块的结构框图，其作用是监控运动控制系统是否产生正确的正交编码脉冲。其核心是 16 位计数器 QWDTMR，以及一个 16 位的周期寄存器 QWDPRD。QWDTMR 以 SYSCLKOUT 的 64 分频为基准增计数，并可由 QCLK 的脉冲复位。若上次复位后直到周期匹配（QWDTMR=QWDPRD）均未检测到 QCLK 脉冲，看门狗定时器将会超时，输出 WDTOUT 信号；同时置位看门狗定时器超时中断标志位（QFLG[WTO]），并可向 PIE 模块申请中断。

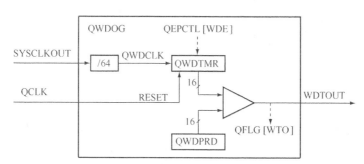

图 5.17 QWDOG 子模块结构框图

4. PCCU 子模块及其控制

位置计数与控制模块 PCCU 如图 5.18 所示，由位置计数逻辑和位置比较单元两大部分组成。位置计数逻辑的核心是一个 32 位的位置计数器 QPOSCNT，其基本作用是通过对 QCLK 计数，实现频率和速度的测量；并可根据控制系统的实际需求，选择不同方式对位置计数器的值进行复位、锁存和初始化。另外，位置计数器与位置比较单元的比较寄存器 QPOSCMP 发生比较匹配时，可输出 PCSOUT 信号，经 QDU 子模块选择从 eQEPxI 或 eQEPxS 引脚输出。PCCU 子模块的编程通过两个控制寄存器 QEPCTL 和 QPOSCTL 实现。

（1）位置计数器的操作（复位）、锁存和初始化方式

位置计数器 QPOSCNT 是一个 32 位计数器，它以 QCLK 为时钟计数，并可由 QDIR 控制计数方向：QDIR 为高电平时增计数，低电平时减计数。由于 QDIR 在电机正转时为高，反转时为低，故 QPOSCNT 可在电机正转时增计数，反转时减计数。

不同应用系统对位置计数器的操作模式（复位时刻）要求不同。如，某些应用系统中，与电机同轴的光电编码器从起始位置朝一个方向连续旋转，直至达到某位置或接到外部命令

后停止。此时需要位置计数器对多圈旋转连续计数，提供相对于起始位置的计数信息，除非达到最大位置或出现外部选通信号后复位。另一些应用系统中，要求位置计数器通过索引脉冲实现每旋转一圈复位 1 次，提供相对于索引脉冲的转动角。为满足不同应用需求，位置计数器有 4 种操作（复位）模式：每个索引事件复位、最大位置复位、第一个索引事件复位和单位时间到达复位。其中最大位置复位和第一个索引事件复位模式可满足上述第一种应用需求，每个索引脉冲复位模式可满足上述第二种应用需求，单位时间到达复位模式主要用于频率测量。

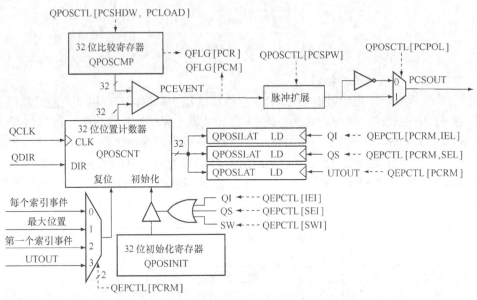

图 5.18　PCCU 子模块结构框图

上述各种复位模式下，位置计数器在增计数过程中发生上溢出（QPOSCNT = QPOSMAX）时复位到 0；在减计数过程中发生下溢出（QPOSCNT=0）时复位到 QPOSMAX 寄存器的值。位置计数器上溢和下溢将分别置位相应中断标志位（QFLG[PCO]和 QFLG[PCU]），并可向 PIE 模块申请中断。

　　操作（复位）模式由控制寄存器 QEPCTL 的 PCRM 位域编程。PCRM=00 时，位置计数器工作于每个索引事件复位模式。该模式下，每个索引事件均作为锁存信号控制 QPOSILAT 寄存器锁存 QPOSCNT 的值，并复位 QPOSCNT。具体锁存和复位时刻取决于第一个索引标识，即第一个索引边沿到达后紧跟着的第一个正交脉冲边沿。第一个索引标识到达时，该事件及当前方向信息记录于状态寄存器 QEPSTS 中，指导后续索引事件到达时锁存和复位时刻。如，假设第一个索引标识发生在电机正转过程中 QB 的下降沿，则该时刻 QPSOCNT 将实现锁存和复位，且后续锁存和复位时刻在电机正转和反转过程中分别发生在索引事件后 QB 的下降沿和上升沿。由于位置计数器的值总是在 0～QPOSMAX 之间，故每次索引标识到达后，不仅控制 QPOSILAT 锁存 QPOSCNT 的值，而且锁存后还将判断 QPOSILAT 的值是否等于 0 或 QPOSMAX。若不等，将同时置位状态寄存器 QEPSTS 的位置计数器错误标志 PCEF 和中断标志寄存器 QFLG 的错误中断标志 PCE。且这两个标志位一旦置位将一直保持，必须使用软件清除之。

　　PCRM=01 时，位置计数器工作于最大位置复位模式。该模式下，若位置计数器增计数，则计至 QPOSCNT=QPOSMAX 时，置位上溢中断标志，同时复位到 0；若位置计数器减计数，则计至 QPOSCNT=0 时，置位下溢中断标志，同时复位到 QPOSMAX。PCRM=10 时，位置计数器工作于第一个索引事件复位模式。该模式下，仅第一个索引事件能引起位置计数器复位，复位时刻与每个索引事件复位相同。这两种复位模式下，规定的事件发生后仅复位位置计数器，并不锁存其值，此时位置计数器的锁存可通过索引事件 QI 或选通事件 QS 触发。选通事件锁存由 QEPCTL[SEL]选择 QS 的上升沿或下降沿作为锁存控制信号，控制 QPOSSLAT 寄存器锁存 QPOSCNT 的值；同时置位选择事件锁存中断标志（QFLG[SEL]），通知 CPU 读取锁存值。索引事件锁存可由 QEPCTL[IEL]选择将每个 QI 的上升沿、下降沿或索引标识作为锁存控制信号，控制 QPOSILAT 寄存器锁存 QPOSCNT 的值；同时置位索引事件锁存中断标志（QFLG[IEL]），通知 CPU 读取锁存值。索引事件锁存经常作为一种错误检测机制，判断位置计数器在两个索引事件之间（即电机每转一圈）计数是否正确。如，1000 线编码器每朝一个方向旋转一圈要产生 4000 个脉冲，因此，位置计数器在两个索引事件之间必须计 4000 个数。

PCRM=11 时，位置计数器工作于单位时间到达复位模式。该模式下，单位时基 UTIME 子模块的定时器 QUTMR 与位置计数器 QPOSCNT 同时启动。单位时间到达时输出 UTOUT 信号给 QPOSCNT，作为锁存信号控制 QPOSLAT 锁存 QPOSCNT 的值，并复位 QPOSCNT。此外，还可通过单位时间到达中断 UTO 通知 CPU 读取 QPOSLAT 寄存器的值，计算信号频率。

另外，位置计数器可由索引事件、选通事件或软件控制进行初始化。当设置的初始化事件发生时，使用初始化寄存器 QPOSINIT 的值初始化位置计数器 QPOSCNT。索引事件初始化可由 QEPCTL[IEI]选择在 QI 的上升沿或下降沿初始化，并在初始化完成后置位索引事件初始化中断标志（QFLG[IEI]）。选通事件初始化可由 QEPCTL[SEI]选择在 QS 的上升沿或下降沿初始化，并在初始化完成后置位选通事件初始化中断标志（QFLG[SEI]）。软件初始化可通过向 QEPCTL[SWI]写 1 实现，且初始化完成后将自动清除该位。

（2）位置比较单元

若允许位置比较单元的操作（QPOSCTL[PCE]=1），则位置计数器 QPOSCNT 在计数过程中会与 32 位比较寄存器 QPOSCMP 的值比较。比较匹配（QPOSCNT=QPOSCMP）时，将置位位置比较匹配中断标志（QFLG[PCM]），并触发脉冲扩展器产生脉宽可编程的位置比较同步输出信号 PCSOUT。

另外，位置比较寄存器 QPOSCMP 是双缓冲的，可由 QPOSCTL[PCSHDW]选择工作在直接模式或映射模式。在映射模式下，可通过向 QPOSCTL[PCLOAD]写 1 将映射寄存器的值装载到动作（工作）寄存器，并置位位置比较准备好中断标志（QFLG[PCR]）。

（3）PCCU 模块的寄存器

PCCU 模块的寄存器较多，其数据寄存器包括位置计数器 QPOSCNT、位置寄存器初始化寄存器 QPOSINIT、最大位置计数器 QPOSMAX、位置比较寄存器 QPOSCMP、位置计数器锁存寄存器 QPOSLAT、索引位置锁存寄存器 QPOSILAT 和选通位置锁存寄存器 QPOSILAT，它们均为 32 位。

PCCU 模块的控制类寄存器包括控制寄存器 QEPCTL 和位置比较控制寄存器 QPOSCTL。控制寄存器 QEPCTL 主要用于控制位置计数逻辑的操作，包括其操作模式、初始化和锁存事件的选择，以及 eQEP 模块各子模块的仿真模式和操作允许，其位分布如下，位描述如表 5.7 所示。

15	14	13	12	11	10	9	8	7	6	5	4	3	2	1	0
FREE_SOFT		PCRM		SEI		IEI		SWI	SEL		IEL	QPEN	QCLM	UTE	WDE
R/W-0		R/W-0		R/W-0		R/W-0		R/W-0	R/W-0		R/W-0	R/W-0	R/W-0	R/W-0	R/W-0

位置比较控制寄存器 QPOSCTL 主要用于对位置比较单元编程，包括允许比较操作、设置同步比较输出极性和规定输出脉冲宽度等，其位分布如下，位描述如表 5.8 所示。

15	14	13	12	11 ... 0
PCSHDW	PCLOAD	PCPOL	PCE	PCSPW
R/W-0	R/W-0	R/W-0	R/W-0	R/W-0

表 5.7   **QEPCTL 的位描述**

位	名称	说明
15-14	FREE_SOFT	仿真模式位，规定仿真挂起时 QPOSCNT、QWDTMR、QUTMR 和 QCTMR 的动作。00-立即停止；01-完成整个周期后停止；1x-自由运行
13-12	PCRM	位置计数器操作（复位）模式。00-每个索引事件复位；01-最大位置复位；10-第一个索引事件复位；11-单位时间到达复位
11-10	SEI	选通事件初始化时刻。0x-无动作；10-上升沿；11-增计数上升沿，减计数下降沿
9-8	IEI	索引事件初始化时刻。0x-无动作；10-上升沿；11-下降沿
7	SWI	软件初始化。0-无动作；1-软件启动初始化，并自动清除该位
6	SEL	选通事件锁存时刻。0-上升沿；1-增计数上升沿，减计数下降沿
5-4	IEL	索引事件锁存时刻。00-保留；01-上升沿；10-下降沿；11-索引标识
3	QPEN	位置计数器使能/软件复位。0-软件复位位置计数器内部操作标志/只读寄存器，控制寄存器不受影响；1-允许（启动）位置计数器
2	QCLM	捕获锁存模式。0-CPU 读取 QPOSCNT 时，捕获定时器和周期值分别锁存至 QCTTMRLAT 和 QCPRDLAT 寄存器；1-单位时间到达时，分别将 QPOSCNT、捕获定时器和周期值锁至 QPOSLAT、QCTTMRLAT 和 QCPRDLAT 寄存器
1	UTE	单位时基定时器允许。0-禁止；1-允许
0	WDE	看门狗定时器允许。0-禁止；1-允许

表 5.8   **QPOSCTL 的位描述**

位	名称	说明
15	PCSHDW	位置比较寄存器映射允许。0-禁止映射，直接装载；1-映射模式
14	PCLOAD	映射装载模式。0-QPOSCNT=0 时装载；1-QPOSCNT=QPOSCMP 时装载
13	PCPOL	比较同步输出极性。0-高电平有效脉冲输出；1-低电平有效脉冲输出
2	PCE	位置比较允许。0-禁止位置比较单元；1-允许位置比较单元
11~0	PCSPW	位置比较同步输出脉冲宽度。 4*（PCSPW+1）个 SYSCLKOUT 时钟

5. QCAP 子模块及其控制与测速原理

速度的测量可以采用两种方法，如式（5.1）和式（5.2）所示。

$$v_1(k) = \frac{x(k) - x(k-1)}{T} = \frac{\Delta X}{T} \tag{5.1}$$

$$v_2(k) = \frac{X}{t(k) - t(k-1)} = \frac{X}{\Delta T} \tag{5.2}$$

其中，$v_1(k)$ 和 $v_2(k)$ 均为 k 时刻的速度，$x(k)$ 和 $x(k-1)$ 分别为 k 时刻和 k-1 时刻的位置，T 为固定的单位时间，ΔX 为单位时间的位移变化，$t(k)$ 和 $t(k-1)$ 分别为相邻两个时刻，X 为固定的单位位移，ΔT 为移动单位位移所用的时间。

式（5.1）和式（5.2）虽然均可用于测量速度，但前者在高速和中速测量时精度较高，后者可保证低速测量的精度。通过 PCCU 和 UTIME 子模块可测量单位时间的位移变化量，然后利用式（5.1）进行中、高速测量。通过正交边沿捕获单元 QCAP 子模块可测量单位位移所用的时间，然后利用式（5.2）完成低速时的速度测量。QCAP 子模块的结构框图如图 5.19 所示。

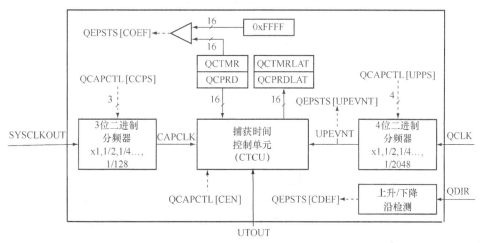

图 5.19 QCAP 子模块的结构框图

QCAP 子模块可测量若干个 QCLK 边沿之间的时间间隔，从而实现速度测量。由图 5.19 可见，QCAP 子模块的核心是一个 16 位的捕获计数器 QCTMR，它以 SYSCLKOUT 预定标（定标系数由 QCAPCTL[CCPS]编程）之后的 CAPCLK 为基准增计数，其锁存控制信号是 QCLK 经过预定标（定标系数由 QCAPCTL[UPPS]编程）之后的单位位移事件 UPEVNT。UPEVNT 脉冲间隔位移总是 QCLK 脉冲间隔位移的整数倍，如图 5.20 所示。

利用 QCAP 模块测速的基本原理为：捕获计数器 QCTMR 以 CAPCLK 为基准增计数，当单位位移事件 UPEVNT 到达时，QCTMR 的值被锁存至捕获周期寄存器 QCPRD 后复位，如图 5.20 所示。同时置位捕获锁存标志（QEPSTS[UPEVNT]），通知 CPU 读取结果。CPU 读取结果后，可通过软件向该标志位写 1 清除之。由于每次单位位移事件到达均会使 QCTMR 从 0 开始增计数到下一次单位事件到达，故锁存后只要读取 QCPRD 的值，即可获知本次单位位移所用的时间（QCPRD+1 个 ECAP 周期），然后利用式（5.2）计算出速度。

利用式（5.2）准确测量低速速度，必须满足两个条件：一是 QCTMR 在两个单位位移事件之间计数的个数不超过 65536；二是在两个单位位移事件之间电机转向不能改变。若 QCTMR 的值达到 65535，则置位上溢错误标志（QEPSTS[COEF]）；若电机转向发生了变化，则置位方向错误标志（QEPSTS[CDEF]），同时置位方向错误中断标志（QFLG[QDC]）。CPU 在计算速度之前可通过查询这两个标志位检测是否满足测量条件。

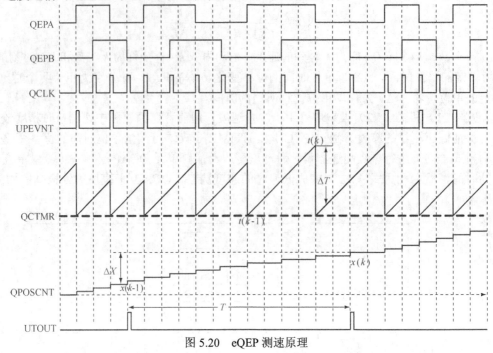

图 5.20　eQEP 测速原理

另外，QCAP 模块还可与 PCCU 和 UTIME 子模块配合，同时进行中高速和低速测量，其原理波形如图 5.20 所示。其基本原理为：3 个模块同时启动，当单位时间事件 UTOUT 到达时，同时锁存位置计数器 QPOSCNT、捕获计数器 QCTMR 和捕获周期寄存器 QCPRD 的值；然后根据速度高低选择不同计算方法：速度较低时按照上述原理利用公式（5.2）计算速度；速度中等或较高时通过读取两个单位时间事件之间的 QPOSCNT 获得位移变化量，然后利用式（5.1）计算速度。

综上所述，若需要进行全速度测量，必须同时锁存位置计数器 QPOSCNT、捕获计数器 QCTMR 和捕获周期寄存器 QCPRD 的值。此时，根据 QEPCTL 寄存器中捕获锁存模式位 QCLM 的不同，有两种锁存方法。若 QCLM=0，当 CPU 读取 QPOSCNT 时，捕获定时器和周期值分别锁存至 QCTMRLAT 和 QCPRDLAT 寄存器；若 QCLM=1，则当单位时间到达时，分别将 QPOSCNT、捕获定时器和周期值锁存至 QPOSLAT、QCTMRLAT 和 QCPRDLAT 寄存器。

QCAP 子模块有 4 个 16 位数据类寄存器（捕获计数器 QCTMR、捕获周期寄存器 QCPRD、捕获计数器锁存寄存器 QCTMRLAT 和捕获周期锁存寄存器 QCPRDLAT），1 个捕获控制寄存器 QCAPCTL。捕获控制寄存器 QCAPCTL 主要用于配置 QCAP 子模块的允许及 SYSCLKOUT 和 QCLK 的预定标，其位分布如下。

15	14		7	6	4	3	0
CEN	保留			CCPS		UPPS	
R/W-0	R-0			R/W-0		R/W-0	

其中，CEN 为 QCAP 模块的允许位（0-禁止；1-允许），CCPS 和 UPPS 分别为捕获时钟（CAPCLK）和单位位移事件（UPEVENT）的预定标系数。假设 CCPS（000～111）和 UPPS（0000～1011，11xx 保留）编程值对应的十进制数位 N，则预定标系数分别为：$1/2^N$。

5.3.4　eQEP 中断控制

eQEP 各子模块一共可产生 11 种中断事件：QDU 子模块的正交相位错误中断 PHE（即 QEPA 和 QEPB 的状态转换关系错误），UTIME 子模块的单位时间到达中断 UTO，QWDOG 子模块的看门狗超时中断 WTO，QCAP 子模块的正交方向改变错误 QDC，PCCU 子模块的位置计数器错误中断 PCE（每个索引复位模式下位置计数器的锁存值不等于 0 或 QPOSMAX），位置计数器上溢中断标志 PCO 和下溢出中断标志 PCU，索引事件锁存中断 IEL 和选通事件锁存中断 SEL，位置比较匹配中断 PCM 和位置比较准备好中断标志 PCR。

任一中断事件发生时，均可向 PIE 模块申请 EQEPxINT 中断。各中断源的允许由中断允许寄存器 QEINT 中相应位控制。任一中断事件发生时，均会置位中断标志寄存器 QFLG 中相应标志位。QFLG 中同时还包含一个全局中断标志位 INT。只有当某中断源的允许位为 1、标志位为 1，同时全局标志位 INT 为 0 时，才能向 PIE 申请 EQEPxINT 中断，并置位 INT 位，阻止该模块再次向 PIE 申请中断。故编写中断服务程序时，必须通过向中断清除寄存器 QCLR 中引起中断的事件的标志位写 1 清除之，同时向 INT 位写 1 清除全局中断标志，以允许 eQEP 模块再次向 PIE 申请中断。另外，也可通过向中断强制寄存器 QFRC 中相应位写 1，软件强制某中断事件的发生。

eQEP 有 4 个中断控制寄存器：中断允许寄存器 QEINT、中断强制寄存器 QFRC、中断标志寄存器 QFLG 和中断清除寄存器 QCLR。其中 QEINT 和 QFRC 的位分布如下。

15			12	11	10	9	8
保留				UTO	IEL	SEL	PCM
R-0				R/W-0	R/W-0	R/W-0	R/W-0

7	6	5	4	3	2	1	0
PCR	PCO	PCU	WTO	QDC	PHE	PCE	保留
R/W-0	R/W-0	R/W-0	R/W-0	R/W-0	R/W-0	R/W-0	R-0

QEINT 寄存器中，UTO、IEL、SEL、PCM、PCR、PCO、PCU、WTO、QDC、PHE 和 PCE 分别为相应事件的中断允许位，向某位写 1 可允许该中断。QFRC 寄存器中，向某位写 1 可软件强制该中断事件的发生。

QFLG 和 QCLR 寄存器的位分布如下。

15			12	11	10	9	8
保留				UTO	IEL	SEL	PCM
R-0				R/W-0	R/W-0	R/W-0	R/W-0

7	6	5	4	3	2	1	0
PCR	PCO	PCU	WTO	QDC	PHE	PCE	INT
R/W-0	R/W-0	R/W-0	R/W-0	R/W-0	R/W-0	R/W-0	R/W-0

QFLG 寄存器中，UTO、IEL、SEL、PCM、PCR、PCO、PCU、WTO、QDC、PHE 和

PCE 分别为相应事件的中断标志位，某事件发生时，其标志位置位。INT 为全局中断标志位，eQEP 通道每向 PIE 申请一次中断，该标志位置 1。标志位置位后将一直保持，除非向 QCLR 寄存器相应位写 1 清除之。

另外，每个 eQEP 通道有一个标志寄存器 QEPSTS，用于在各种事件发生时提供状态标志，供 CPU 查询。QEPSTS 寄存器的位分布如下。

15	8	7	6	5	4	3	2	1	0
保留		UPEVNT	FIDF	QDF	QDLF	COEF	CDEF	FIMF	PCEF
R-0		R-0	R-0	R-0	R-0	R/W-0	R/W-0	R/W-0	R-0

其中 UPEVNT、FIDF、QDF、QDLF、COEF、CDEF、FIMF 和 PCEF 分别为单位位移事件发生标志、第一个索引标识锁存的正交方向标志、当前正交方向标志、第一个索引标识时方向锁存标志、捕获计数器溢出错误标志、捕获方向改变错误标志、第一个索引标识发生标志和位置计数器错误标志。当某事件发生时，对应标志置 1，可作为标志位供 CPU 查询。对于 COEF、CDEF、FIMF 这 3 个标志，CPU 读取后并不能直接清除，需要手工向相应位写 1 清除之。

5.3.5 eQEP 应用示例

下面举例说明 eQEP 模块的应用。设计要求：使用 eQEP1 测量转速范围在 10Rpm（转/分）~6000Rpm 的电机任意时刻的机械转角、电转角和转速，假设电机的磁极对数为 pole_pairs=2，装配的是 1000 线正交编码器。

1. 实验方案的确定

（1）正交编码器脉冲的模拟：使用 EPWM4A（GPIO6）和 EPWM4B（GPIO7）输出 5kHz 的正交信号 QEPA 和 QEPB（相当于正交编码器转速为 $5 \times 10^3 \times 60 / 1000 = 300\,\text{Rpm}$）；同时使用 GPIO8 模拟索引信号 QEPI，EPWM4A 和 EPWM4B 每输出 1000 个脉冲，从 GPIO8 输出一个脉冲。

（2）硬件连线：将 EPWM4A（GPIO6）与 EQEP1A（GPIO20）相连，EPWM4B（GPIO7）与 EQEP1B（GPIO21）相连，GPIO8 与 EQEP1I（GPIO23）相连。

（3）测量方案：由于电机转速范围为 10Rpm~6000Rpm，需要同时进行低速和中、高速测量。低速测量使用 QCAP 子模块进行位移和速度测量，中、高速测量使用 PCCU 子模块和 UTIME 子模块配合实现。将 UTIME 模块的单位时间设置为 10ms，当单位时间到达时，分别将 QPOSCNT、捕获定时器和周期值锁存至 QPOSLAT、QCTMRLAT 和 QCPRDLAT 寄存器。

无论电机转速如何，任意时刻的机械转角和电转角均可通过读取当前 QPOSCNT 的值算出，且机械转角 theta_mech= QPOSCNT/4000；电角度 theta_elec=pole_pairs*theta_mech。

测量低速速度时，由于最低转速为 10Rpm，故可将 QCLK 32 分频后作为单位位移事件 UPEVENT（即 QCCTL[UPPS]=101B），同时将 SYSCLKOUT 128 分频后作为 CAPCLK（即 QCCTL[CPPS] =0111B），然后基于式（5.2）计算转速 SpeedRpm_pr。

$$\text{SpeedRpm\_pr}' = \frac{X}{t(k) - t(k-1)} \times 60 \tag{5.3}$$

其中 X 为单位位移量，且 $X=2^{\text{QCCTL[UPPS]}}=32$；$t(k)-t(k-1)$ 为单位位移事件 UPEVENT 到达时 QCTMR 所计的 CAPCLK 周期数，故 $t(k)-t(k-1) = \text{QCPRDLAT} \times T_{\text{CAPPCLK}} = \text{QCPRDLAT} \times$

$T_{\text{SYSCLKOUT}} \times 2^{\text{QCCTL[CPPS]}} = \text{QCPRDLAT} \times 32 / (150 \times 10^6)$。在式（5.2）的基础上乘以 60 是为了将转速转换为以 r/min 为单位。将 X 和 $t(k) - t(k-1)$ 的值代入式（5.3），并将其转换成相对于基准 BaseRpm = 600Rpm 的相对速度，得

$$\text{peed\_pr} = \frac{\text{peedRpm\_pr}'}{\text{BaseRpm}} = \frac{\text{peedRpm\_pr}'}{6000} \approx \frac{94}{\text{QCPRDLAT}} \tag{5.4}$$

最终可得低速时的绝对转速为

$$\text{peedRpm\_pr} = \text{BaseRpm} \times \text{peed\_pr} \tag{5.5}$$

同理，中高速时转速 SpeedRpm_fr 可基于公式(5.1)，采用如下公式计算。

$$\text{SpeedRpm\_fr}' = \frac{x(k) - x(k-1)}{T} \times 60 \tag{5.6}$$

其中，$T=10\text{ms}$ 为单位时间，$x(k) - x(k-1)$ 为单位时间内的位移，即机械转角。将 T 和 $x(k) - x(k-1)$ 的值代入式（5.6），并将其转换成相对于基准 BaseRpm = 600r/min 的相对速度，得

$$\text{Speed\_fr} = \frac{\text{SpeedRpm\_fr}'}{6000} = \frac{\text{GPOSCNT} / 4000}{10 \times 10^{-3}} \times 60 / 6000 = \frac{\text{GPOSCNT}}{4000} \tag{5.7}$$

为提高精度，可将式（5.7）转化成如下形式。

$$\text{Speed\_fr} = \text{pole\_pair} \times \frac{\text{GPOSCNT} \times 16776}{2^{26}} = (\text{GPOSCNT} \times 16776) >> 26 \tag{5.8}$$

最终可得中高速时的最终转速为

$$\text{peedRpm\_fr} = \text{BaseRpm} \times \text{peed\_fr} \tag{5.9}$$

2. 软件编程

根据方案分析，分别编写 EPWM4 初始化函数 initEpwm()、eQEP1 通道初始化函数 POSSPEED_Init(void)、测速函数 POSSPEED_Calc(POSSPEED *p)和主函数代码如例 5.5 所示。

在 EPWM4 初始化函数 initEpwm()中，设系统时钟 SYCLKOUT 频率为 150MHz，设置 EPWM4 通道的时基计数器工作于连续增/减计数模式，SYCLKOUT 预定标系数为 1。要输出 5kHz 的 PWM 波，每个周期包含的 SYSCLKOUT 周期数为 SP′=150M/5k=30k，所以时基定时器周期值为 SP=SP′/2=15kHz。设置 CMPA=SP/2，EPWM4A 输出在增计数过程中比较匹配变高，减计数过程中比较匹配变低，占空比为 50%；CMPB=0，EPWM4B 引脚周期匹配跳变为高电平，下溢跳变为低电平，占空比也为 50%；且 EPWM4A 和 EPWM4B 输出相位相差 90°，为正交脉冲。

在 eQEP1 通道初始化函数 POSSPEED_Init(void)中，将正交解码单元 QDU 设置为正交计数输入模式，对 EQEP1A 和 EQEP1B 输入正交译码后得到 QCLK。UTIME 子模块的时基计数器的周期值为 1 500 000，单位时间设置为 1 500 000/150M=10ms。PCCU 子模块位置计数器复位模式为每个索引事件复位，QPOSMAX=0xFFFFFFFF。QCAP 子模块单位位移预定标系数为 32，系统时钟预定标系数为 128。当单位时间到达时，分别将 QPOSCNT、捕获定时器和周期值锁存至 QPOSLAT、QCTMRLAT 和 QCPRDLAT 寄存器。

例 5.5 利用 eQEP1 测量转速代码。

```
#include "DSP2833x_Device.h"
#include "DSP2833x_Examples.h"
```

```
#include "Example_posspeed.h"                    //测速头文件
// 函数声明
void initEpwm();                                 //声明 EPWM4 通道初始化函数
void POSSPEED_Init(void);                        //声明 eQEP1 通道初始化函数
void POSSPEED_Calc(POSSPEED *p);                 //声明测速函数
interrupt void prdTick(void);                    //声明中断服务函数
// 全局变量声明
POSSPEED qep_posspeed=POSSPEED_DEFAULTS;
Uint16 Interrupt_Count = 0;                      //中断次数计数器
void main(void)
{// Step 1. 初始化系统控制
   InitSysCtrl();
// Step 2. 初始化 GPIOGPIO，此处使用如下代码
   InitEQep1Gpio();                              //eQEP1 通道引脚初始化
   InitEPWM4Gpio();                              //EPWM4 通道引脚初始化
   EALLOW;
   GpioCtrlRegs.GPADIR.bit.GPIO8= 1;             //模拟 EQEP1I 脉冲
   GpioDataRegs.GPACLEAR.bit.GPIO8= 1;           //正常为低
   EDIS;
// Step 3.清除所有中断；初始化 PIE 向量表
   DINT;
   InitPieCtrl();                                //初始化 PIE 控制
   IER = 0x0000;                                 //禁止 CPU 中断
   IFR = 0x0000;                                 //清除所有 CPU 中断标志
   InitPieVectTable();                           //初始化 PIE 向量表
   EALLOW;
   PieVectTable.EPWM4_INT= &prdTick;             //重新映射本例中使用的中断向量
   EDIS;
// Step 4. 初始化器件外设
   initEpwm();
   POSSPEED_Init();
// Step 5. 用户特定代码，允许中断
   IER |= M_INT3;                                //允许 CPU 的 INT4 （与 EPWM4INT 连接）
   PieCtrlRegs.PIEIER3.bit.INTx4 = 1;            //允许 PIE 级中断 INT3.4
   EINT;                                         //清除 INTM
   ERTM;                                         //允许全局实时中断 DBGM
// Step 6. 空闲循环，等待中断
   for(;;)
   {        asm("          NOP");
   }
}
// Step 7. 用户自定义函数
void initEpwm()                                  //EPWM4 通道初始化函数定义
{ EPWM4Regs.TBSTS.all=0;                         //清除 TB 状态标志
  EPWM4Regs.TBPHS.half.TBPHS =0;                 //相位为 0
  EPWM4Regs.TBCTR=0;                             //TB 计数器初始化为 0
  EPWM4Regs.CMPCTL.all=0x50;                     //直接模式（写操作访问动作寄存器）
  EPWM4Regs.CMPA.half.CMPA=SP/2;                 //CMPA 初始化为 SP/2，占空比 50%
  EPWM4Regs.CMPB=0;                              //CMPB 初始化为 0
  EPWM4Regs.AQCTLA.all=0x60;                     //A 路输出增过程比较匹配变高，减过程匹配变低
  EPWM4Regs.AQCTLB.all=0x09;                     //B 路输出周期匹配跳变为高电平，下溢跳变为低电平
  EPWM4Regs.ETSEL.all=0x0A;                      //周期匹配时中断
  EPWM4Regs.ETPS.all=1;                          //1 个事件中断 1 次
  EPWM4Regs.ETFLG.all=0;                         //清除错误标志
  EPWM4Regs.TBCTL.all=0x0010+TBCTLVAL;           //启动 TB 计数器
  EPWM4Regs.TBPRD=SP;                            //将定时器周期寄存器的值初始化为 SP
}
```

```
void  POSSPEED_Init(void)                             //eQEP1 通道初始化函数定义
{ EQep1Regs.QUPRD=1500000;                            //单位时基周期寄存器初始化为 1500000
  EQep1Regs.QDECCTL.bit.QSRC=00;                       //正交计数模式
  EQep1Regs.QEPCTL.bit.FREE_SOFT=2;                    //仿真挂起时自由运行
  EQep1Regs.QEPCTL.bit.PCRM=00;                        //每个索引复位
  EQep1Regs.QEPCTL.bit.UTE=1;                          //允许 UTIME
  EQep1Regs.QEPCTL.bit.QCLM=1;                         //单位时间锁存
  EQep1Regs.QPOSMAX=0xffffffff;                        //最大位置寄存器设置为最大值
  EQep1Regs.QEPCTL.bit.QPEN=1;                         //允许 QEP
  EQep1Regs.QCAPCTL.bit.UPPS=5;                        //单位位移事件预定标系数为 1/32
  EQep1Regs.QCAPCTL.bit.CCPS=7;                        //捕获时钟预定标系数为 1/128
  EQep1Regs.QCAPCTL.bit.CEN=1;                         //QEP 捕获允许
}
void POSSPEED_Calc(POSSPEED *p)                       //测速函数定义
{ long tmp;
  unsigned int pos16bval,temp1;
  _iq Tmp1,newp,oldp;
//**当前位移计算——机械转角和电转角
  p->DirectionQep = EQep1Regs.QEPSTS.bit.QDF;         //电机转向： 0=反转，1=正转
  pos16bval=(unsigned int)EQep1Regs.QPOSCNT;          //每个 QA/QB 周期捕获一次
  p->theta_raw = pos16bval+ p->cal_angle;             //原始转角 = 当前位移+与 QA 的偏移量
// 计算机械转角
  tmp=(long)((long)p->theta_raw*(long)p->mech_scaler);
                                                       //mech_scaler =16776, Q0*Q26 = Q26
  tmp &= 0x03FFF000;
  p->theta_mech = (int)(tmp>>11);                     //Q26 -> Q15
  p->theta_mech &= 0x7FFF;
  p->theta_elec = p->pole_pairs*p->theta_mech;        //计算电转角/ Q0*Q15 = Q15
  p->theta_elec &= 0x7FFF;
  if (EQep1Regs.QFLG.bit.IEL = 1)                     //检查是否有索引事件发生
  {  p->index_sync_flag = 0x00F0;
     EQep1Regs.QCLR.bit.IEL=1;                        //清除中断标志
  }
/ **使用位置计数器进行高速测量*/
  if(EQep1Regs.QFLG.bit.UTO=1)                        //检查单位时间事件是否发生
  {  // 计算位移量
    pos16bval=(unsigned int)EQep1Regs.QPOSLAT;
    tmp = (long)((long)pos16bval*(long)p->mech_scaler);  //Q0*Q26 = Q26
    tmp &= 0x03FFF000;
    tmp = (int)(tmp>>11);                             //Q26 -> Q15
    tmp &= 0x7FFF;
    newp=_IQ15toIQ(tmp);
    oldp=p->oldpos;
    if (p->DirectionQep=0)                            //若 POSCNT 减计数
    {  if (newp>oldp)
       Tmp1 = - (_IQ(1) - newp + oldp);               //位移量 x1-x2 应该为负
       else
       Tmp1 = newp -oldp;
    }
    else if (p->DirectionQep=1)                       //POSCNT 增计数
    {  if (newp<oldp)
       Tmp1 = _IQ(1) + newp - oldp;
       else
       Tmp1 = newp - oldp;                            //位移量 x1-x2 应该为正
    }
    if (Tmp1>_IQ(1))  p->Speed_fr = _IQ(1);
    else if (Tmp1<_IQ(-1))
       p->Speed_fr = _IQ(-1);
```

```
        else  p->Speed_fr = Tmp1;
        p->oldpos = newp;  //更新电转角
        p->SpeedRpm_fr = _IQmpy(p->BaseRpm,p->Speed_fr);      //求绝对速度(Q15 -> Q0)
        EQep1Regs.QCLR.bit.UTO=1;                             //清除中断标志
    }
//***使用 QCAP 子模块进行低速计算/
    if(EQep1Regs.QEPSTS.bit.UPEVNT=1)                         //单位位移
    {  if(EQep1Regs.QEPSTS.bit.COEF=0)                        //未溢出
          temp1=(unsigned long)EQep1Regs.QCPRDLAT;
       else  temp1=0xFFFF;                                    //捕获溢出取最大值
       p->Speed_pr = _IQdiv(p->SpeedScaler,temp1);
       Tmp1=p->Speed_pr;
       if (Tmp1>_IQ(1))  p->Speed_pr = _IQ(1);
       else      p->Speed_pr = Tmp1;
       p->SpeedRpm_pr = _IQmpy(p->BaseRpm,p->Speed_pr);       //转换成 RPM
       EQep1Regs.QEPSTS.all=0x88;                             //清除单位位移事件标志和溢出错误标志
    }
}
interrupt void prdTick(void)                                  //中断函数定义
{  Uint16 i;
   qep_posspeed.calc(&qep_posspeed);                          //调用位置和速度测量函数
   Interrupt_Count++;                                         //中断次数计数器增 1
   if (Interrupt_Count=1000)                                  //每 1000 次中断输出 1 个 QEPI 脉冲
     {  EALLOW;
        GpioDataRegs.GPASET.bit.GPIO8 = 1;                    //GPIO8 模拟索引信号，输出高电平脉冲
        for (i=0; i<700; i++){}
        GpioDataRegs.GPACLEAR.bit.GPIO8 = 1;                  //GPIO8 清零
        Interrupt_Count = 0;                                  //中断次数计数器重新复位为 0
        EDIS;
     }
   PieCtrlRegs.PIEACK.all = PIEACK_GROUP3;    //清除 PIE 中断组 3 的响应位，以便 CPU 再次响应
   EPWM4Regs.ETCLR.bit.INT=1;                                 //清除全局中断标志位
}
```

5.4 模/数转换（ADC）模块

在控制系统中，被控制或测量的对象，如温度、湿度、压力、流量、速度等，均为时间和幅度上连续的模拟量。这些模拟量可由传感器转换成电压或电流的形式输出。使用嵌入式控制器对这些信号进行测量时，必须将其转换成数字信号才能进行处理。因此，模/数转换（ADC）模块是嵌入式控制器的一个非常重要的单元。DSP 控制器芯片内部集成了一个 12 位模/数转换 ADC 模块，可以对 0～3V 的电压信号进行转换。

5.4.1 ADC 模块结构及工作原理

1. ADC 模块的结构与排序原理

DSP 控制器的 ADC 模块具有自动排序能力，可按照事先排好的顺序对多个状态进行转换。ADC 模块有两种排序模式：级联排序器和双排序器。其结构框图分别如图 5.21 和 5.22 所示。

由图 5.21 和 5.22 可见，两种排序模式下，ADC 模块的核心均为一个 12 位的模/数转换器和两个采样/保持器：S/H A 和 S/H B。S/H A 和 S/H B 可分别对 8 个输入通道（引脚）ADCINA0～7 和 ADCINB0～7 的信号进行采样/保持。因此，两种排序模式下均有两种采样

模式：顺序采样和同步（并发）采样。注意 ADC 模块虽然可同时对两路信号进行采样，但转换必须分时进行。

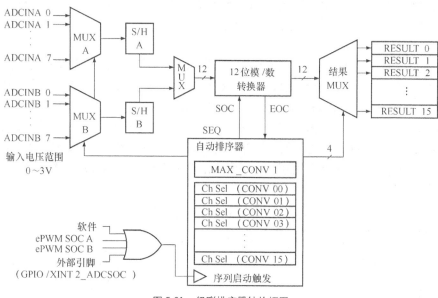

图 5.21　级联排序器结构框图

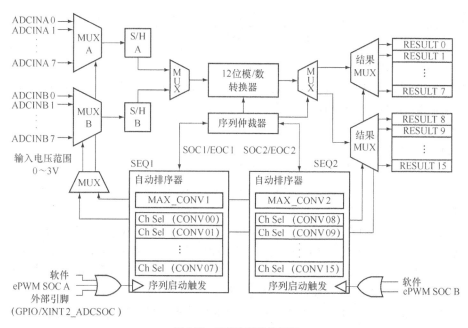

图 5.22　双排序器结构框图

ADC 模块的排序功能通过自动排序器实现。级联排序器 SEQ 模式下，每次启动最多可转换 16 个状态。最大转换状态数由 MAXCONV[MAX_CONV1]确定，状态转换顺序由通道选择寄存器 CHSELSEQ1～4 的 CONV00～15 规定，转换结果分别存放于 16 个结果寄存器 RESULT0～15 中。双排序器模式下，SEQ1 和 SEQ2 每次启动最多转换 8 个状态。SEQ1 和

SEQ2 的最大转换状态数目分别由 MAXCONV 寄存器的 MAX_CONV1 和 MAX_CONV2 位域确定。SEQ1 根据 CONV00～07 规定的状态转换，转换结果存放于 RESULT0～7；SEQ2 根据 CONV08～15 规定的状态转换，转换结果存放于 RESULT8～15。两种排序模式下，CONV00～15 均可在 16 个输入通道间任意选择，甚至可以对同一个输入通道的信号进行连续多次转换，实现过采样。

ADC 模块启动转换的触发信号有多种。级联排序器模式下，SEQ 可由软件、来自 ePWM 模块的 ePWM_SOC A 和 ePWM_SOC B，以及来自外部引脚 GPIO/XINT2 的信号（可选择 GPIO 端口 A 的信号作为 XINT2 输入源触发 ADC，详见 4.1 节）触发。双排序器模式下，SEQ1 可由软件、ePWM_SOC A、GPIO/XINT2 触发，SEQ2 可由软件或 ePWM_SOC B 触发。双排序器下，若 SEQ1 和 SEQ2 同时触发，则序列仲裁器将判决 SEQ1 优先级高于 SEQ2。级联排序器和双排序器的比较如表 5.9 所示。排序模式由控制寄存器 ADCTRL1 的 SEQ_CASC 位编程（0-双排序器模式；1-级联排序器模式）。

表 5.9　　　　　　　　　　　　双排序器模式和级联排序器模式的比较

特征	双排序器 SEQ1	双排序器 SEQ2	级联排序器 SEQ
启动转换触发方式	软件、ePWM_SOC A、GPIO/XINT2_ADCSOC	软件或 ePWM_SOC B	软件、ePWM_SOC A、ePWM_SOC B、GPIO/XINT2_ADCSOC
最大转换通道数	8	8	16
触发优先级	高	低	无
ADC 结果寄存器	RESULT0～7	RESULT8～15	RESULT0～15
排序控制器	CONV00～07	CONV08～15	CONV00～15

DSP 控制器 ADC 模块的操作非常灵活，不仅有级联排序器和双排序器两种排序模式、顺序采样和同步采样两种采样模式，而且还有连续自动转换和启动/停止两种转换模式。在实际应用中可根据需要在 3 组模式间任意组合。

2. ADC 模块的采样模式与通道选择

（1）同步采样与顺序采样

顺序采样是指按照顺序一个通道一个通道采样，各采样通道之间是独立的。如按照 ADCINA0，ADCINA1，…，ADCINA7，ADCINB0，ADCINB1，…，ADCINB7 的顺序进行采样和转换。

同步采样是指采样时一对通道一对通道地进行。如 ADCINA0 和 ADCINB0 同时采样，ADCINA1 和 ADCINB1 同时采样，……，ADCINA7 和 ADCINB7 同时采样。具体使用哪种采样模式由控制寄存器 ADCTRL3 的 SMODE_SEL 位确定（0-顺序采样；1-同步采样）。

（2）MAXCONV 寄存器与通道选择寄存器

最大转换状态寄存器 MAXCONV 规定一次触发的最大转换状态数，其位分布如下。

15～7	6		4	3			0
保留	MAX_CONV2			MAX_CONV1			
R-x	RW-0	RW-0	RW-0	RW-0	RW-0	RW-0	RW-0

其中 MAX_CONV1 用于规定 SEQ 和 SEQ1 的最大转换状态数；MAX_CONV2 用于确定 SEQ2 的最大转换状态数。两种采样模式下，其意义不同：顺序采样模式下规定的是独立状

态数；同步采样模式下规定的是状态对数。如，若 MAX_CON2=3，顺序采样模式下表示 SEQ2 最大转换状态为 4，即（MAX_CONV2+1）个；同步采样模式下，表示 SEQ2 最大转换状态数为 8，即（MAX_CONV2+1）对。

输入通道选择排序寄存器 CHSELSEQ1～4 用于规定状态转换顺序，其位分布如下。

	15	12	11	8	7	4	3	0
	RW-0		RW-0		RW-0		RW-0	
CHSELSEQ1	CONV03		CONV02		CONV01		CONV00	
CHSELSEQ2	CONV07		CONV06		CONV05		CONV04	
CHSELSEQ3	CONV11		CONV10		CONV09		CONV08	
CHSELSEQ4	CONV15		CONV14		CONV13		CONV12	

可见 CHSELSEQ1～4 中，每个寄存器均包含 4 个 4 位域 CONVn，各位域均可在 16 个模拟输入通道间任意选择。两种采样模式下，其意义有所不同。顺序采样模式下各位域的 4 位均起作用：最高位规定通道所在的组（为 0 表示 A 组，使用 S/H A；为 1 表示 B 组，使用 S/H B）；低 3 位定义偏移量，确定特定引脚。如 0101B 表示采样 ADCINA5（使用 S/H A），1011B 表示采样 ADCINB3（使用 S/H B）。同步采样模式下，各位域的最高位不起作用，低 3 位规定通道对的编号，两个采样/保持器均使用：S/H A 采样 A 组引脚，S/H B 采样 B 组引脚。如，0101B 表示采样 ADCINA5（使用 S/H A）和 ADCINB5（使用 S/H B）；1011 表示采样 ADCINA3（使用 S/H A）和 ADCINB3（使用 S/H B）。

注意：顺序采样模式下，CONV00 规定的状态的转换结果存放于 RESULT0 中，CONV01 规定的状态的转换结果存放于 RESULT1 中，……，CONV15 规定的状态的转换结果存放于 RESULT15 中。同步采样模式下，CONV00 规定的一对通道的转换结果存放于 RESULT0 和 1，CONV01 规定的通道对的转换结果存放于 RESULT2 和 3 中，……，CONV08 规定的状态的转换结果存放于 RESULT8 和 9 中，CONV09 规定的通道对的转换结果存放于 RESULT10 和 11 中……且由于每一对通道中，A 组先转换，其结果总放在 B 组前面。

（3）两种采样模式的通道选择示例

使用双排序器的 SEQ1 按照 ADCINA0、ADCINB0、ADCINA1、ADCINB1 的顺序转换 4 个状态。若使用顺序采样模式，其初始化代码如下。

```
AdcRegs.ADCTRL1.bit. SEQ_CASC = 0;          //双排序器模式
AdcRegs.ADCTRL3.bit. SMODE_SEL = 0;         //顺序采样模式
AdcRegs.ADCMAXCONV.all = 0x0003;            //SEQ1 转换 4 个状态
AdcRegs.ADCCHSELSEQ1.bit.CONV00 = 0x0;      //转换 ADCINA0
AdcRegs.ADCCHSELSEQ1.bit.CONV01 = 0x8;      //转换 ADCINB0
AdcRegs.ADCCHSELSEQ1.bit.CONV02 = 0x1;      //转换 ADCINA1
AdcRegs.ADCCHSELSEQ1.bit.CONV03 = 0x9;      //转换 ADCINB1
```

若使用同步采样模式，其初始化代码如下。

```
AdcRegs.ADCTRL1.bit. SEQ_CASC = 0;          //双排序器模式
AdcRegs.ADCTRL3.bit. SMODE_SEL =1;          //同步采样模式
AdcRegs.ADCMAXCONV.all = 0x0001;            //SEQ1 转换 4 个（2 对）状态
AdcRegs.ADCCHSELSEQ1.bit.CONV00 = 0x0;      //转换 ADCINA0 和 ADCINB0
AdcRegs.ADCCHSELSEQ1.bit.CONV01 = 0x1;      //转换 ADCINA1 和 ADCINB1
```

3. ADC 模块的转换模式

转换模式由控制寄存器 ADCTRL1 的 CONT_RUN 位编程。当 CONT_RUN=1 时，ADC 模块工作于连续的自动转换模式。此时，触发信号到来后，排序器首先将寄存器 MAXCONV 中规定的最大转换状态数加载到自动排序状态寄存器 AUTO_SEQ_SR 的排序计数状态域 SEQ_CNTR[3:0]，然后根据 CHSELSEQ1~4 中预先设定的状态顺序依次进行转换，并将转换结果依次存放至相应结果寄存器 RESULT0~15 中。每转换完一个状态，SEQ_CNTR[3:0] 的值减 1。规定的所有状态全部转换完毕后（SEQ_CNTR[3:0]=0），重新向 SEQ_CNTR[3:0] 加载最大转换状态数，并自动复位排序器，再次从复位状态启动（SEQ 和 SEQ1 为 CONV00，SEQ2 为 CONV08）。该转换模式适用于高速数据采集，但是要保证在再次启动下一轮转换之前读取上一轮转换的结果。

当 CONT_RUN=0 时，工作于启动/停止模式。此时，触发信号到来后，排序器的操作与连续自动转换模式相同。但所有状态均转换完毕后（即 AUTO_SEQ_SR[SEQ CNTRN]等于 0 时），排序器并不复位至初始转换状态，而是停留在最后一次转换状态，且 SEQ CNTRN 保持为 0。新的触发源到来后，从上次的停止状态开始转换。若希望再次触发时从初始状态开始转换，需要编程复位排序器。该转换模式适用于由多个触发信号分别启动不同的转换序列。

4. ADC 模块的中断操作

启动/停止模式下，通过设置 ADC 控制寄存器 2（ADCTRL2）中相应位（INT_MOD_SEQ1 和 INT_MOD_SEQ2），可使 SEQ、SEQ1 或 SEQ2 工作于中断模式 0 或者中断模式 1。中断模式 0 下，每次转换结束（EOS 信号到来）时产生中断请求；中断模式 1 下，间隔一个 EOS 信号产生中断请求。中断模式 0 主要用于第一个转换序列与第二个转换序列中采样个数不同的情况；中断模式 1 主要用于两个转换序列中采样个数相同的情况。下面以图 5.23 所示的 3 种情况为例，说明两种模式的应用。

（1）两个转换序列中采样数目不一样

图 5.23 所示情况 1 中，第一个转换序列对 I_1、I_2 进行转换，第二个转换序列对 V_1、V_2、V_3 进行转换。两个序列采样个数不同，需要使用中断模式 0。此时中断标志位在每次 SEQ CNTR=0 时均置 1，在 a、b、c、d 处均有中断。其控制过程如下。

① 设置 MAXCONV[MAXCONVn]=1，以转换 I_1 和 I_2。

② 在 I_1、I_2 转换完毕后的中断服务子程序"a"中，将 MAXCONVn 字段的值改为 2，以转换 V_1、V_2 和 V_3。

③ 在 V_1、V_2、V_3 转换结束后的中断服务子程序"b"中，将 I_1、I_2、V_1、V_2、V_3 的转换结果从结果寄存器中读出，并将 MAXCONVn 改为 1，以再次转换 I_1、I_2，然后复位排序器。

④ 重复②和③。

（2）两个转换序列的采样个数相等

图 5.23 所示情况 2 和情况 3 中两个转换序列的采样个数均相等，第一个序列转换 I_1、I_2、I_3/x，第二个序列转换 V_1、V_2、V_3，可以使用中断模式 1。此时尽管中断标志位在每次 SEQ CNTR=0（即 I_1、I_2、I_3/x 序列转换完毕或 V_1、V_2、V_3 序列转换完毕）时均置 1，但只有当 V_1、V_2、V_3 转换完毕之后才产生中断，即仅在"b"、"d"处产生中断。其中断控制过程如下。

① 设置 MAXCONVn=2，以转换 I_1、I_2 和 I_3/x 或者 V_1、V_2 和 V_3。

② 在中断服务子程序 b（或者 d）中，将 I_1、I_2、I_3/x 和 V_1、V_2、V_3 的转换结果从结果寄存器中读出，并复位排序器。

③ 重复①和②。

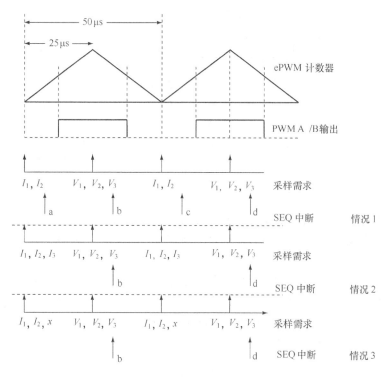

图 5.23　ADC 中断模式及其应用

注意：情况 3 的第一个转换序列中，第 3 个采样 x 为假采样，是为了使中断服务子程序代价和 CPU 干扰最小，充分利用中断模式 1 的特性而添加进去的假采样。

5. ADC 模块的时钟

ADC 模块的时钟由高速外设时钟 HSPCLK 定标后提供，其完整的时钟链路如图 5.24 所示。由图 5.24 可见，高速外设时钟 HSPCLK 由外部时钟 CLKIN 先经 PLL 模块的 PLLCR[DIV，DIVSEL]定标（系统时钟 SYSCLKOUT），再经 HISPCP[HSPCLK]进一步定标后得到。当 PCLKCR0 [ADCENCLK]=1 时，HSPCLK 送至 ADC 模块，作为其时钟源。该时钟源送至 ADC 模块后，首先经 ADCTRL3[ADCCLKPS]定标，再经 ADCTRL1[CPS]位确定是否需 2 分频，便得到 ADC 模块的时钟 ADCCLK。另外，为了适应时钟源阻抗的变换，ADCCLK 还可进一步经 ADCTRL1[ACQ_PS]定标，以获取不同的采样窗口宽度。

ADC 模块可通过多个预定标级的不同组合，灵活地获得任何所需 ADC 操作时钟。假设各预定标级采取图示配置值，则可获得 12.5MHz 的 ADCCLK 频率，以及 8 个 ADCCLK 周期（即 0.64μs）的采样窗口宽度。

注意，ADC 时钟仅影响转换时间，不影响采样频率。转换时间与采样频率是两个不同的概念。转换时间取决于采样/保持+转换时间，而采样频率取决于 ADC 转换启动的频率。如，每隔 1ms 启动 1 次，则模/数采样频率为 1kHz。

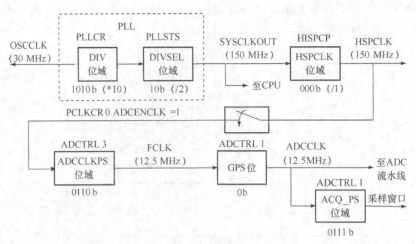

图 5.24 ADC 模块时钟链路

6. ADC 参考电压、低功耗模式与上电次序

ADC 模块的默认参考电压是内部带隙参考电压，也可根据实际应用需求从引脚 ADCREFIN 输入 2.048V、1.5V 或 1.024V 的外部参考电压。具体选择哪种参考电压由参考电源选择寄存器 ADCREFSEL 的 REF_SEL 位域编程。

ADC 模块有 3 种低功耗模式：ADC 上电、ADC 掉电和 ADC 关闭，可通过 ADCTRL3 中 3 个控制位 ADCBGRFDN1、ADCBGRFDN0 和 ADCPWDN 分别控制带隙基准电源、参考电路电源和其他模拟电路电源的开关，以达到节能目的，如表 5.10 所示。

表 5.10   三种低功耗模式的配置

电源级别	ADCBGRFDN1	ADCBGRFDN0	ADCPWDN
ADC 加电	1	1	1
ADC 掉电	1	1	0
ADC 关闭	0	0	0
保留	1	0	x
保留	0	1	x

复位时 ADC 模块处于关闭状态。要使用 ADC 模块，必须首先为其上电，上电次序如下。

① 若需要外部参考信号，在带隙加电前对 ADCREFSEL[REF_SEL]编程，允许该模式。

② 向 ADCBGRFDN1、ADCBGRFDN0 和 ADCPWDN 写 1 使参考电路、带隙电路和 ADC 模拟电路同时加电。

③ ADC 模块加电后，需要延时 5ms，才能进行第一次转换。

通过软件同时清除 ADCBGRFDN1、ADCBGRFDN0 和 ADCPWDN 可关闭 ADC 模块。工作过程中，也可通过清除 ADCPWDN 使 ADC 模拟电路掉电，而参考电路和带隙电路仍供电。此时若需要 ADC 模块再次上电，向 ADCPWDN 写 1 后，需要等待 20μs，才能进行第一次转换。

7. 排序器覆盖功能

连续的自动转换模式下，当 ADC 模块在最高速率下进行转换时，若每个序列的状态数较少，可使用其排序器覆盖功能，将结果寄存器 RESULT0～15 作为先入先出堆栈 FIFO，实现对连续数据的采集。排序器覆盖功能由 ADCTRL1[SEQ_OVRD]控制。若允许该功能，每个序列结束并启动下一轮转换后，结果寄存器并不返回到 0，而是继续从上一轮结束状态往下存储，直至所有结果寄存器满。如，级联排序器 SEQ 下，假设 MAX_CONV1=7，则最大转换状态为 8。若禁止排序器覆盖功能（SEQ_OVRD=0），则每个序列转换结果均依次存放于 RESULT0～7，一个序列转换完毕自动复位排序器和结果寄存器，下一轮转换第一个结果仍然从 RESULT0 开始存放。若允许排序器覆盖功能（SEQ_OVRD=1），则第一个序列转换完毕后，仅复位排序器，不复位结果寄存器，第二轮转换结果依次存放于 RESULT8～15；然后因所有结果寄存器均存满，第二轮转换结束同时复位排序器和结果寄存器，第三轮转换结果再次更新 RESULT0～7。

8. ADC 模块的校准与 DMA 访问

TI 在其保留的 OPT 存储器中嵌入了 ADC 校准函数 ADC_cal()。ADC 上电引导过程中，BOOT ROM 会根据器件配置数据自动调用 ADC_cal()来初始化参考电压选择寄存器 ADCREFSEL 和偏差校准寄存器 ADCOFFTRIM。若系统开发过程中，在 CCS 中禁止了 BOOT ROM，程序员需要编程初始化 ADCREFSEL 和 ADCOFFTRIM。

另外，CPU 可通过 DMA 方式访问 ADC 转换结果 RESULT0～15。在 DMA 方式下，其访问地址为外设 0（0x0B00～0x0B0F），而外设 2（0x7108～0x7117）的结果寄存器不能访问。

5.4.2　ADC 模块的寄存器

ADC 模块的寄存器除了最大转换状态寄存器（MAXCONV）和 4 个通道选择寄存器（CHSELSEQ1～4）外，还包括 3 个控制寄存器（ADCTRL1～3）、16 个转换结果缓冲寄存器（RESULT0～15）、2 个状态寄存器（自动排序状态寄存器 AUTO_SEQ_SR 和 ADC 状态与标志寄存器 ADCST），以及 2 个与校准有关的寄存器（参考选择寄存器 ADCREFSEL 和 ADC 偏移量校准寄存器 ADCOFFTRIM）。

（1）ADC 控制寄存器

ADC 控制寄存器有 3 个：ADCTRL1、ADCTRL2 和 ADCTRL3。其中 ADCTRL1 用于控制 ADC 模块的总体工作方式，包括复位、仿真挂起处理、时钟及采样窗口时间、逻辑时钟预定标、排序器模式选择、转换模式选择，以及排序器覆盖功能的选择。其位分布如下，位描述如表 5.11 所示。

15	14	13	12	11			8
保留	RESET	SUSMOD		ACQ_PS			
	RS-0	RW-0	RW-0	RW-0			

7	6	5	4	3			0
CPS	CONT_RUN	SEQ_OVRD	SEQ CASC	保留			
RW-0	RW-0	RW-0	RW-0				

注意：系统复位时 ADC 也复位。ADC 模块需要单独复位时，可通过向 RESET 位写 1 实现。此时必须先向该位写 1，经过 2 个时钟周期后，再向 ADCTRL1 寄存器中写入所需值。

ADCTRL2 用于控制排序器的复位、中断允许与中断模式选择，以及启动信号选择等信息。其位分布如下，功能描述如表 5.12 所示。

15	14	13	12	11	10	9	8
ePWM_SOCB_SEQ	RST_SEQ1	SOC_SEQ1	保留	INT_ENA_SEQ1	INT_MOD_SEQ1	保留	ePWM_SOCA_SEQ1
RW-0	RS-0	RW-0	R-0	RW-0	RW-0	R-0	RW-0
7	6	5	4	3	2	1	0
EXT_SOC_SEQ1	RST_SEQ2	SOC_SEQ2	保留	INT_ENA_SEQ2	INT_MOD_SEQ2	保留	ePWM_SOCB_SEQ2
RW-0	RS-0	RW-0	R-0	RW-0	RW-0	R-0	RW-0

表 5.11   **ADCTRL1 的位描述**

位	名称	说明
14	RESET	ADC 模块复位。0—无影响；1—复位 ADC 模块
13-12	SUSMOD	仿真悬挂处理。00—忽略；01 和 10—完成当前转换后停止；11—立即停止
11-8	ACQ_PS	采样窗口预定标。采样窗口等于 ADCCLK 周期乘以（ACQ_PS+1）
7	CPS	ADC 逻辑时钟（F_{CLK}）预定标。0—ADCCLK=F_{CLK}；1—ADCCLK=F_{CLK}/2
6	CONT_RUN	转换模式选择。0—启动/停止模式；1—连续转换模式
5	SEQ_OVRD	排序器覆盖功能选择。0-禁止；1-允许
4	SEQ CASC	排序器模式选择。0—双排序器模式；1—级联排序器模式

表 5.12   **ADC 控制寄存器 2 的位描述**

位	名称	说明
15	ePWM_SOCB_SEQ	ePWM_SOCB 信号启动 SEQ。0—无动作；1—允许启动
14	RST_SEQ1	复位 SEQ1。0—无动作；1—复位 SEQ1/SEQ 至 CONV00
13	SOC_SEQ1	启动 SEQ1 转换位。0—清除挂起的触发信号；1—软件从当前停止位置启动 SEQ/SEQ1
11	INT_ENA_SEQ1	SEQ1 中断允许。0-禁止；1-允许
10	INT_MOD_SEQ1	SEQ1 中断模式。0-中断模式 0；1-中断模式 1
8	ePWM_SOCA_SEQ1	ePWM_SOCA 信号启动 SEQ1。0—无动作；1—允许启动 SEQ1/SEQ
7	EXT_SOC_SEQ1	外部信号启动 SEQ1 允许。0—无动作；1—允许启动 SEQ1/SEQ
6	RST_SEQ2	复位 SEQ2。0—无动作；1—复位 SEQ2 至 CONV08
5	SOC_SEQ2	启动 SEQ2 转换位。0—清除挂起的触发信号；1—软件从当前停止位置启动
3	INT_ENA_SEQ2	SEQ2 中断允许。0-禁止；1-允许
2	INT_MOD_SEQ2	SEQ2 中断模式。0-每次转换结束申请中断；1-每 2 次转换结束申请中断
0	ePWM_SOCB_SEQ2	ePWM_SOCB 信号启动 SEQ2。0—无动作；1—允许启动

ADCTRL3 主要用于控制 ADC 模块的低功耗模式和时钟定标系数，以及采样模式。ADCTRL3 的位分布如下。

15	8	7	6	5	4	1	0
保留		ADCBGRFDN		ADCPWDN		ADCCLKPS	SMODE_SEL
R-0		R/W-0		R/W-0		R/W-0	R/W-0

其中 ADCBGRFDN 和 ADCPWDN 用于低功耗模式控制，其具体配置见表 5.10；SMODE_SEL 为采样模式选择（0-顺序采样；1-同步采样）；而 ADCCLKPS 为高速外设时钟定标系数（见图 5.23），当其值为 0000 时，FCLK=HSPCLK，为其他值时，FCLK 等于 HSPCLK 的 2×ADCCLKPS 分频。

（2）结果缓冲寄存器

ADC 的结果缓冲寄存器 RESULT0～15 可通过常规方式或 DMA 方式访问，两种方式下其地址映射范围不同，位分布也不同。常规方式访问时映射在数据空间的 20x7108～0x7117，位分布如下。

15	14	13	12	11	10	9	8
D11	D10	D9	D8	D7	D6	D5	D4
R-0	R-0	R-0	R-0	R-0	R-0	R-0	R-0

7	6	5	4	3		0
D3	D2	D1	D0	保留		
R-0	R-0	R-0	R-0	R-0		

注意：ADC 的 12 位转换结果存放在转换结果缓冲寄存器的高 12 位（位 15～4），故读取转换结果时，须进行移位（右移 4 位）。

DMA 方式访问时映射在数据空间的 0x0B00～0x0B0F，12 位转换结果直接放在结果缓冲寄存器的低 12 位，不需要移位。

（3）状态寄存器

状态寄存器包括自动排序状态寄存器 ADCASEQSR 和 ADC 状态与标志寄存器 ADCST。ADCASEQSR 反映 SEQ1/SEQ 或 SEQ2 的计数状态以及尚未转换的状态数，其位分布如下。

15	12	11	8	7	6	5	3	0
保留		SEQ_CNTR		保留	SEQ2_STATE		SEQ1_STATE	
R-0		R-0		R-0	R-0		R-0	

其中，SEQ_CNTR 为排序器计数状态位，反映 SEQ1/SEQ 或 SEQ2 中尚未转换的通道数目（剩余通道数目等于 SEQ_CNTR+1）。SEQ2_STATE 和 SEQ1_STATE 分别为 SEQ2 和 SEQ1/SEQ 的指针状态，反映当前正在转换哪个通道，可据其在转换结束前读取中间结果。

ADC 状态与标志寄存器 ADCST 用于指示排序器的状态，包括其转换结束标志、忙标志、中断标志及其清除控制位。其位分布如下。

15		8	7	6
保留			EOS_BUF2	EOS_BUF1
R-0			R-0	R-0

5	4	3	2	1	0
INT_SEQ2_CLR	INT_SEQ1_CLR	SEQ2_BSY	SEQ1_BSY	INT_SEQ2	INT_SEQ1
R-0	R-0	R/W-0	R/W-0	R-0	R-0	R-0

其中，SEQ2_BSY 和 SEQ1_BSY 分别为 SEQ2 和 SEQ1/SEQ 的忙标志，在转换过程中为

1，转换结束为 0，通过查询之可判断转换是否结束。EOS_BUF2 和 EOS_BUF1 分别为 SEQ2 和 SEQ1/SEQ 的排序缓冲器结束标志，INT_SEQ2 和 INT_SEQ1 分别为 SEQ2 和 SEQ1/SEQ 的中断标志位。若允许中断，在中断模式 0 下，EOS_BUF2 和 EOS_BUF1 不起作用，INT_SEQ2 和 INT_SEQ1 在每次转换结束置位，从而实现每次转换结束申请中断。在中断模式 1 下，EOS_BUF2 和 EOS_BUF1 每次转换结束翻转，INT_SEQ2 仅在 EOS_BUF2 已经置位（INT_SEQ1 仅在 EOS_BUF1 已置位）的前提下才会在转换结束时置位，从而实现每隔一次（即每 2 次）转换结束申请一次中断。INT_SEQ2_CLR 和 INT_SEQ1_CLR 分别为 SEQ2 和 SEQ1/SEQ 的中断清除位，向其写 1 可清除相应中断标志位。

（4）校准相关寄存器

校准相关寄存器包括 ADC 参考选择寄存器 ADCREFSEL 和偏移量校准寄存器 ADCOFFTRIM。其中 ADCOFFTRIM 的高 8 位保留，低 8 位 OFFSET_TRIM 为二进制补码形式表示的校准偏移量。ADCREFSEL 的高两位 REF_SEL 用于为 ADC 模块选择参考电压（00-选择内部参考（默认）；01、10 和 11 分别用于选择 ADCREFIN 引脚输入的 2.048V、1.500V 和 1.024V 电压）；低 14 位为保留位，用于存放由 BOOT ROM 加载的参考校准数据。

5.4.3　ADC 模块应用示例

ADC 模块工作于双排序器、顺序采样（复位默认状态）模式，由 SEQ1 对 ADCINA3 和 ADCINA2 的电压信号进行自动转换，转换由软件触发。采用中断模式 0，每次转换结束均产生中断；在中断服务程序中读取结果并存入 2 个长度为 1024 的数组。主程序如例 5.6 所示。

例 5.6　ADC 转换示例代码。

```
#include "DSP2833x_Device.h"
#include "DSP2833x_Examples.h"
#define ADC_MODCLK 0x3
// 函数声明
interrupt void adc_isr(void);
// 全局变量声明
Uint16 LoopCount;                          //转换次数计数器
Uint16 ConversionCount;                    //转换结果存放数组 1
Uint16 Voltage1[1024];                     //转换结果存放数组 1
Uint16 Voltage2[1024];                     //转换结果存放数组 2
void main(void)
{// Step 1. 初始化系统控制
    InitSysCtrl();
// Step 2. 初始化 GPIOGPIO，此处跳过
// Step 3. 清除所有中断；初始化 PIE 向量表
    DINT;
    InitPieCtrl();                         //初始化 PIE 控制
    IER = 0x0000;                          //禁止 CPU 中断
    IFR = 0x0000;                          //清除所有 CPU 中断标志
    InitPieVectTable();                    //初始化 PIE 向量表
    EALLOW;
    PieVectTable.ADCINT = &adc_isr;        //重新映射本例中使用的中断向量
    EDIS;
// Step 4. 初始化使用的器件外设
    InitAdc();                             //本例初始化 ADC
// Step 5. 用户特定代码，允许中断
    IER |= M_INT1;                         //允许 CPU 的 INT1 （与 ADC 中断连接）
    PieCtrlRegs.PIEIER1.bit.INTx6 = 1;     //允许 PIE 级中断 INT1.6（ADC 中断）
    EINT;                                  //清除 INTM
```

```
        ERTM;                                          //允许全局实时中断 DBGM
        LoopCount = 0;                                 //循环计数器赋初值 0
        ConversionCount = 0;                           //中断次数计数器赋初值 0
// 配置 ADC
        AdcRegs.ADCMAXCONV.all = 0x0001;               //转换 2 个通道
        AdcRegs.ADCCHSELSEQ1.bit.CONV00 = 0x3;         //CONV00=3,顺序采样模式下转换通道 ADCINA3
        AdcRegs.ADCCHSELSEQ1.bit.CONV01 = 0x2;         //CONV00=2,顺序采样模式下转换通道 ADCINA2
        AdcRegs.ADCTRL2.bit.INT_ENA_SEQ1 = 1;          //允许 SEQ1 中断
        AdcRegs.ADCTRL2.bit.SOC_SEQ1 = 0x1;            //软件触发 SEQ1,启动转换
// Step 6. 空闲循环,等待 ADC 中断
        for(;;)
          { LoopCount++;
          }
}
// Step 7. 用户自定义函数
interrupt void adc_isr(void)
{   Voltage1[ConversionCount]=AdcRegs.ADCRESULT0>>4;   //读取转换结果
        Voltage2[ConversionCount]=AdcRegs.ADCRESULT1>>4;   //读取转换结果
        if(ConversionCount == 1023)                    //若已转换 1024 次,重新开始
        ConversionCount = 0;
        else ConversionCount++;
// 重新初始化下一个 ADC 序列
        AdcRegs.ADCTRL2.bit.RST_SEQ1 = 1;              //复位 SEQ1
        AdcRegs.ADCST.bit.INT_SEQ1_CLR = 1;            //清中断标志
        PieCtrlRegs.PIEACK.all = PIEACK_GROUP1;        //清除 PIE 中断组 1 的应答位,以便 CPU 再次响应
        AdcRegs.ADCTRL2.bit.SOC_SEQ1 = 0x1 ;           //软件触发 SEQ1,启动转换
        return;
}
```

习题与思考题

5.1　283xx 与 281x 的片内控制类外设有何不同？各控制类外设模块分别实现什么功能？

5.2　F28335 DSP 控制器有多少 ePWM 通道？每个通道包括几个子模块？各模块分别起什么作用？哪些子模块是可选的？试简述 ePWM 通道的工作原理。

5.3　ePWM 的 TB 子模块的作用是什么？其时基计数器 TBCTR 有几种计数模式？连续增、连续减和连续增/减计数模式产生的 PWM 波的载波周期如何计算？如何实现各 ePWM 通道时基计数器间的同步？TB 子模块的寄存器资源有哪些？

5.4　ePWM 的 CC 子模块的作用是什么？连续增、连续减和连续增/减计数模式下每个周期最多产生几种比较匹配事件？CC 子模块的寄存器资源有哪些？

5.5　ePWM 的 AQ 子模块的作用是什么？它能接收哪些事件,各事件的优先级如何？每种事件可产生哪些动作类型？AQ 子模块的寄存器资源有哪些？简述利用 TB、CC 和 AQ 子模块产生 PWM 波的方法。

5.6　ePWM 的 DB 子模块的作用是什么？其延时时间（死区）如何控制？DB 子模块的寄存器资源有哪些？

5.7　ePWM 的 PC 子模块的作用是什么？简述其斩波的原理。首脉冲宽度和后续斩波脉冲占空比如何控制？

5.8　ePWM 的 TZ 子模块的作用是什么？如何使用 TZ 子模块实现一次错误控制和连续错误控制？TZ 子模块的寄存器资源有哪些？

5.9　ePWM 的 ET 子模块的作用是什么？其输入触发信号有哪些，可以输出哪些信号？ET 子模块的寄存器资源有哪些？

5.10　什么是 PWM 波？用 ePWM 通道产生 PWM 波时，如何确定载波周期与计算有效脉冲宽度？如何在 PWM 波中插入死区？试编程在 EPW4A/4B 输出对称 PWM 波（低电平有效，互补输出），要求波形周期可调（50μs~100μs），占空比可调（0~100%），死区可调（0~3μs）。

5.11　高精度脉宽调制模块的作用是什么？简述其工作原理。

5.12　eCAP 模块有哪两种工作模式，各种模式下其作用有何不同？

5.13　捕获模式下 eCAP 模块有哪些基本部件？连续捕获和单次捕获的工作过程有何不同？连续捕获时最多可捕获几种事件，各种事件可设置为什么跳变？两种捕获时刻记录方式是什么，有何不同？

5.14　APWM 模式下，分别用哪些寄存器作周期寄存器和比较寄存器？输出 PWM 波的载波周期和有效脉冲宽度分别由哪些寄存器的值确定？

5.15　eCAP 模块的中断事件有哪些，其中断标志寄存器的 INT 位有何作用？

5.16　光电编码器输出脉冲频率与其线数和转速有何关系？假设一个 4000 线的光电编码器安装在转速为 3000r/min 的电动机上，则产生的脉冲的频率为多少？光电编码器每旋转一周输出多少个索引脉冲？

5.17　eQEP 通道包括哪些子模块，其作用分别是什么？eQEP 通道有哪些外部引脚，其作用分别是什么？

5.18　eQEP 的 QDU 子模块的作用是什么？在 PCCU 子模块的 4 种计数模式下，其译码方法有何不同？该模块有哪些寄存器资源？

5.19　eQEP 的 UTIME 子模块的作用是什么？包括哪些基本部件？其输入是什么信号，输出什么信号？该模块有哪些寄存器资源？QWDOG 子模块的作用是什么？

5.20　eQEP 的 PCCU 子模块的位置计数逻辑的作用是什么？有哪些复位模式，各自适用于什么场合？复位模式如何编程？各种复位模式下如何锁存位置计数器 GPOSCNT 的值？PCCU 的位置比较单元的作用是什么？PCCU 模块有哪些寄存器资源？

5.21　eQEP 的 QCAP 子模块的作用是什么？简述其基本工作原理。如何利用 QCAP 子模块实现低速测量？测量需要满足哪两个条件，为什么有此限制？QCAP 模块有哪些寄存器？

5.22　如何利用 eQEP 的 PCCU 和 UTIME 子模块配合实现中、高速测量？如何利用 QCAP、PCCU 和 UTIME 子模块配合实现全速度测量？

5.23　eQEP 通道有哪些中断事件？相关寄存器有哪些？

5.24　F28335 DSP 控制器的 ADC 模块是多少位？有几个模拟量输入通道，其输入电压范围是多少？各通道所使用的采样/保持器是否相同？

5.25　ADC 模块有哪两种排序模式？各种模式下启动转换的触发方式、最大转换状态数、转换顺序和使用的结果寄存器有何不同？

5.26　什么是同步采样和顺序采样？两种采样模式下最大转换状态数和转换顺序如何编程？使用的结果寄存器有何不同？

5.27　ADC 模块有哪两种转换模式？两种模式的工作过程有何不同，分别适合应用于什么场合？

5.28 ADC 模块有哪两种中断方式？两种中断方式下产生中断的时刻有何不同？各自适用于什么场合？

5.29 ADC 模块的时钟链路中有哪些时钟？ADCCLK 的频率及采样/保持窗口时间如何编程？

5.30 ADC 模块默认的参考电压是什么？如何为其设置外部参考电压？复位时 ADC 模块的上电顺序如何？

5.31 ADC 模块的排序器覆盖功能有何作用，如何编程？如何对 ADC 模块进行校准？采用 DMA 方式访问转换结果与正常访问有何不同？

5.32 ADC 模块有哪些寄存器资源？

5.33 请采用查询方式实现例 5.6 的功能。

第6章 通信类外设及其应用开发

【内容提要】

串行通信类外设是 DSP 与外部设备进行串行数据通信的接口。F28335 片内集成了大量通信类外设，包括异步串行通信接口 SCI 模块、同步串行外设接口 SPI 模块、控制器局域网 CAN 模块、多通道缓冲串口 McBSP 和内部集成电路 I²C 模块。本章给出了各模块的结构、原理、控制方法与应用开发示例。

6.1 串行通信（SCI）模块

DSP 的外部通信电路包括 5 个模块：串行通信接口（Serial Communications Interface，SCI）模块、串行外设接口（Serial Peripheral Interface，SPI）模块、控制器局域网（Controller Aerea Network，CAN）模块、多通道缓冲串口（Multichannel Buffered Serial Port，McBSP）和内部集成电路（Inter-Integrated Circuit，I²C）模块。其中 SCI 模块是一种通用异步串行通信（UART）接口，主要应用于 DSP 处理器和 PC 机的 RS232 端口传输数据。SPI 模块是一种三线同步通信接口，主要用于系统扩展显示驱动器、ADC，以及日历时钟芯片等。DSP 处理器也可以利用 SPI 接口与其他处理器间通信。CAN 模块是一种支持分布式控制和实时控制的串行通信网络，具有较高的通信速率和较强的抗干扰能力，可作为现场总线应用于电磁噪声较大的场合。McBSP 在标准串行接口的基础上进行了功能扩展，具有较强的串行通信功能，用于实现与其他 DSP 器件及编码器等 McBSP 兼容器件的通信。I²C 是一种新型的特殊同步通信形式，具有接口线少、控制方式简单、通信速率较高的优点。

6.1.1 SCI 模块的结构与工作原理

虽然不同型号的 DSP 控制器片内 SCI 接口模块的数目不同，如 F2812 有 2 个（SCI-A 和 SCI-B），F28335 有 3 个（SCI-A、SCI-B 和 SCI-C），但每个 SCI 接口的结构、工作原理和控制（编程）方法完全一样。每个 SCI 模块的接收器和发送器均为双缓冲，且带 16 级先入先出（FIFO）堆栈，可工作于半双工或全双工模式。为了确保数据的完整性，SCI 还会对接收到的数据进行错误检测。另外，还可通过 16 位的波特率选择寄存器对通信波特率进行编程。

1. 结构与点-点通信原理

全双工模式下 SCI 模块的结构及点-点通信示意图如图 6.1 所示。由图 6.1 可见，每个 SCI

模块有两个外部引脚：数据发送引脚 SCITXD 和数据接收引脚 SCIRXD。其发送器包括一个数据发送移位器 TXSHF、一个数据发送缓冲寄存器 SCITXBUF 和 16 级发送 FIFO 堆栈 TX FIFO_0~TX FIFO_15，接收器包括一个数据接收移位器 RXSHF、一个数据接收缓冲寄存器 SCIRXBUF 和 16 级接收 FIFO 堆栈 RX FIFO_0~RX FIFO_15。

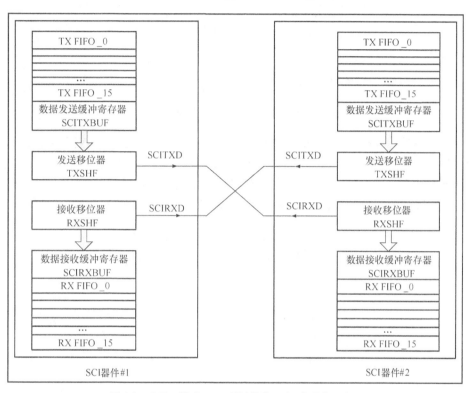

图 6.1　全双工模式下 SCI 模块结构及点-点通信示意图

由图 6.1 可见，SCI 点-点通信时，只需将通信双方的 SCITXD 和 SCIRXD 引脚分别相连即可。若未使用 FIFO，则发送方将发送数据写入 SCITXBUF。当 TXSHF 空时会自动装载 SCITXBUF 中数据，并从 SCITXD 引脚上逐位发送出去。接收方从 SCIRXD 引脚上逐位接收数据，接收完毕传送至 SCIRXBUF，并通知 CPU 读取。

由于通信双方无公共时钟，为异步通信，故要求双方通信的波特率一致。然而即使波特率一致，主从机时钟相位和周期不一致时，仍会影响通信正确性。因此，SCI 通信要遵循一定的协议。

2. 数据传输格式

SCI 的数据传输采用标准非归零（Non-return-to-zero，NRZ）异步传输格式，规定每个数据（字符）均以相同的帧格式传送，如图 6.2 所示。由图 6.2 可见，每一帧信息由 1 个起始位，1~8 个数据位，1 个奇/偶校验位或无奇/偶校验位，1~2 个停止位，1 个用于区分数据和地址的附加位说明如下。

起始位（Start）：占用 1 位，为低电平表示数据的开始。

数据位（Data）：1~8 位，由低位（LSB）开始传输。

奇/偶校验位（Parity）：可设为奇校验或偶校验，占用 1 位，用于纠错，也可省略。

地址位（Address）：地址位多处理器通信模式下，用于区分传输的是地址还是数据字符。

停止位（Stop）：1～2 位，高电平，表示数据帧的结束。

数据帧格式可通过 SCI 通信控制寄存器 SCICCR 中相应位编程。

图 6.2　典型的 SCI 数据帧格式

为保证通信的可靠性，SCI 模块通信时串行数据由内部 SCICLK 时钟信号来获取，获取一个数据位需要 8 个 SCICLK 时钟周期，如图 6.3 所示。接收器在连续 4 个以上 SCICLK 周期内检测到低电平，认为检测到起始位，在其后开始取样数据位。将第 4、5、6 连续 3 个 SCICLK 所检测到的电平经多数表决作为数据位的值，故其通信可靠性高于普通单片机。

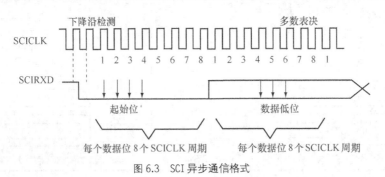

图 6.3　SCI 异步通信格式

3. 操作控制

（1）发送操作

假设发送的数据帧中包括 1 个起始位、3 个数据位、1 个地址位、1 个奇/偶校验位和 2 个停止位，发送操作在控制位发送允许 SCITRL1[TXENA]、发送准备就绪 SCITRL2[TXRDY] 和发送器空 SCITRL2[TXEMPTY] 作用下的时序如图 6.4 所示。由图 6.4 可见，发送操作过程如下。

①使 TXENA=1，允许发送器发送数据。

②CPU 将数据写入发送缓冲寄存器 SCITXBUF，则发送器不再为空（TXEMPTY 为 0）。同时 TXRDY=0，表示 SCITXBUF 已满。

③SCI 将数据从 SCITXBUF 加载到发送移位寄存器 TXSHF，则 TXRDY 变成高电平，表示可向 SCITXBUF 写入新数据，并可产生发送中断请求。同时 TXSHF 中的数据逐一由外部引脚 SCITXD 上发送出去。先发送低电平的起始位（Start），再从低到高逐位发送数据位（0～5）、地址位（Ad）、奇/偶校验位（Pa），以及高电平的停止位（Stop）。

④TXRDY 变高（时刻 3）之后，CPU 再将下一帧数据写入发送缓冲寄存器 SCITXBUF。

⑤第一帧数据发送完毕，CPU 将第二帧数据从 SCITXBUF 传送至 TXSHF，并开始发送。

⑥当 TXENA=0（时刻 6），可禁止发送器，但发送过程并不马上停止，而是继续将当前

数据帧（第二帧数据）发送完毕后再停止。

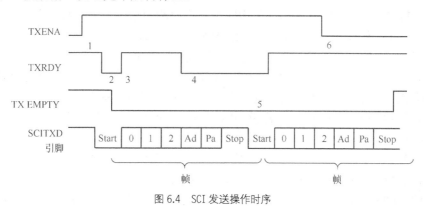

图 6.4 SCI 发送操作时序

（2）接收操作

假设要接收的数据帧包括 1 个起始位、6 个数据位、1 个地址位、1 个奇/偶校验位和 2 个停止位，则接收操作在控制位接收允许 SCICTL1[RXENA] 及接收就绪 SCIRXST[RXRDY] 作用下的时序如图 6.5 所示。由 6.5 图可见，接收操作过程如下。

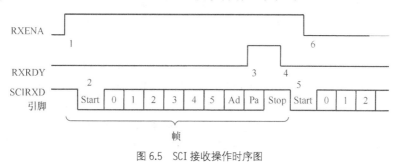

图 6.5 SCI 接收操作时序图

① 令 RXENA=1，允许接收器接收数据，接收器检测外部 SCIRXD 引脚上输入的串行数据。

② 接收器检测到起始位（连续 4 个以上 SCICLK 内检测到低电平）之后，随后将数据位、地址位、奇偶校验位及停止位依次移入接收移位寄存器 RXSHF。

③ 一个数据帧接收完毕，接收器将 6 位数据由 RXSHF 传送至接收缓冲寄存器 SCIRXBUF，并置位 RXRDY（表示接收到一个新数据），同时可产生中断请求。

④ 读取 SCIRXBUF 内的数据后，RXRDY 标志自动清除。

⑤ 接收器继续接收下一帧数据，检测起始位，重复上述操作。

⑥ 若第二帧数据尚未接收完毕（时刻 6），令 RXENA=0 禁止接收器，则接收操作并不马上停止，而是继续将这一帧数据全部接收至 RXSHF 后再停止，但 RXSHF 中数据并不传送至 SCIRXBUF。

（3）错误处理操作

为确保接收数据的完整性，SCI 对接收到的数据进行检测，以防止出现错误。数据传输过程中可能出现 4 种错误：间断错误、奇偶性错误、溢出错误和帧错误，分别对应以下情况。

① 数据帧错误（Framing error）：若超过一段时间后仍收不到期待的停止位，则发生数

据帧错误，SCIRXST[FE]置位。

② 奇/偶校验错误（Parity error）：奇/偶校验可检测数据中 1 的个数是否正确，用于有限差错检测。通信双方约定一致的奇/偶校验，接收方接收到数据后，必须进行奇/偶校验检测。若使用奇校验，则发送方要保证整个字符（包括校验位）中"1"的位数为奇数。如，若数据位中有奇数个 1，则校验位为"0"。接收方接收到数据后，若发现 "1"的个数不为奇数，则说明数据在传输过程中出错。发生奇/偶校验错误时，SCIRXST[PE]置位。

③ 溢出错误（Overrun error）：若 SCIRXBUF 中的数据未来得及读取，又被新数据覆盖，则发生溢出错误，置位 SCIRXST[OE]标志。

④ 间断错误：若 SCIRXD 数据线上从失去的第一个停止位开始连续保持低电平 10 位以上时，则发生间断错误，置位 SCIRXST[BRKDT]标志。

4 种错误发生时，均可申请中断。间断错误发生时，可申请间断中断，其错误标志 BRKDT 同时为中断标志。其他 3 种错误发生时，不仅置位相应错误标志，同时置位 RX ERROR 中断标志，可申请接收错误中断。传输新数据之前，必须通过将 SW RESET 清 0 或系统复位来清除相应错误标志。

（4）中断操作

SCI 在数据发送完毕、接收到数据及接收数据错误时均可产生中断。发送中断标志为 SCICTL2[TXRDY]，接收中断标志为 SCIRXST[RXRDY]，接收数据错误中断标志为 SCIRXST[RX ERROR]，间断中断标志为 SCIRXST[BRKDT]。

若设置 TX INT ENA（SCICTL2.0）为 1，允许发送中断，则 SCITXBUF 中数据传送至 TXSHF 后，TXRDY 标志置 1，指示 CPU 可向 SCITXBUF 写入新数据，同时申请发送中断。

若设置 SCICTL2[RX/BK INT INA]为 1，允许接收/间断中断，则当 SCI 接收到一个完整数据帧，并将其由 RXSHF 传送至 SCIRXBUF 时，SCIRXST[RXRDY]置位，表示 SCIRXBUF 中有新数据，同时产生接收中断。发生数据帧间断时，SCIRXST[BRKDT]置位，同时产生间断中断。

若设置 SCICTL1[RX ERROR INT ENA]为 1，允许接收错误中断，则当奇偶性错误、溢出错误和帧错误发生时，均可置位 SCIRXST[RX ERROR]，同时产生接收错误中断。

发送器和接收器具有独立的外设中断向量。当接收和发送中断具有相同优先级时，为减少溢出错误，往往接收中断优先。

4. 多处理器异步通信原理

SCI 模块支持多处理器通信，允许在一条数据线上同时将数据块传送至多个处理器，与多个处理器同时进行通信。多处理器通信时，任意时刻一条数据线上可以有多个接收者，但是只能有一个发送者。另外，多处理器通信时，当主机需要与某从机通信时，首先必须识别出该从机。识别的方法是为挂接在串行总线上的每一个处理器分配一个特定的地址。这样，在传送具体数据信息之前，先在总线上广播地址信息，唤醒地址相符的处理器（地址不符的处理器仍处于休眠状态），从而使通信双方建立起逻辑上的链接，然后像点-点通信一样传输数据。此外，听者必须能够区分当前收到的字符是地址信息还是数据信息。SCI 模块提供了两种方法识别地址信息：空闲线（idle-line）或地址位（address-bit）的多处理器模式，具体由 SCICCR[ADDR/IDLE MODE]位编程。

空闲线模式在地址字符之前预留 10 位以上的空闲时间，如图 6.6 所示。这种模式在传送多于 10 个字节的数据块时特别有效，适用于典型的非多处理器工作模式。

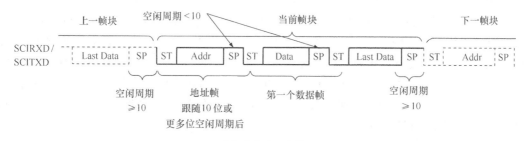

图 6.6　空闲线多处理器的通信格式

地址位模式为每个数据帧附加一个地址位来识别地址和数据：地址字符的地址位为 1，数据字符的地址位为 0，如图 6.7 所示。该模块在传输多个小数据块时更有效。

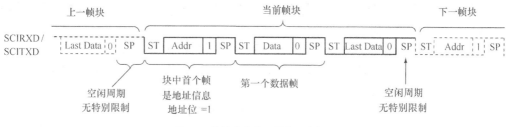

图 6.7　地址位多处理器的通信格式

5. SCI 模块的增强功能

与 24x 系列 DSP 控制器相比，28x 系列 DSP 控制器接收器和发送器均增加了 16 级先入先出堆栈 FIFO 缓冲，具有自动波特率检测功能。

（1）接收/发送 FIFO

SCI 模块的发送器和接收器均有 16 级 FIFO 堆栈，发送 FIFO（TX FIFO_0～TX FIFO_15）为 8 位宽度，接收 FIFO（RX FIFO_0～RX FIFO_15）为 10 位宽度。FIFO 接收和发送完毕均可申请中断，且具有可编程的中断级。另外，发送 FIFO 还具有可编程的延时发送功能。用户可通过对 3 个 FIFO 寄存器（发送 FIFO 寄存器 SCIFFTX、接收 FIFO 寄存器 SCIFFRX 和 FIFO 控制寄存器 SCIFFCT）编程来控制其操作，包括选择是否使用 FIFO 功能、FIFO 复位、是否允许中断及选择中断级、选择发送延时时间，以及允许自动波特率检测等。

系统复位时，SCI 模块处于标准 SCI 模式，通过 TXINT 和 RXINT 向 CPU 申请发送和接收中断，FIFO 功能和 FIFO 寄存器均禁用。要允许 FIFO 功能，可向 SCIFFTX[SCIFFENA] 写 1 实现，并可以通过向 SCIFFTX[SCIRST]写 0 复位 FIFO 发送和接收通道。

FIFO 增强模式下，标准 SCI 的 TXINT 和 RXINT 中断被禁止。发送 FIFO 中断（TXFFINT）通过 TXINT 申请发送中断、FIFO 接收中断（RXFFINT）、接收错误中断（RXERR）和接收 FIFO 溢出中断（RXFFOV）均通过 RXINT 申请接收中断。另外，发送和接收 FIFO 中断的触发条件均可编程，可根据实际需求决定当 FIFO 有多少个数据时，通知 CPU 从接收 FIFO 中读取数据，或者向发送 FIFO 中写入新数据。其中发送 FIFO 中断的触发条件是发送 FIFO 状态位（SCIFFTX[TXFFST]）小于或等于发送中断触发级（SCIFFTX[TXFFIL]），接收 FIFO 中断的触发条件是接收 FIFO 的状态位（SCIFFRX[RXFFST]）大于或等于接收中断触发级（SCIFFRX[RXFFIL]）。发送中断的默认触发级为 0，即 16 级发送 FIFO 中数据全部发送完毕；

接收 FIFO 中断的默认触发级为 15，即 16 级接收 FIFO 中数据全部接收完毕。

接收 FIFO 可通过接收缓冲寄存器 SCIRXBUF 读取，发送 FIFO 可通过发送缓冲寄存器 SCITXBUF 写入。但是发送 FIFO 在发送数据时，并不通过 SCITXBUF，而是等发送移位器 TXSHF 的最后一位数据发送完毕后直接写入。且 FIFO 中数据传送至 TXSHF 的速率可以编程，传输数据之间的延时由 SCIFFCT 寄存器的低 8 位（FFTXDLY 位域）编程，延时时间范围为 0～255 个波特率时钟。这种可编程传输数据延时使 DSP 与慢速 SCI/UART 接口之间通信时，几乎不需要 CPU 干预。

（2）SCI 自动波特率检测

大部分嵌入式处理器的 SCI 模块没有自动波特率检测功能，且 SCI 时钟由 PLL 提供。由于系统设计好并工作后，往往会改变 PLL 的复位值，故设定的波特率会有误差。DSP 控制器的 SCI 模块具有自动波特率检测功能，其编程由 SCIFFCT 寄存器控制，具体检测步骤如下。

① SCIFFCT 寄存器的自动波特率检测允许位 CDC 写 1，同时向自动波特率检测标志清除位 ABD CLR 写 1 清除之。

② 将波特率寄存器初始化为 1 或将波特率限制在 500kbit/s 以下。

③ 允许 SCI 接收器以期望波特率从主机接收字符"A"或"a"。若接收到的首字符为"A"或"a"，波特率检测硬件将检测其传输波特率，并置位 ABD 位。

④ 自动波特率检测逻辑用所检测波特率更新波特率寄存器，并向 CPU 申请 TXINT 中断。

⑤ 在中断服务程序中向 ABD CLR 位写 1 清除 ABD 标志，同时向 CDC 位写 0 禁止再次进行自动波特率检测。

⑥ 从接收缓冲器中读取字符"A"或"a"，以清空缓冲器及相应标志位。

6.1.2　SCI 模块的寄存器

标准 SCI 模块的寄存器有 10 个，包括 3 个控制类寄存器（通信控制寄存器 SCICCR、控制寄存器 SCICTL1 和 SCICTL2），2 个波特率选择寄存器（SCIHBAUD 和 SCILBAUD），3 个数据类寄存器（发送数据缓冲寄存器 SCITXBUF、接收数据缓冲寄存器 SCIRXBUF 和接收器仿真数据缓冲寄存器 SCIRXEMU），1 个状态寄存器（SCI 接收器状态寄存器 SCIRXST）和 1 个优先级控制寄存器（SCIPRI）。这些寄存器均为 8 位宽度。增强 FIFO 功能由 3 个 16 位的 FIFO 寄存器（发送 FIFO 寄存器 SCIFFTX、接收 FIFO 寄存器 SCIFFRX 和 FIFO 控制寄存器 SCIFFCT）进行配置。

（1）控制类寄存器

控制类寄存器包括通信控制寄存器 SCICCR、控制寄存器 SCICTL1 和 SCICTL2。其中 SCICCR 用于定义数据（字符）格式、通信协议、传输模式及自检测模式的配置；SCICTL1 包含接收器和发送器允许位，TXWAKE 和 SLEEP 功能，以及软件复位等信息；SCICTL2 用于允许接收/间断中断和发送中断，同时包含发送准备好标志与发送器空标志等。

SCICCR 的位分布如下，其位描述如表 6.1 所示。

7	6	5	4	3	2	1	0
STOP BITS	EVEN/ODD PARITY	PARITY ENABLE	LOOPBACK ENA	ADDR/IDLE MODE	SCICHAR2	SCICHAR1	SCICHAR0
RW-0	RW-0	RW-0	RW-0	RW-0	RW-0	RW-0	RW-0

表 6.1   SCICCR 的位描述

位	名称	说明
7	STOP BITS	停止位数量。0-1 个停止位；1-2 个停止位
6	EVEN/ODD PARITY	奇/偶校验选择。0-奇校验；1-偶校验
5	PARITY ENABLE	奇/偶校验允许。0-禁止校验；1-允许校验
4	LOOPBACK ENA	自测试模式允许。0-禁止；1-允许（SCIRXD 和 SCITXD 于系统内部相连）
3	ADDR/IDLE MODE	多处理器模式选择。0-空闲线模式；1-地址位模式
2-0	SCICHAR[2:0]	字符（数据）长度选择。字符长度=SCICHAR[2:0]+1

SCICTL1 的位分布如下，位描述如表 6.2 所示。

7	6	5	4	3	2	1	0
保留	RX ERR INT ENA	SW RESET	保留	TXWAKE	SLEEP	TXENA	RXENA
R-0	RW-0	RW-0	R-0	RW-0	RW-0	RW-0	RW-0

表 6.2   SCICTL1 的位描述

位	名称	说明
6	RX ERR INT ENA	接收错误中断允许。0-禁止接收错误中断；1-允许接收错误中断
5	SW RESET	软件复位（低有效）。0-进入复位状态；1-退出复位状态，允许 SCI
3	TXWAKE	发送器唤醒模式选择。0-无发送特征；1-发送特征取决于空闲线或地址位模式（若向该位写 1 后接着向 SCITXBUF 写数据，则空闲线模式下产生 11 位的空闲位，地址位模式下将该字符的地址位置 1）
2	SLEEP	SCI 休眠位。0-禁止休眠方式； 1-允许休眠方式
1	TXENA	SCI 发送允许。0-禁止发送； 1-允许发送
0	RXENA	SCI 接收允许。0-禁止接收； 1-允许接收

SCICTL2 的位分布如下，位描述如表 6.3 所示。

7	6	5			2	1	0
TXRDY	TX EMPTY	保留				RX/BK INT ENA	TX INT ENA
R-1	R-1	R-0				RW-0	RW-0

表 6.3   SCICTL2 的位描述

位	名称	说明
7	TXRDY	TXBUF 准备好标志。0-SCITXBUF 满；1-SCITXBUF 准备接收下一数据
6	TXEMPTY	发送器空标志。0-SCITXBUF 或 TXSHF 中有数据；1-SCITXBUF 和 TXSHF 中均无数据
1	RX/BK INT ENA	接收缓冲器/间断中断允许。0-禁止该中断；1-允许该中断
0	TX INT ENA	发送缓冲器中断允许控制。 0-禁止 TXRDY 中断；1-允许 TXRDY 中断

（2）波特率选择寄存器

SCI 模块通信的波特率由波特率选择寄存器 SCIHBAUD 和 SCILBAUD 编程。SCIHBAUD

和 SCILBAUD 分别用于规定波特率的高 8 位和低 8 位,二者一起构成了 16 位波特率的值,用 BRR 表示。根据 BRR 的值,可选择 65536 种不同的 SCI 异步传输波特率。

当 $1 \leqslant BRR \leqslant 65535$ 时,波特率 $= \dfrac{LSPCLK}{(BRR+1) \times 8}$ (反之,$BRR = \dfrac{LSPCLK}{\text{所需波特率} \times 8} - 1$)。

当 BRR=0 时,波特率 $= \dfrac{LSPCLK}{16}$。

其中 LSPCLK 为低速外设时钟。

（3）数据类寄存器

数据类寄存器包括发送数据缓冲寄存器 SCITXBUF、接收数据缓冲寄存器 SCIRXBUF 和接收仿真数据缓冲寄存器 SCIRXEMU。其中 SCITXBUF 用于存放下一个将要发送的数据。SCITXBUF 中数据传送到发送移位寄存器 TXSHF 后,TXRDY 标志置位,提示可向 SCITXBUF 写入新数据。

标准 SCI 模式下,SCIRXBUF 和 SCIRXEMU 均为 8 位宽,SCI 接收到的数据同时传送至这两个寄存器。但前者用于普通的接收操作,读取该寄存器会清除 RXRDY 标志;后者主要用于仿真,读取该寄存器不清除 RXRDY 标志。

增强 FIFO 模式下,SCIRXBUF 为 16 位宽,此时其位分布如下。

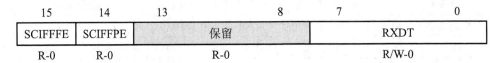

其中低 8 位 RXDT7～0 为接收数据位;高 2 位 SCIFFFE 和 SCIFFPE 分别为 FIFO 帧错误标志和 FIFO 奇偶校验错误标志,仅在使能 FIFO 功能时有效。

（4）状态寄存器和优先级控制寄存器

SCI 接收状态寄存器 SCIRXST 反映接收器的状态。其位分布如下,位描述如表 6.4 所示。

7	6	5	4	3	2	1	0
RX ERROR	RXRDY	BRKDT	FE	OE	PE	RXWAKE	保留
R-0	R-0	R-0	R-0	R-0	R-0	R-0	R-0

表 6.4 　　　　　　　　　　　SCIRXST 的位描述

位	名称	说明
7	RX ERROR	SCI 接收错误标志。0-无接收错误;1-有接收错误
6	RXRDY	SCI 接收就绪标志,接收器每接收一个完整的数据(字符),该寄存器中标志会更新;当新字符被读出时,标志会清除。0-SCIRXBUF 中无新数据;1-有新数据
5	BRKDY	间断错误标志位。0-无间断条件发生;1-有间断条件发生
4	FE	SCI 帧错误标志。0-无帧错误;1-有帧错误
3	OE	SCI 溢出错误标志。0-无未读数据被覆盖;1-有未读数据被覆盖
2	PE	SCI 校验错误标志。0-无校验错误或校验被禁止;1-有校验错误
1	RXWAKE	接收器唤醒检测标志。0-未检测到唤醒条件;0-检测到唤醒条件

SCI 优先级控制寄存器 SCIPRI 仅包含两个有效位——SCI SOFT 和 SCI FREE。用于规定 SCI 模块仿真挂起时的操作:00-立即停止;10-完成当前发送/接收操作后停止;x1-自由运行。

（5）FIFO 寄存器

FIFO 相关寄存器包括 FIFO 发送寄存器 SCIFFTX、FIFO 接收寄存器 SCIFFRX 和 FIFO 控制寄存器 SCIFFCT。

SCIFFTX 的位分布如下，其位描述如表 6.5 所示。

15	14	13	12				8
SCIRST	SCIFFENA	TXFIFO Reset	TXFFST				
R/W-1	R/W-0	R/W-1	R-0				
7	6	5	4				0
TXFFINT Flag	TXFFINT CLR	TXFFIENA	TXFFIL				
R-0	W-0	R/W-0	R/W-0				

表 6.5　　SCIFFTX 的位描述

位	名称	说明
15	SCIRST	SCI 发送/接收通道复位。0-复位；1-使能操作
14	SCIFFENA	FIFO 增强功能允许。0-禁止；1-允许
13	TXFIFO Reset	发送 FIFO 复位。0-复位，指针指向 0；1-使能操作
12～8	TXFFST	发送 FIFO 状态位。00000～10000-FIFO 有 0～16 个字符未发送
7	TXFFINT Flag	FIFO 发送中断标志。0-无中断事件；1-有中断事件
6	TXFFINT CLR	FIFO 发送中断清除位。0-无影响；1-清除中断标志
5	TXFFIENA	FIFO 发送中断允许。0-禁止；1-允许
4-0	TXFFIL	FIFO 发送中断级设定。当前状态位 TXFFST≤TXFFIL 时产生中断

SCIFFRX 的位分布如下，其位描述如表 6.6 所示。

15	14	13	12				8
RXFFOVF	RXFFOVR CLR	RXFIFO Reset	RXFFST				
R -0	W-0	R/W-1	R-0				
7	6	5	4				
RXFFINT Flag	RXFFINT CLR	RXFFIENA	RXFFIL				
R-0	W-0	R/W-1	R/W-1				

表 6.6　　SCIFFRX 的位描述

位	名称	说明
15	RXFFOVF	接收 FIFO 溢出标志。0-无溢出；1-溢出
14	RXFFOVR CLR	溢出标志清除位。0-无影响；1-清除溢出标志
13	RXFIFO Reset	接收 FIFO 复位。0-复位，指针指向 0；1-使能操作
12～8	RXFFST	接收 FIFO 状态位。00000～10000-FIFO 接收到 0～16 个字符
7	RXFFINT Flag	FIFO 接收中断标志。0-无中断事件；1-有中断事件
6	RXFFINT CLR	FIFO 接收中断清除位。0-无影响；1-清除中断标志
5	RXFFIENA	FIFO 接收中断允许。0-禁止；1-允许
4～0	RXFFIL	FIFO 接收中断级设定。当前状态位 RXFFST≥RXFFIL 时产生中断

SCIFFCT 的位分布如下，其位描述如表 6.7 所示。

15	14	13	12	8	7	0
ABD	ABD CLR	CDC	保留		FFTXDLY	
R-0	W-0	R/W-0	R-0		R/W-0	

表 6.7   **SCIFFCT 的位描述**

位	名称	说明
15	ABD	自动波特率检测标志。0-未完成检测；1-完成检测
14	ABD CLR	ABD 标志清除位。0-无影响；1-清除 ABD 标志
13	CDC	自动波特率检测允许。0-禁止；1-允许
7～0	FFTXDLY	发送 FIFO 发送数据时数据之间的延时。延时范围为 0～255 个波特率时钟

6.1.3 SCI 模块应用示例

以 F28335 DSP 控制器的 SCI-B 模块和 PC 机通过 RS-232 串口进行异步通信交换数据为例，说明 SCI 模块串行通信过程。其中 PC 机称为上位机，DSP 控制器为下位机。要求下位机首先发送欢迎信息"Hello World!"给上位机；上位机在串口测试界面观察到欢迎信息后，发送一个字符给下位机；下位机接收到该字符后，再将其回发给上位机。

设计分析：DSP 控制器的 CPU 判断某个外设事件是否发生并为其提供服务，可使用查询方式或中断方式。在中断方式下，只要允许该事件的外设级、PIE 级、CPU 级中断，并打开可屏蔽中断的总开关，则事件发生时，将逐级向 CPU 申请中断，CPU 通过执行中断服务程序为该事件提供服务。在查询方式下，CPU 可通过不断查询某事件的标志位判断其是否发生，一旦发生将为其提供服务。本例以查询方式实现要求功能，以此说明查询方式的编程方法。判断 SCI 模块是否接收到数据，可通过查询 SCIRXST[RXRDY]是否为 1 或 SCIFFRX[RXFFST]是否为 1 实现；数据是否发送完毕，可通过查询 SCICTL2[TXRDY]是否为 1 或 SCIFFTX[TXFFST]是否为 0 实现。主程序如例 6.1 所示。

例 6.1 SCI 通信示例代码。

```
#include "DSP2833x_Device.h"
#include "DSP2833x_Examples.h"
// 函数声明
void scib_echoback_init(void);        //声明 SCI 初始化函数
void scib_fifo_init(void);            //声明 FIFO 初始化函数
void scib_xmit(int a);                //声明发送字符函数
void scib_msg(char *msg);             //声明发送字符串函数
// 全局变量声明
Uint16 LoopCount;
Uint16 ErrorCount;
void main(void)
{   Uint16 ReceivedChar;
    char *msg;
// Step 1. 初始化系统控制
    InitSysCtrl();
// Step 2. 初始化 GPIO
```

```
    InitGpio();
// Step 3. 清除所有中断；初始化 PIE 向量表
    DINT;
    InitPieCtrl();                              //初始化 PIE 控制
    IER = 0x0000;                               //禁止 CPU 中断
    IFR = 0x0000;                               //清除所有 CPU 中断标志
    InitPieVectTable();                         //初始化 PIE 向量表
// Step 4. 初始化器件外设，本例不需要
// Step 5. 用户特定代码
    LoopCount = 0;
    ErrorCount = 0;
    scib_fifo_init();                           //初始化 FIFO
    scib_echoback_init();                       //初始化 SCI
    msg = "\r\n\n\nHello World!\0";
    scib_msg(msg);
    msg = "\r\nEnter a character for DSP to echo back! \n\0";
    scib_msg(msg);
// Step 6.无限循环，查询是否收到字符并回发
    for(;;)
    { msg = "\r\nEnter a character: \0";
        scib_msg(msg);
      // 等待输入字符
        while(ScibRegs.SCIFFRX.bit.RXFFST !=1) { }     //等待 RXFFST =1
        ReceivedChar = ScibRegs.SCIRXBUF.all;          //获取字符
      //回发
        msg = " You sent: \0";
        scib_msg(msg);
        scib_xmit(ReceivedChar);
        LoopCount++;
    }
}
// Step 7. 用户自定义函数
void scib_echoback_init()                       //定义 SCI 初始化函数
{    ScibRegs.SCICCR.all =0x0007;               // 1 位停止位，无奇偶校验，8 位字符
     ScibRegs.SCICTL1.all =0x0003;              //复位，允许发送和接收
     ScibRegs.SCICTL2.all =0x0003;              //允许接收和发送中断
     ScibRegs.SCIHBAUD=0x0001;                  //9600 波特率
     ScibRegs.SCILBAUD =0x00E7;
     ScibRegs.SCICTL1.all =0x0023;              //退出复位
}
void scib_xmit(int a)                           //定义发送字符函数
{    while (ScibRegs.SCIFFTX.bit.TXFFST != 0) {}
     ScibRegs.SCITXBUF=a;
}
void scib_msg(char * msg)                       //定义发送字符串函数
{    int i;
     i = 0;
     while(msg[i] != '\0')
     {   scib_xmit(msg[i]);
         i++;
     }
}
void scib_fifo_init()                           //定义 FIFO 初始化函数
{  ScibRegs.SCIFFTX.all=0xE040;
   ScibRegs.SCIFFRX.all=0x204f;
   ScibRegs.SCIFFCT.all=0x0;
}
```

6.2 串行外设（SPI）模块

串行外设接口 SPI 模块是一个高速、同步的串行输入/输出（I/O）端口，它允许长度可编程的串行数据流（1～16 位）以可编程的位传输速度移入或移出器件。SPI 可用于 DSP 控制器和外设或其他控制器间的通信，典型应用包括与移位寄存器、显示驱动器、串行 A/D、串行 D/A、串行 EEPROM，以及日历时钟芯片等外围 I/O 器件相连进行外设扩展。F28335 DSP 控制器有 1 个 SPI 接口：SPI-A。

6.2.1 SPI 模块结构与工作原理

1. 结构与点-点通信原理

串行外设接口 SPI 具有主动和从动两种工作模式，可工作于半双工或全双工通信。它具有可编程的 1～16 位数据长度，125 种波特率和 4 种时钟方案。从动模式下全双工通信时 SPI 模块的结构和通信示意图如图 6.8 所示。

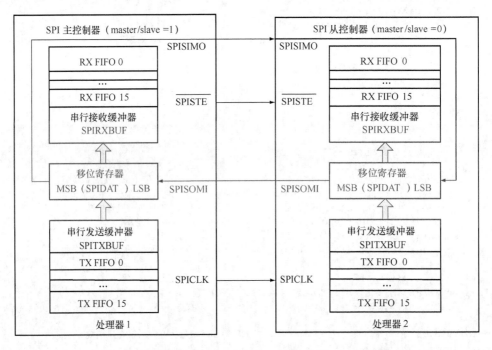

图 6.8　从动模式下全双工通信时 SPI 模块结构及点-点通信示意图

由图 6.8 可见，SPI 模块的核心是一个 16 位的移位寄存器 SPIDAT，发送和接收均通过该寄存器进行，且发送和接收均为双缓冲，均包含一个 16 级深的先入先出 FIFO 堆栈。SPI 模块具有 4 个外部引脚：从动输入/主动输出数据引脚 SPISIMO、从动输出/主动输入数据引脚 SPISOMI、时钟引脚 SPOCLK 和从动发送的使能引脚 $\overline{\text{SPISTE}}$。

在从模式下全双工点-点通信时，只需将 4 个引脚按图 6.8 所示连接即可。但在很多实际应用中，数据传输方向往往是固定的，此时只需根据发送方的工作模式连接相应引脚。

（1）主模式

在主模式下，SPI 从 SPICLK 引脚为整个串行通信网络提供串行时钟，按照 SPIBRR 寄存器规定的位传输速率将主控制器的串行数据传输至从控制器，如图 6.9 所示，其工作过程如下。

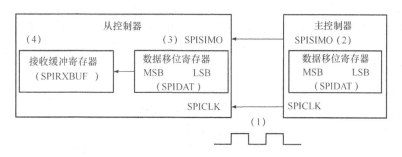

图 6.9 主模式下数据传输示意图

① 主控制器由 SPICLK 输出时钟信号给外部网络从控制器，使二者同步传输数据。

② 主控制器将长度可编程（最长 16 位）的数据写入 SPIDAT 移位寄存器，并向左移位，由最高位（MSB）开始，由主控制器 SPISIMO 引脚上串行输出。

③ 从控制器由 SPISIMO 引脚接收串行数据并将数据移入其 SPIDAT 的最低位（LSB）。

④ 设定位数的数据传输完毕后，从控制器将数据并行写入接收缓冲寄存器 SPIRXBUF 中，供 CPU 读出，同时可产生中断。

（2）从模式

从模式下，可将从控制器的串行数据传输到主控制器，如图 6.10 所示，其工作过程如下。

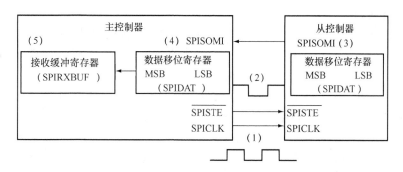

图 6.10 从模式下数据传输示意图

① 外部主控制器由 SPICLK 引脚为从控制器提供输入时钟，使二者同步传输数据。

② 外部网络主控制器由 $\overline{\text{SPISTE}}$ 引脚输出一低电平给从控制器，允许从控制器发送数据。

③ 从控制器将数据写入其 SPIDAT 并向左移位，在 SPCLK 信号的合适边沿，由 SPIDAT 最高位（MSB）开始从 SPISOMI 引脚串行输出。

④ 主控制器由 SPISOMI 引脚接收串行数据，并将数据移入其 SPIDAT 的最低位（LSB）。

⑤ 设定的数据传输完毕后，主控制器将完整的数据并行写入其接收缓冲器 SPIRXBUF 中，同时可产生中断。

注意：由于主控制器控制着 SPICLK 信号，故可在任意时刻启动数据发送；而从控制器要发送数据，必须得到主控制器的允许。

另外，串行数据长度由 SPICCR[CHAR]编程。若传输数据长度小于 16 位，数据写入 SPIDAT 或 SPITXBUF 时，必须左对齐；数据从 SPIRXBUF 读回时则为右对齐。

2．SPI 模块的波特率和时钟模式

SPI 模块支持 125 种不同的波特率和 4 种不同的时钟模式。主模式下，SPI 时钟由 SPI 模块产生，并由 SPICLK 引脚输出；从模式下，SPI 时钟由外部（主控制器）时钟源提供，从 SPICLK 引脚输入。两种模式下，SPI 时钟的频率均不能超过 SYSCLKOUT/4。

（1）SPI 波特率的设定

SPI 通信波特率由 SPI 波特率寄存器 SPIBRR 编程。

当 SPIBRR=3～127 时，SPI 波特率=LSPCLK/(SPIBRR+1)。

当 SPIBRR=0～2 时，SPI 波特率=LSPCLK/4。

其中，LSPCLK 为低速外设时钟；SPIBRR 为主 SPI 器件中 SPIBRR 的值。

（2）SPI 时钟模式

SPI 的时钟模式由 SPICCR [CLOCK POLARITY]和 SPICTL[CLOCK PHASE]编程。前者确定时钟的有效沿（上升沿或下降沿）；后者确定是否有半个时钟周期的延时，如表 6.8 所示。

表 6.8 串行外设时钟模式选择

CLOCK POLARITY	0	0	1	1
CLOCK PHASE	0	1	0	1
SPICLK 的信号模式	无延时的上升沿	有延时的上升沿	无延时的下降沿	有延时的下降沿

各种模式意义如下。

无延时的上升沿：SPI 在 SPICLK 上升沿发送数据，下降沿接收数据。

有延时的上升沿：SPI 在 SPICLK 上升沿之前的半个周期发送数据，上升沿接收数据。

无延时的下降沿：SPI 在 SPICLK 下降沿发送数据，上升沿接收数据。

有延时的下降沿：SPI 在 SPICLK 下降沿之前的半个周期发送数据，下降沿接收数据。

SPI 在各种时钟模式下接收数据的时序图如图 6.11 所示。

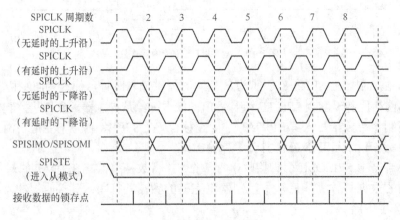

图 6.11 SPICLK 时钟模式时序图

注意：SPICLK 波形在 SPIBRR+1 的值为偶数时保持对称，为奇数时不对称（高、低电平相差一个 CLKOUT 时钟周期）。

3. SPI 模块的 FIFO 功能

与 SCI 模块类似，SPI 模块的发送器和接收器均有 16 级先入先出 FIFO 堆栈，且发送 FIFO（TX FIFO 0～TX FIFO 15）和接收 FIFO（RX FIFO 0～RX FIFO 15）均为 16 位宽度。FIFO 接收和发送完毕均可申请中断，且具有可编程的中断级。另外，发送 FIFO 还具有可编程的延时发送功能，可通过对 3 个 FIFO 寄存器（发送 FIFO 寄存器 SPIFFTX、接收 FIFO 寄存器 SPIFFRX 和 FIFO 控制寄存器 SPIFFCT）编程来控制其操作，包括选择是否使用 FIFO 功能、FIFO 复位、是否允许中断及选择中断级、发送延时时间选择等。

系统复位时，SPI 模块处于标准 SPI 模式，通过 SPITINT 和 SPIRINT 向 CPU 申请发送和接收中断，FIFO 功能和 FIFO 寄存器均禁用。要允许 FIFO 功能，可向 SPIFFTX[SPIFFENA] 写 1 实现。向 SPIFFTX[SPIRST] 写 0，可复位 FIFO 发送和接收通道。

在 FIFO 增强模式下，标准 SPI 的 SPITINT 和 SPIRINT 中断被禁止。发送 FIFO 中断通过 SPITINT 申请发送中断；FIFO 接收中断、接收错误中断和接收 FIFO 溢出中断均通过 SPIRINT 申请接收中断。另外，发送和接收 FIFO 中断的触发条件均可编程，可根据实际需求决定当 FIFO 中有多少个数据时，通知 CPU 从接收 FIFO 中读取数据，或者向发送 FIFO 中写入新数据。其中发送 FIFO 中断的触发条件是发送 FIFO 状态位（SPIFFTX[TXFFST]）小于或等于发送中断触发级（SPIFFTX[TXFFIL]）；接收 FIFO 中断的触发条件是接收 FIFO 的状态位（SPIFFRX[RXFFST]）大于或等于接收中断触发级（SPIFFRX[RXFFIL]）。发送中断的默认触发级为 0，即 16 级 FIFO 中数据全部发送完毕；接收 FIFO 中断的默认触发级为 15，即 16 级接收 FIFO 中数据全部接收完毕。

CPU 读取接收 FIFO 时，可通过接收缓冲寄存器 SPIRXBUF 读取；CPU 向发送 FIFO 写数据时，可直接写入发送缓冲寄存器 SPITXBUF。但发送 FIFO 发送数据时，并不通过 SPITXBUF，而是等移位器 SPIDAT 的最后一位数据发送完毕后直接写入。FIFO 中数据传送至 SPIDAT 的速率可以编程，传输数据之间的延时由 SPIFFCT[FFTXDLY] 编程，延时时间范围为 0～255 个波特率时钟。可编程传输数据延时使 DSP 与慢速 SPI 接口之间通信时，几乎不需要 CPU 干预。

6.2.2 SPI 模块的寄存器

标准 SPI 模块的寄存器有 9 个，包括 2 个控制类寄存器（配置控制寄存器 SPICCR 和操作控制寄存器 SPICTL），1 个波特率选择寄存器（SPIBRR），4 个数据类寄存器（串行数据寄存器 SPIDAT、发送数据缓冲寄存器 SPITXBUF、接收器仿真数据缓冲寄存器 SPIRXEMU 和接收数据缓冲寄存器 SPIRXBUF），1 个 SPI 状态寄存器（SPIST）和 1 个优先级控制寄存器（SPIPRI）。增强 FIFO 功能由 3 个 16 位的 FIFO 寄存器（发送 FIFO 寄存器 SPIFFTX、接收 FIFO 寄存器 SPIFFRX 和 FIFO 控制寄存器 SPIFFCT）进行配置。

（1）控制类寄存器

控制类寄存器包括 8 位宽的配置控制寄存器 SPICCR 和操作控制寄存器 SPICTL。其中前者用于规定 SPI 传输字符长度、软件复位和时钟极性；后者则用于规定工作模式、时钟相位、中断和发送允许等信息。SPICCR 的位分布如下，位描述如表 6.9 所示。

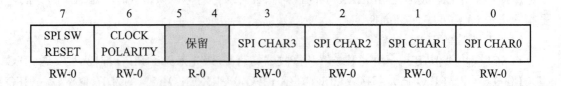

7	6	5 4	3	2	1	0
SPI SW RESET	CLOCK POLARITY	保留	SPI CHAR3	SPI CHAR2	SPI CHAR1	SPI CHAR0
RW-0	RW-0	R-0	RW-0	RW-0	RW-0	RW-0

表 6.9   SPICCR 的位描述

位	名称	说明
7	SPI SW RESET	SPI 软件复位。0-SPI 复位；1-SPI 准备好接收/发送
6	CLOCK POLARITY	移位时钟极性。0-数据上升沿输出，下降沿输入；1-数据下降沿输出，上升沿输入
3-0	SPI CHAR[3:0]	传输字符长度选择。字符长度等于（SPI CHAR[3:0] +1）

SPICTL 的位分布如下，位描述如表 6.10 所示。

7 5	4	3	2	1	0
保留	OVERRUN INT ENA	CLOCK PHASE	MASTER/SLAVE	TALK	SPI INT ENA
R-0	RW-0	RW-0	RW-0	RW-0	RW-0

表 6.10   SPICTL 的位描述

位	名称	说明
4	OVERRUN INT ENA	接收超时中断允许。0-禁止；1-允许
3	CLOCK PHASE	SPI 时钟相位选择。0-无延时；1-延时半个周期
2	MASTER/SLAVE	SPI 主从模式选择。0-从模式；1-主模式
1	TALK	主/从模式发送允许。0-禁止发送（输出高阻态）；1-允许发送
0	SPI INT ENA	SPI 发送/接收中断允许。0-禁止 SPI 中断；1-允许 SPI 中断

（2）SPI 波特率寄存器 SPIBRR

SPIBRR 是一个 8 位的数据寄存器。当 SPI 工作于主模式时，其值用于控制 SPI 数据传输的波特率（共有 125 种波特率可选）；当 SPI 工作于从模式时，其值对 SPICLK 信号无影响。

（3）数据类寄存器

数据类寄存器包括串行数据寄存器 SPIDAT、发送数据缓冲寄存器 SPITXBUF、接收器仿真数据缓冲寄存器 SPIRXEMU 和接收数据缓冲寄存器 SPIRXBUF，均为 16 位宽。

SPIDAT 用于存放发送/接收到的串行数据。发送的数据左对齐，在 SPICLK 的合适边沿由最高位（MSB）逐位移出。接收到的数据右对齐，在 SPICLK 的合适边沿由 SPIDAT 的最低位（LSB）逐位移入，向 SPIDAT 寄存器中写入数据将启动数据传输。

SPITXBUF 用于存放下一个需要发送的数据。向 SPITXBUF 写入数据将置位 SPIST[TX BUF FULL FLAG]。当前 SPIDAT 中数据传送完毕后，若 SPI TXBUF FULL FLAG 置位，则 SPITXBUF 中数据自动装入 SPIDAT，同时清除 TX BUF FULL FLAG。

SPIRXBUF 用于存放 SPI 模块接收到的数据。SPIDAT 接收到一个完整数据后，将该数据右对齐传送至 SPIRXBUF，并置位 SPIST[SPI INT FLAG]。读取 SPIRXBUF 后，自动清除 SPI INT FLAG。SPIRXEMU 与 SPIRXBUF 内容相同，但仅用于仿真，读取该寄存器不清除 SPI INT FLAG 标志。

（4）状态寄存器和优先级控制寄存器

SPI 状态寄存器 SPIST 的位分布如下，位描述如表 6.11 所示。

7	6	5	4	0
RECEIVER OVERRUN FLAG	SPI INT FLAG	TX BUF FULL FLAG	保留	
RC-0	RC-0	RC-0	R-0	

表 6.11 　　　　　　　　　　　　SPIST 的位描述

位	名称	说明	清除方法
7	RECEIVER OVERRUN FLAG	SPI 接收溢出中断标志位（旧数据被覆盖）。0-无超时中断请求；1-有超时中断请求	①该位写 1；②向 SPI SW RESET 写 1；③复位系统
6	SPI INT FLAG	SPI 中断标志位。0-无中断请求；1-有中断请求	①读 SPIRXBUF；②向 SPI SW RESET 写 1；③复位系统
5	TXBUF FULL FLAG	SPI 发送缓冲器满标志。0-TXBUF 空；1-TXBUF 有新数据	

注意：RECEIVER OVERRUN FLAG 和 SPI INT FLAG 共享一个中断向量。另外，若 RECEIVER OVERRUN FLAG 置 1 之后未清除，将检测不到后续溢出中断。

SPI 优先级控制寄存器 SPIPRI 的位分布如下。

7	6	5	4	3	0
保留	SPI PRIORITY	SPI SUSP SOFT	SPI SUSP FREE	保留	
R-0	RW-0	RW-0	RW-0	R-0	

其中 SPI PRIORITY 用于规定 SPI 中断优先级（0-高优先级；1-低优先级）。SPI SUSP SOFT 和 SPI SUSP FREE 用于规定 SPI 仿真挂起时处理：00-立即停止；10-完成当前接收/发送操作后停止；x1-自由运行。

（5）FIFO 寄存器

FIFO 寄存器包括 FIFO 发送寄存器 SPIFFTX、FIFO 接收寄存器 SPIFFRX 和 FIFO 控制寄存器 SPIFFCT，其功能和控制方法与 SCI 模块类似。

SPIFFTX 的位分布如下，其位描述如表 6.12 所示。

15	14	13	12	8
SPIRST	SPIFFENA	TXFIFO	TXFFST	
R/W-1	R/W-0	R/W-1	R-0	

7	6	5	4	0
TXFFINT Flag	TXFFINT CLR	TXFFIENA	TXFFIL	
R-0	W-0	R/W-0	R/W-0	

表 6.12   **SPIFFTX 的位描述**

位	名称	说明
15	SPIRST	SPI 复位。0-复位；1-使能操作
14	SPIFFENA	FIFO 增强功能允许。0-禁用；1-允许
13	TXFIFO	发送 FIFO 复位。0-复位，指针指向 0；1-使能操作
12-8	TXFFST	发送 FIFO 状态位。00000～10000-FIFO 有 0～16 个字未发送
7	TXFFINT Flag	FIFO 发送中断标志。0-无中断事件；1-有中断事件
6	TXFFINT CLR	FIFO 发送中断清除位。0-无影响；1-清除中断标志
5	TXFFIENA	FIFO 发送中断允许。0-禁止；1-允许
4-0	TXFFIL	FIFO 发送中断级设定。当前状态位 TXFFST<=TXFFIL 时产生中断

SPIFFRX 的位分布如下，其位描述如表 6.13 所示。

15	14	13	12			8
RXFFOVF Flag	RXFFOVR CLR	RXFIFO Reset	RXFFST			
R -0	W-0	R/W-1	R-0			

7	6	5	4			0
RXFFINT Flag	RXFFINT CLR	RXFFIENA	RXFFIL			
R-0	W-0	R/W-1	R/W-1			

表 6.13   **SPIFFRX 的位描述**

位	名称	说明
15	RXFFOVF Flag	接收 FIFO 溢出标志。0-无溢出；1-溢出
14	RXFFOVR CLR	溢出标志清除位。0-无影响；1-清除溢出标志
13	RXFIFO Reset	接收 FIFO 复位。0-复位，指针指向 0；1-使能操作
12-8	RXFFST	接收 FIFO 状态位。00000～10000-FIFO 中接收到 0～16 个字
7	RXFFINT Flag	FIFO 接收中断标志。0-无中断事件；1-有中断事件
6	RXFFINT CLR	FIFO 接收中断清除位。0-无影响；1-清除中断标志
5	RXFFIENA	FIFO 接收中断允许。0-禁止；1-允许
4-0	RXFFIL	FIFO 接收中断级设定。当前状态位 RXFFST≥RXFFIL 时产生中断

SPIFFCT 是一个 16 位的寄存器，其高 8 位保留，低 8 位 FFTXDLY[7:0]用于规定发送 FIFO 发送数据时数据之间的延时。延时范围为 0～255 个波特率时钟。

6.2.3 SPI 模块应用示例

以 F28335 DSP 控制器的 SPI-A 内部自检测为例，说明 SPI 模块的开发方法。要求 SPI -A 工作于主模式，自发自收，并检测接收数据的错误率，其主程序如例 6.2 所示。

例 6.2 SPI 自检测示例代码。

```
#include "DSP2833x_Device.h"
#include "DSP2833x_Examples.h"
// 函数声明
```

```
void delay_loop(void);                              //声明延时函数
void spi_xmit(Uint16 a);                            //声明 SPI 数据发送函数
void spi_fifo_init(void);                           //声明 SPI FIFO 初始化函数
void spi_init(void);                                //声明 SPI 初始化函数
void error(void);                                   //声明错误处理函数
void main(void)
{   Uint16 sdata;                                   //发送数据
    Uint16 rdata;                                   //接收数据
// Step 1. 初始化系统控制
    InitSysCtrl();
// Step 2. 初始化 GPIO
    InitGpio();
// Step 3. 清除所有中断；初始化 PIE 向量表
    DINT;
    InitPieCtrl();                                  //初始化 PIE 控制
    IER = 0x0000;                                   //禁止 CPU 中断
    IFR = 0x0000;                                   //清除所有 CPU 中断标志
    InitPieVectTable();                             //初始化 PIE 向量表
// Step 4. 初始化器件外设
    spi_fifo_init();                                //初始化 Spi FIFO
    spi_init();                                     //初始化 SPI
// Step 5. 用户特定代码
    sdata = 0x0000;
// Step 6.无限循环，自发自收并检测
    for(;;)
    {   spi_xmit(sdata);                            //发送数据
        while(SpiaRegs.SPIFFRX.bit.RXFFST !=1) { }  //等待接收到数据
        rdata = SpiaRegs.SPIRXBUF;
        if(rdata != sdata) error();                 //检测接收到的数据
        sdata++;
    }
}
// Step 7. 用户自定义函数
void delay_loop()                                   //定义延时函数
{   long i;
    for (i = 0; i < 1000000; i++) {}
}
void error(void)                                    //定义错误处理函数
{   asm("   ESTOP0");                               //检测到错误仿真停止
    for (;;);
}
void spi_init()                                     //定义 SPI 初始化函数
{   SpiaRegs.SPICCR.all =0x000F;                    //复位、上升沿、16 位数据
    SpiaRegs.SPICTL.all =0x0006;                    //主模式，正常相位
    SpiaRegs.SPIBRR =0x007F;
    SpiaRegs.SPICCR.all =0x009F;                    //退出复位
    SpiaRegs.SPIPRI.bit.FREE = 1;
}
void spi_xmit(Uint16 a)                             //定义 SPI 数据发送函数
{   SpiaRegs.SPITXBUF=a;
}
void spi_fifo_init()                                //定义 SPI FIFO 初始化函数
{   SpiaRegs.SPIFFTX.all=0xE040;
    SpiaRegs.SPIFFRX.all=0x204f;
    SpiaRegs.SPIFFCT.all=0x0;
}
```

6.3 增强控制器局域网（eCAN）模块

6.3.1 CAN 总线及 CAN 帧格式

控制器局域网络（Controller Area Network，CAN），属于工业现场总线的新一代局域通信网络，又称为控制器局域网现场总线。与一般的通信总线相比，具有突出的可靠性、实时性和灵活性，故在汽车电子和其他工业领域获得了广泛应用。

CAN 协议规定 CAN 通信采用报文传送。报文由数据帧、远程帧、错误帧以及超载帧 4 种组成。CAN 允许使用数据帧来发送、接收和保存信息。一个有效的 CAN 数据帧由帧起始（SOF）、仲裁域、控制域、数据域、校验域（CRC）、应答域（ACK）和帧结束（EOF）组成。支持两种不同的数据帧格式——标准格式和扩展格式。二者的不同主要在于仲裁域格式不同。前者由 11 位标识符和远程发送请求位 RTR 构成，后者增加了 18 位扩展标识符和替代远程请求位 SRR、扩展标志位 IDE，如图 6.12 所示。

图 6.12 CAN 信息帧格式

其中，标识符作为报文名称，用于确定仲裁过程中访问优先权和判断 CAN 接收邮箱是否接收该信息帧的内容；远程传输请求位 RTR 用于区分发送的是远程帧还是数据帧；扩展标志位 IDE 用于区分标准帧和扩展帧；DLC 指示数据代码长度；数据字节 0~7 为需要发送的数据。

6.3.2 eCAN 结构与工作原理

C28xx 系列 DSP 集成的 CAN 控制器是 TI 公司推出的新一代 32 位 CAN 控制器，也称增强型局域网控制器 eCAN（enhanced CAN）。F28335 的 eCAN 控制器具有 32 个可以完全控制的邮箱和时间标识特性，并具有低功耗工作、可编程总线唤醒方式等特点，提供了一个通用可靠的串行通信接口。其结构框图及接口电路如图 6.13 所示。

由图 6.13 可见，eCAN 模块由 CAN 协议核心（CPK）和消息控制器组成。CPK 的通信缓冲区包括发送缓冲区和接收缓冲区。CPK 对用户是透明的，可根据 CAN 协议在 CAN 总线上发送消息，或将从总线上接收到的消息解码后存放至接收缓冲器。消息控制器包括 32 个消息邮箱 RAM（每个邮箱具有 4×32 位空间）、存储器管理单元（包括 CPU 接口、接收控制单元和定时器管理单元），以及控制与状态寄存器 3 个组成部分。消息控制器负责根据需发送消息的优先级将其发送给 CPK，或者决定是否保存 CPK 接收到的消息。

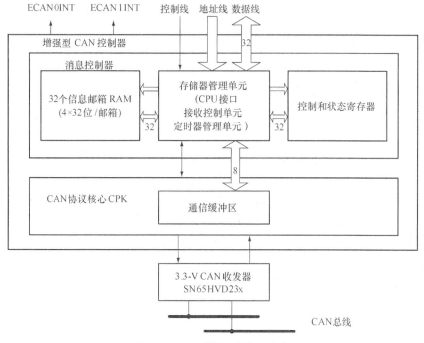

图 6.13　eCAN 模块及其接口电路

　　CPU 发送消息时，消息控制器将待发送消息传送给 CPK 的发送缓冲器，并在下一个总线空闲状态将其发送出去。若发送多个消息，先对其进行排队，然后根据优先权从高到低的顺序依次发送。若两个发送邮箱的消息具有相同优先级，则优先发送编号大的邮箱中消息。

　　CPK 接收到有效的消息后，由消息控制器的接收控制单元决定是否保存该消息。接收控制单元检查所有消息对象的状态、标识符以及屏蔽寄存器，以确定用于保存该消息的邮箱。若未找到匹配邮箱，则舍弃该消息。

　　消息控制器的定时器管理单元有一个时间戳计数器，在 eCAN 模式下，可对所有发送或接收的消息添加时间标记。若消息未能在允许的时间内接收或发送完毕，将产生超时中断。另外，在进行数据传输时，对所有控制器寄存器配置完成后，所有工作均由 eCAN 模块完成，无需 CPU 干预。

　　F28335 的 eCAN 模块可工作于增强模式（eCAN 模式）和标准模式（SCC 模式）。SCC 模式下，只能使用 16 个邮箱（邮箱 0～15），无时间标记功能，且可接受屏蔽数目减少。工作模式由主控制寄存器 CANMC 的 SCC 兼容位 SCB 配置（1-eCAN 模式；0-SCC 模式），复位时工作于 SCC 模式。

6.3.3　eCAN 模块的寄存器

1. eCAN 邮箱

　　eCAN 模块有 32 个邮箱。每一个邮箱均可配置为发送邮箱或接收邮箱，且均有独立的接收屏蔽寄存器。每个邮箱由邮箱标识寄存器 MSGID（32 位）、邮箱控制寄存器 MSGCTRL（32 位）、32 位消息数据寄存器 CANMDL（低位，4 字节）和 CANMDH（高位，4 字节）构成。MSGID 用于存放 11 位或 29 位的标识符，即邮箱 ID。MSGCTRL 用于定义消息字节数、发送优先级和远程帧等。CANMDL 和 CANMDH 用于存储发送或接收到的数据帧，每个邮箱最大可存储 8 个字节。当 CAN 模块未启动时，这些存储空间可作普通 RAM 使用。

（1）邮箱标识寄存器 MSGID

MSGID 为 32 位寄存器，其位分布如下。

31	30	29	28	18	17	0
IDE	AME	AAM	ID[28:18]		ID.17:0]	
R/W-x	R/W-x	R/W-x	R/W-x		R/W-x	

其中 IDE 为标识符扩展位，由此决定接收的消息含有扩展标识符或标准标识符（0-标准标识符；1-扩展标识符）。AME 为接收屏蔽使能位（0-不使用接收屏蔽，所有标识符均需匹配；1-使用接收屏蔽），仅用于接收邮箱。AAM 为自动应答模式位（0-正常模式，不响应远程请求；1-自动应答模式，收到匹配的远程请求后，将邮箱内容发送出去），仅对配置为传输消息邮箱有效。ID[28：0]为消息标识符，标准标识符模式下使用 ID[28：18]。

（2）邮箱控制寄存器 MSGCTRL

32 位邮箱控制寄存器 MSGCTRL 的位定义如下。

31	13	12	7	5	4	3	0
保留		TPL		保留	RTR	DLC	
R-0		R/W-x		R-0	R/W-x	R/W-x	

其中 DLC 为数据长度代码，决定发送或接收多少字节（0~8）的数据。RTR 为远程传输请求位，置"1"有效。TPL 为传输优先级，定义了该邮箱相对于其他 31 个邮箱的优先级。

（3）消息数据寄存器 CANMDL 和 CANMDH

消息数据寄存器 CANMDL 和 CANMDH 均为 32 位寄存器，用于存储 CAN 消息的数据字段。消息数据共包含 8 个字节，通信过程中数据从字节 0 开始通过 CAN 总线发送或接收。数据存取顺序由主控寄存器 CANMC 的数据字节顺序位 DBO 设置。当 DBO=1 时，数据的存储与读取均从 CANMDL 寄存器的最低有效字节开始，到 CANMDH 寄存器的最高有效字节结束。当 DBO=0 时，数据的存储与读取均从 CANMDL 寄存器的最高有效字节开始，到 CANMDH 寄存器的最低有效字节结束。

2．eCAN 模块的寄存器

F28335 eCAN 模块的所有寄存器均为 32 位，如表 6.14 所示。处理器对它们进行配置，从而控制 CAN 信息传输。

表 6.14 中，邮箱使能寄存器 CANME、邮箱方向寄存器 CANMD、发送请求置位寄存器 CANTRS、发送请求复位寄存器 CANTRR、发送应答寄存器 CANTA、发送终止应答寄存器 CANAA、接收信息悬挂寄存器 CANRMP、接收信息丢失寄存器 CANRML 和远程帧悬挂寄存器 CANRFP 均为 32 位，且位分布相同，从最低位到最高位分别用于邮箱 0~31 的配置。其中 CANME 用于启用/禁用 32 个邮箱（0-禁用；1-启用）；CANMD 用于配置 32 个邮箱的接收或发送操作（1-接收邮箱；0-发送邮箱）；CANTRS 用于启动 32 个邮箱的发送（1-启动发送；0-无操作）；CANTRR 用于取消发送请求（1-取消发送；0-无操作）；若邮箱 n 的信息发送成功，则 CANTA[n]置位；若邮箱 n 中信息的发送终止，CANAA 的 CANAA[n]置位；若邮箱 n 中接收到一条信息，CANRMP[n]置位；若邮箱 n 中一条新信息覆盖了一条旧的未读信息，CANRML[n]置位；若接收邮箱 n 接收了一个远程帧，CANRFP[n]置位。

表 6.14　　　　　　　　　　　　　　TMS320F28335 eCAN 模块的寄存器

名称	大小（×32 位）	描述	名称	大小（×32 位）	描述
CANME	1	邮箱使能寄存器	CANTEC	1	发送错误计数寄存器
CANMD	1	邮箱方向寄存器	CANREC	1	接收错误计数寄存器
CANTRS	1	发送请求设置寄存器	CANGIF0	1	全局中断标志寄存器 0
CANTRR	1	发送请求复位寄存器	CANGIM	1	全局中断屏蔽寄存器
CANTA	1	发送应答寄存器	CANGIF1	1	全局中断标志寄存器 1
CANAA	1	发送终止应答寄存器	CANMIM	1	邮箱中断屏蔽寄存器
CANRMP	1	接收信息悬挂寄存器	CANMIL	1	邮箱中断优先寄存器
CANRML	1	接收信息丢失寄存器	CANOPC	1	过冲保护控制寄存器
CANRFP	1	接远程帧悬挂寄存器	CANTIOC	1	发送 I/O 控制寄存器
CANGAM	1	全局接收屏蔽寄存器	CANRIOC	1	接收 I/O 控制寄存器
CANLAM	1	局部接收屏蔽寄存器	CANTSC	1	时间戳记数器寄存器
CANMC	1	主控制寄存器	MOTS	1	消息对象时间戳寄存器
CANES	1	错误和状态寄存器	CANTOC	1	超时控制寄存器
CANBTC	1	位时间配置寄存器	MOTO	1	消息对象超时寄存器

（1）全局接收屏蔽寄存器 CANGAM 和局部接收屏蔽寄存器 CANLAM

当控制器接收到信息时，首先将其标识符与邮箱的标识符（存放在邮箱内）进行比较，然后根据对应的接收屏蔽寄存器，屏蔽掉标识符中不需要比较的位。

在 SCC 模式下，全局接收屏蔽寄存器 CANGAM 用于邮箱 6～15 的处理，局部接收屏蔽寄存器 CANLAM 用于邮箱 3～5 的操作。接收信息存放在标识符匹配的最高序号邮箱中。若邮箱 6～15 中无匹配的标识符，则接收的信息与邮箱 3～5 的标识符进行比较；若仍不匹配，再与邮箱 0～2 的标识符进行比较。

若相应邮箱的接收屏蔽使能位（MSGID[AME]）置位，则使用 CANGAM 对邮箱 6～15 进行接收屏蔽，并将接收信息存放于标识符匹配的第一个邮箱中。CANGAM 的位分布如下。

注：RWI 为在任何时间可读，仅在初始化模式时可写，下同。

其中 GAM[28:0]为全局接收屏蔽位，允许屏蔽接收信息的任何标识符位，且接收标识符必须与 MID 寄存器相应标识符匹配。AMI 为接收屏蔽标识符扩展位：1-可接收标准帧和扩展帧（对扩展帧，标识符的所有 29 位均存放于邮箱中，全局接收屏蔽寄存器的 29 位均用于滤波；对标准帧，仅使用标识符的前 11 位[28：18]和全局接收屏蔽），此时接收邮箱的 IDE 位被发送信息的 IDE 覆盖，同时只有满足滤波条件的信息才能被接收；0-存放在邮箱中的标识符扩展位设定哪些信息应接收，不使用滤波，MSGID 必须逐位匹配才能接收信息。

CANLAM 的位定义如下。

31	30	29	28	0
LAMI	保留		LAMn[28:0]	
R/W-0	R/W-0		R/W-0	

其中 LAMI 为局部接收标识符扩展屏蔽位：1-标准帧和扩展帧均可接收（若是扩展帧，标识符的所有 29 位均存放于邮箱中，局部接收屏蔽寄存器的所有 29 位均用于滤波；若是标准帧，仅使用标识符和局部接收屏蔽寄存器的前 11 位）；0-存放在邮箱中的标识符扩展位规定应该接收哪些信息。LAM 位为信息标识符屏蔽的允许位：1-接收标识符对应位无论是 0 还是 1，均接收；0-接收标识符位的值必须与 MSGID 寄存器对应标识符位的值相匹配。

（2）主控制寄存器 CANMC

CANMC 用于 eCAN 模块的设置，其中一些位受 EALLOW 保护，且其读/写操作仅支持 32 位访问。CANMC 的位定义如下，其位描述如表 6.15 所示。

31 17	16	15	14	13	12	11	10	9	8	7	6	5	4 0
保留	SUSP	MBCC	TCC	SCB	CCR	PDR	DBO	WUBA	CDR	ABO	STM	SRES	MBNR
R-0	R/W-0	R/WP-0	SP-x	R-WP-0	R/WP-1	R/WP-0	R/WP-0	R/WP-0	R/WP-0	R/WP-0	R/WP-0	R/S-0	R/W-0

注：WP 为仅在 EALLOW 模式中写，S 为仅在 EALLOW 模式设置，下同。

（3）位时间配置寄存器 CANBTC

CANBTC 用于为 CAN 节点配置适当的网络时间参数。使用 CAN 模块之前，必须对该寄存器编程。该寄存器受 EALLOW 保护，且只能在初始化模式中写入。其位分布如下。

31	24	23	16	15	10	9	8	13	12	2	0
保留		BRP_{reg}		保留		SJW_{reg}		SAM	$TSEG1_{reg}$	$TSEG2_{reg}$	
R-x		RWPI-0		R-0		RWPI-0		RWPI-0	RWPI-0	RWPI-0	

注：RWPI 为所有模式可读，仅在初始化时 EALLOW 模式下写入，下同。

其中 BRP_{reg} 为波特率预置分频器，规定时间片 TQ 的长度：$TQ=(BRP_{reg}+1)/SYSCLKOUT$。$SJW_{reg}$ 为位同步跳转宽度，访问时其值将增 1，SJW_{reg} 取值范围为 $1 \sim 4$ 个 TQ，且 $(SJW_{reg})_{max}=min\{TSEG2, 4TQ\}$。SAM 用于设置采样数目，从而决定 CAN 模块的实际电平值：1-3 次采样模式，分别在采样点处、采样点前 0.5TQ 处以及采样点后 0.5TQ 处采样，以"多数表决法"决定电平值；0-仅在采样点采样一次。$TSEG1_{reg}$ 和 $TSEG2_{reg}$ 分别为时段 1 和时间段 2，用于确定 CAN 总线上一个数据位的长度，对其访问后其值均将增 1。

（4）错误和状态寄存器 CANES

CANES 的位分布如下，位描述如表 6.16 所示。

31	25	24	23	22	21	20	19	18
保留		MTOFx	FE	BE	SA1	CRCE	SE	ACKE
R-0		RC-0	RC-0	R-1	RC-0	RC-0	RC-0	RC-0

17	16	15 6	5	4	3	2	1	0
EP	EW	保留	SMA	CCE	PDA	保留	RM	TM
RC-0	RC-0	R-0	R-1	R-0	R-0	R-0	R-0	R-0

表 6.15   CANMC 位描述

位	名称	功能描述
16	SUSP	SUSPEND 模式位，规定仿真停止时的操作。1-FREE 模式，外设模块继续运行，CAN 节点正常通信（发送应答、生成错误帧、发送/接收数据）；0-SOFT 模式，当前发送结束后外设模块关闭
15	MBCC	邮箱时间标志定时器清零位，SCC 模式下保留，受 EALLOW 保护。1-邮箱 16 成功发送/接收信息后，时间标志定时器复位为 0；0-时间标志定时器不复位
14	TCC	时间标志定时器 MSB 清零位，SCC 模式下保留，受 EALLOW 保护。1-时间标志定时器的 MSB 复位为 0（内部逻辑复位 TCC 位，复位时间为一个时钟周期）；0-时间标志定时器不变
13	SCB	SCC 兼容模式位，SCC 模式下保留，受 EALLOW 保护。1-配置为 eCAN 模式；0-配置为 SCC 模式（此时仅邮箱 15～0 可用）
12	CCR	改变配置请求位，受 EALLOW 保护。1-CPU 请求对配置寄存器 CANBTC 和 SCC 的接收屏蔽寄存器（CANGAM，LAM[0]和 LAN[3]）进行写操作。向该位写 1 后，CPU 必须等待，直到 CANES 寄存器的 CCE 标志位为 1 后，才能对 CANBTC 寄存器操作。0-CPU 请求正常操作，仅在 CANBTC 使能时执行
11	PDR	掉电模式请求位，受 EALLOW 保护。从低功耗工作模式唤醒时，该位自动清零。1-请求局部掉电模式；0-未请求局部掉电模式，即正常工作模式
10	DBO	数据字节顺序位，决定信息数据域的字节顺序，受 EALLOW 保护。1-最先接收或发送数据的最低有效字节；0-最先接收或发送数据的最高有效字节
9	WUBA	总线活动唤醒位，受 EALLOW 保护。1-探测到任何总线活动之后，模块脱离掉电模式；0-向 PDR 位写 0 后，模块脱离掉电模式
8	CDR	改变数据域请求位，允许快速更新数据信息。1-CPU 请求对邮箱中 MBNR 指定的数据域进行写操作（访问邮箱后，CPU 必须将 CDR 清零，否则模块不发送该邮箱内容；从邮箱读取数据并存放到发送缓存器前后，CPU 检查 CDR 位）；0-CPU 请求正常操作
7	ABO	总线自动开启位，受 EALLOW 保护。1-总线关闭后，模块接收到 128×11 个隐性位时，会自动回到总线开启状态；0-不动作
6	STM	自测试模式位，受 EALLOW 保护。1-工作于自测试模式，CAN 模块自发自收，并自己产生应答信号 ACK；0-工作于正常模式
5	SRES	软件复位位，仅支持写操作。1-对该寄存器的写操作将软件复位模块（除了受保护的寄存器，所有参数将恢复为默认值，邮箱内容和错误计数器不被修改；同时为了不使通信混乱，将取消悬挂的和正在进行的发送）；0-无效
4～0	MBNR	邮箱号码位。1-MBNR.4 仅适用于 eCAN 模式，SCC 模式下保留；0-邮箱号码用于向 CPU 请求写入其数据域，该数据域与 CDR 位配合使用

（5）接收错误计数寄存器 CANREC 和发送错误计数寄存器 CANTEC

CANREC 和 CANTEC 均为 32 位的寄存器，且高 24 位保留，低 8 位为有效位，位域名称分别为 REC 和 TEC。它们均可采用递增、递减两种方式计数。

CANREC 的计数值达到或超过错误上限 128 后，将不再继续增加。当控制器正确接收到一条信息后，计数器的值将重新被设置为 119～127 之间的某个值（与 CAN 规范比较得出）。总线进入关闭状态后，发送错误计数器的值是不确定的，但 CANREC 将清零，其功能也会发生改变。

总线进入关闭状态后，每当总线上连续出现 11 个隐性位（总线上两个报文之间的间隔）时，CANREC 均将递增 1。当 CANREC 的值达到 128 后，CAN 模块将自动回到总线开启状态（前提是该特性已使能，即总线自动开启位 ABO 已置位）。此时，CAN 控制器的全部内部标志位被复位，同时错误计数器被清零。当 CAN 控制器脱离初始化模式后，错误计数器的值也会被清零。

表 6.16 CANES 位描述

位	名称	功能描述
24	FE	FE:格式错误标志位。1-总线上发生了格式错误（有一个或多个固定格式的位域出现了错误的电平）；0-未发生格式错误
23	BE	位错误标志位。1-在仲裁域之外或在仲裁域发送期间，接收位与发送位不匹配（如发送的为显性位，而接收到的则为隐性位）；0-未检测到位错误
22	SA1	始终显性错误位。复位后和总线停止时，该位为 1；总线上出现隐性位时，该位清零。1-未检测到隐性位；0-检测到隐性位
21	CRCE	CRC 错误位。1-接收到错误的 CRC；0-未接收到错误的 CRC
20	SE	填充错误位。1-发生了填充位错误；0-未发生填充位错误
19	ACKE	应答错误位。1-未接收到应答；0-所有信息均有正确的应答
18	BO	总线关闭状态位。1-总线上有异常波特率的错误而关闭（发送错误计数器 CANTEC 计数值到达极限值 256 时，该位置位），信息不可以被发送或接收。当总线自动开始位 CANMC[ABO]置位且收到 128×11 个隐性位后，将退出总线关闭状态，然后错误计数器清零。0-正常操作
17	EP	消极错误状态位。1-CAN 模块处于消极错误模式（CANTEC 达到 128）；0-CAN 模块未处于消极错误模式
16	EW	警告状态位。1-CANREC、CANTEC 两个错误计数器中有一个已达到警告值 96；0-两个错误计数器的值均小于 96
5	SMA	挂起模式应答位。挂起模式激活后，该位经过一个时钟周期的延迟（最多一个数据帧的长度）后置位。当电路不在运行模式时，调试工具激活挂起模式。在挂起模式期间，冻结 CAN 模块并且不能发送或接收任何帧。尽管如此，激活挂起模式时，若 CAN 模块正在发送或接收一个帧，则仅在帧结束后，方激活挂起模式。1-模块进入挂起模式；0-模块不处于挂起模式
4	CCE	改变配置使能位。该位显示了配置的访问权限，且在一个时钟周期的延迟后置位。1-CPU 对配置寄存器进行写操作；0-CPU 不能对配置寄存器进行写操作
3	PDA	掉电模式应答位。1-CAN 模块进入掉电模式；0-正常工作模式
1	RM	接收模式位，反映 CAN 模块是否处于接收模式。无论邮箱的配置情况如何，该位指示 CAN 模块的实际工作状态。1-CAN 模块正在接收信息；0-CAN 模块未处于接收信息状态
0	TM	TM 发送模式位，反映 CAN 模块是否处于发送模式。无论邮箱的配置情况如何，该位指示 CAN 模块的实际工作状态。1-CAN 模块正在发送信息；0-CAN 模块没有发送信息

（6）全局中断标志寄存器 CANGIF0 和 CANGIF1

CANGIF0 和 CANGIF1 均为 32 位寄存器，其位分布如下，位描述如表 6.17 所示。

31	18	17	16	15	14	13	12	11
保留		MTOFx	TCOFx	GMIFx	AAIFx	WDIFx	WUIFx	RMLIFx
R-0		R -0	RC-0	R/W-0	R-0	RC_0	RC_0	R-0

10	9	8	7	5	4	3	2	1	0
BOIFx	EPIFx	WLIFx	保留		MIVx.4	MIVx.3	MIVx.2	MIVx.1	MIVx.0
RC_0	RC_0	RC_0	R_0		RC_0	RC_0	R_0	RC_0	RC_0

表 6.17   **CANGIF0 和 CANGIF1 位描述**

位	名称	功能描述
17	MTOFx	邮箱超时标志位，SCC 模式下无效。1-指定的时间内，有一个邮箱没有发送或接收信息；0-时间标志定时器的最高有效位 MSB 为 0
16	TCOFx	时间标志定时器溢出标志位。1-时间标志定时器的最高有效位 MSB 从 0 变为 1；0-时间标志定时器的最高有效位 MSB 保持为 0
15	GMIFx	全局邮箱中断标志位。1-有一个邮箱成功发送或接收信息；0-没有发送或接收信息
14	AAIFx	发送终止应答中断标志位。1-终止发送请求；0-没有终止发送
13	WDIFx	中断标志写保护位。1-CPU 对邮箱的写操作不成功；0-CPU 对邮箱的写操作成功
12	WUIFx	唤醒中断标志位。1-在局部掉电模式下，该模块脱离了休眠模式；0-该模块仍然处在休眠模式
11	RMLIFx	接收信息丢失中断标志位。1-至少有一个接收邮箱发生了溢出，且 CANMILn 寄存器中对应的位清零；0-没有丢失信息
10	BOIFx	总线关闭中断标志位。1-CAN 模块进入总线关闭模式；0-CAN 模块进入总线开启模式
9	EPIFx	消极错误中断标志位。1-CAN 模块进入消极错误模式；0-CAN 模块未处于消极错误模式
8	WLIFx	警告级别中断标志位。1-至少有一个错误计数器的计数值达到极限值；0-没有错误计数器的计数值达到极限值
4~0	MIVx.4:0	邮箱中断向量。在 SCC 模式下，仅位 3～0 有效。该向量表示全局邮箱中断标志位置位的邮箱的序号。该向量一直保持到对应的 MIFn 位被清除或有一个更高优先级的邮箱中断发生，然后显示最高中断向量。eCAN 模式中，邮箱 31 具有最高优先级。而 SCC 模式下，邮箱 15 具有最高优先级，如果 CANTA/CANRMP 中没有标志位置位，且清除了 GMIF1 或 GMIF0，则该值是不确定的

（7）全局中断屏蔽寄存器 CANGIM

CANGIM 的位定义如下。

31		18	17	16	15	14	13	12	11
保留			MTOM	TCOM	保留	AAIM	WDIM	WUIM	RMLIM
R-0			R/WP-0	R/WP-0	R -0	R/WP-0	R/WP-0	R/WP-0	R/WP-0

10	9	8	7			3	2	1	0
BOIM	EPIM	WLIM	保留				GIL	I1EN	I0EN
R/WP-0	R/WP-0	R/WP-0	RC_0				R/WP-0	R/WP-0	R/WP-0

其中，MTOM 为邮箱超时中断屏蔽位，TOM 为时间标志定时器溢出屏蔽位，AAIM 为发送终止应答中断屏蔽位，WDIM 为中断屏蔽写保护位，WUIM 为唤醒中断屏蔽位，RMLIM 为接收信息丢失中断屏蔽位，BOIM 为总线关闭中断屏蔽位，EPIM 为消极错误中断屏蔽位，WLIM 为警告级中断屏蔽位，I1EN 为中断 1 使能位，I0EN 为中断 0 使能位（1-允许相应中断；0-禁止相应中断）。

GIL 为 TCOF、WDIF、WUIF、BOIF 和 WLIF 全局中断的级别：1-所有全局中断均映射到 ECAN1INT 中断；0-所有全局中断均映射到 ECAN0INT 中断。

注意：因为各邮箱在 CANMIM 寄存器中均有各自的屏蔽位，故 GIMF 在 CANGIM 中没有对应的位。

（8）邮箱中断屏蔽寄存器 CANMIM、邮箱中断优先级寄存器 CANMIL 和覆盖保护控制

寄存器 CANOPC

CANMIM、CANMIL 和 CANOPC 均为 32 位寄存器，分别用于控制 32 个邮箱的中断允许（1-允许；0-禁止）、中断优先级（1-在中断线 1（ECAN1INT）产生邮箱中断；0-在中断线 0（ECAN0INT）产生邮箱中断）和覆盖保护（1-禁止新消息覆盖未读旧消息；0-允许新消息覆盖未读旧消息）。

（9）发送 I/O 控制寄存器 CANTIOC 和接收 I/O 控制寄存器 CANRIOC

eCAN 模块的 CANTX 和 CANRX 引脚需经过配置后方可用于 CAN 通信，其配置由 CANTIOC 和 CANRIOC 完成。这两个寄存器均为 32 位，仅第 3 位有效（分别为 TXFUNC 和 RXFUNC），其他位保留。其中 TXFUNC 为 CAN 发送功能配置位：1-CANTX 引脚用作 CAN 发送功能；0-CANTX 引脚保留为普通 I/O 引脚。RXFUNC 为 CAN 接收功能配置位：1-CANRX 引脚用于 CAN 接收功能；0-CANRX 引脚保留为普通 I/O 引脚。

（10）时间管理寄存器

28335 的 eCAN 模块设有一组时间管理寄存器，由时间戳计数器寄存器 CANTSC、消息对象时间戳寄存器 MOTS、消息对象超时寄存器 MOTO 及超时控制寄存器 CANTOC 组成。

CANTSC 和 MOTS 实现了时间戳功能。所谓"时间戳"就是接收或传送消息中的时间指示。为了得到一个接收或传送消息的时间指示，一个自由运行的 32 位定时器（CANTSC）在模块中被执行。例如，在 1Mbit/s 的比特率时，CANTSC 会每 1μs 累加一次。另一方面，当存储一个收到的消息或一个消息已被发出时，其内容就被写入到相应的邮箱中的时间戳寄存器中（消息对象的时间戳 MOTS）。

为确保在预定义时间内所有消息都能发出或收到，每个邮箱都设置了自己的超时寄存器。若消息在超时寄存器规定的时间内，未发出或收到一个消息且 TOC 寄存器中相应的 TOC 位[n]被设定，则置位超时状态寄存器（TOS）中相应标志位。总之，CANTOC 寄存器控制指定的邮箱是否启用超时功能。消息对象的超时寄存器 MOTO 为一个 RAM，在相应的邮箱数据被成功发送或接收时，该寄存器保存 TSC 的超时值。每个邮箱均有自己的 MOTO 寄存器。

6.3.4 eCAN 模块的操作控制

1. eCAN 模块的初始化

使用 eCAN 模块前必须先对其进行初始化。初始化只能在模块的初始化（配置）模式下进行，且要求 CANES[CCE]为 1。硬件复位后，eCAN 模块处于初始化模式。若其工作于正常模式，可通过向 CANMC[CCR]写 1，使其进入初始化模式。

eCAN 模块初始化的过程如图 6.14 所示。eCAN 模块的初始状态为正常模式（CCR=0，CCE=0），首先向 CCR 写 1 请求进入配置模式，然后进入等待配置模式（CCR=1，CCE=0），等待 CCE 置 1。当 CCE 为 1，则配置模式激活（CCR=1，CCE=1），下一步即可对位时间参数进行修改。参数配置完毕，可向 CCR 写 0 请求恢复正常模式，然后进入等待正常模式（CCR=0，CCE=1），等待 CCE 置 0。待 CCE

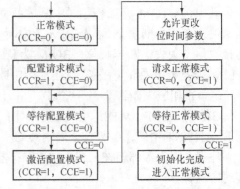

图 6.14 TMS320F28335 eCAN 模块的初始化流程图

为 0，即可完成初始化，进入正常模式（CCR=0，CCE=0）。若 CANBTC 编程为 0 或者保持初始化值，则 eCAN 模块将不会离开初始化模式（CCE 将一直保持为 1）。

图 6.14 中，初始化模式、正常模式及异常模式间的转换须与 CAN 网络同步，即 CAN 控制器在改变模式前一直等待，直到它探测到总线空闲（11 个隐性位）为止。若总线固定于显性错误，CAN 控制器探测不到总线空闲，将不能完成模式的转换。

（1）位时间的确定

CAN 总线上所有控制器均需具有相同的波特率和位时间。位时间是每一个位所含时间片（Time Quanta，TQ）的个数。CAN 协议将位时间划分为同步段 SYNC_SEG、传输段 PROP_SEG、相位缓冲段 PHASE_SEG1 和 PHASE_SEG2 四个不同的时间段。其中 SYNC_SEG 用于同步总线上不同节点，PROP_SEG 用于补偿网络内物理延时时间，PHASE_SEG1 和 PHASE_SEG2 用于补偿边沿误差。F28335 的 eCAN 模块的标称位时间如图 6.15 所示，其中 SJW 表示同步跳转宽度，TSEG1 为 PROP_SEG 与 PHASE_SEG1 的和，TSEG2 为 PHASE_SEG2 的长度。

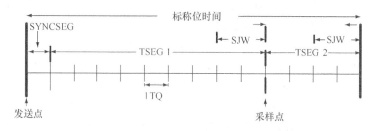

图 6.15　CAN 位时间

若使用信息处理时间（Information Processing Time，IPT）表示位读取所必需的时间（通常为 2 个 TQ），则 TSEG1、TSEG2 和 IPT 的取值需满足以下规则：①IPT=3/BRP(结果四舍五入)；②IPT≤TSEG2≤8TQ≤TSEG1≤16TQ；③TQ≤SJW≤min[4TQ,TSEG2]；④3 点采样模式下 BRP≥5。

位时间可根据式（6.1）算出，其中 $TSEG1_{reg}$ 和 $TSEG2_{reg}$ 表示相应寄存器的值。

$$位时间 = (TSEG1_{reg} + 1) + (TSEG2_{reg} + 1) + 1 位 \tag{6.1}$$

（2）波特率的设置

TMS320F28335 eCAN 模块的波特率计算方法如下。

$$波特率 = \frac{SYSCLKOUT}{BRP \times 位时间} \tag{6.2}$$

式（6.2）中，SYSCLKOUT 是 CAN 模块的系统时钟，其频率等于 CPU 时钟频率；BRP 的值由二进制数[BRP_{reg} + (BTC.23 – BTC.16)]确定，BTC 即为位定时配置寄存器 CANBTC。

2. eCAN 配置步骤

eCAN 模块中的一些重要的寄存器及某些重要的位受 EALLOW 保护，对它们配置前，必须先解除 EALLOW 保护。eCAN 模块具体配置步骤如下。

① 使能 CAN 模块时钟。

② 设置 CANTX 和 CANRX 引脚为 CAN 功能引脚。

③ 复位后，CCR 位和 CCE 位为 1。此时允许用户配置位定时配置寄存器 CANBTC。若

CCE 置位，则继续执行下一步；否则将置位 CCR 位，并一直等到 CCE=1。

④ 向 CANBTC 寄存器写入合适的数值，并确保 TSEG1 和 TSEG2 值不为 0。如果它们为 0，eCAN 模块就不能脱离初始化模式。

⑤ 对于 SCC 模式，接收邮箱可编程为接收屏蔽方式。例如：LAM(3)=0x3c0000。

⑥ 主控寄存器 CANMC 编程如下：CCR=0、PDR=0、DBO=0、WUBA=0、CDR=0、ABO=0、STM=0、RES=0、MBNR=0。

⑦ 将 MSGCTRLn 的所有位全部初始化为 0。

⑧ 确保 CCE 清零（CANES.4=0），表示 CAN 已完成配置。

3. 信息的发送

（1）发送邮箱的配置

以邮箱 1 为例，发送信息的具体步骤如下。

① 将寄存器 CANTRS 相应的位清零。

CANTRS.1=0（由于直接向 CANTRS 写 0 无效，故应配置 CANTRR.1=1，并等待至 CANTRS.1=0）。若 RTR=1，则可发送远程帧。一旦发送远程帧，CAN 模块将对邮箱的 CANTRS 位清零。同一节点可以用来向其他节点请求数据帧。

② 通过清除邮箱使能寄存器 CANME 相应位（CANME.1=0）禁止邮箱工作。

③ 装载邮箱信息标志符寄存器 MSGID。正常发送时，AME 位（MS_GID.30）与 AAM 位（MSGID.29）全清零。在正常运行过程中，一般不修改该寄存器。仅在禁止邮箱工作时，方可修改。如，MSGID(1)=0x15ac00000。

将数据长度写入信息控制寄存器 MSGCTRL 的 DLC 区（MSGCTRL[3:0]）。通常，RTR 标志被清零，即 MSGCTRL.4=0。同样，在正常运行过程中，一般不修改寄存器 CANMSGCTRL，仅在禁止邮箱工作时才可以修改。邮箱方向的设置通过清除寄存器 CANMD 中第一位实现，即 CANMD.1=0。

④ 设置寄存器 CANME 中相应位（CANME.1=1），以使能邮箱。

（2）发送消息的步骤

仍以邮箱 1 为例，发送一条信息的具体步骤如下。

① 写信息数据到邮箱数据区域。

由于配置时将 DBO（CANMC.10）清零，MSGCTRL(1)=2，所以数据被存放在 CANMDL(1) 的 2 个最高有效字节。

② 将发送请求寄存器的对应标志位置 1（CANTRS.1=1），从而启动消息的发送。此后，CAN 模块监控 CAN 信息发送的整个过程。

③ 等待对应邮箱的发送应答标志位置位（CANTA.1=1）。成功发送后，CAN 模块置位该标志位。

④ 无论发送成功还是终止发送后，CANTRS 标志位都将复位，即 CANTRS.1=0。

⑤ 为了进行下一次发送，必须将发送应答位清零。具体流程为：先令 CANTA.1=1，然后等待，一直到读出 CANTA.1 为 0。

⑥ 若要用同一个邮箱发送其他信息，则必须更新邮箱 RAM 数据。置位 CANTA.1 来启动下一次发送。写入邮箱 RAM 的数据可以为 16 位或 32 位，但 eCAN 模块总是从偶数地址处返回 32 位数值，因此 CPU 要接收所有 32 位或其中的一部分。

4. 信息的接收

（1）接收邮箱的配置

以邮箱 3 为例，接收信息的具体步骤如下。

① 通过清除邮箱使能寄存器 CANME 对应的位来禁止邮箱工作，即 CANME.3=0。

② 将选定的标志符写到对应的信息标志符 MSGID。标识符扩展位必须配置成所需标识符。如果使用接收屏蔽，接收屏蔽使能位 AME 必须置 1（即 MSGID.30=1）。

③ 若 AME 位已设置为 1，则必须对相应的接收屏蔽寄存器编程。譬如：LAM(3)=0x03c0000。

④ 若设置邮箱方向寄存器中的对应标识位（CANMD.3=1），邮箱将被配置为一个接收邮箱。需确保该操作不能影响到该寄存器中的其他位。

⑤ 若需要保护邮箱中的数据，则要对过冲保护寄存器 CANOPC 进行编程。若不允许丢失，则该保护是非常有用的。如果对 CANOPC 进行置位，则需要软件确保配置一个附加邮箱（缓存邮箱）来存放"溢出"的信息；否则，信息可能丢失。具体操作为 CANOPC.3=1。

⑥ 通过设置邮箱使能寄存器 CANME 中相应的标志位来使能邮箱，具体为：先读 CANME，后回写（CANME1=0x0008）来确保没有其他标志位被意外修改。

至此，该邮箱已被设置为接收模式，任何针对该邮箱的输入信息都将被自动处理。

（2）接收消息的步骤

这里仍以邮箱 3 为例，接收一条信息的具体步骤如下。

当接收到一条信息时，接收信息悬挂寄存器 CANRMP 对应的标志位被置为 1，并且产生一个中断（前提是初始化了接收中断）。此时，CPU 将从邮箱 RAM 读取信息。在 CPU 从邮箱读取信息之前，应该先将 CANRMP 位清零（CANRMP.3=1）。

①CPU 需检测接收信息丢失标志位 CANRML.3 是否为 1。根据应用程序的要求，CPU 决定如何处理这种情况。

②读取数据后，CPU 需要检测 CANRMP 位是否被模块重新置位。如果 CANRMP 置为 1，则数据可能已经损坏。此时 CPU 需要重新读取数据。

5. eCAN 中断

F28335 的 eCAN 模块拥有两类不同的中断，如图 6.16 所示。第一类中断是与信息包相关的中断，例如接收信息悬挂中断或者发送终止应答中断等；第二类中断是系统中断，负责处理错误或系统相关的中断，如错误无效中断或者唤醒中断。

（1）eCAN 中断方案

若有中断发生，则相应的中断标志位置位。系统中断标志位的置位与否取决于 GIL（CANGIM.2）的设置。若 GIL 置位，则全局中断将寄存器 CANGIF1 置位；否则，将对寄存器 CANGIF0 置位。

GIMIF0/GMIF1（CANGIF0.15/CANGIF1.15）置位与否取决于 CANMIL[n]位的设置，与产生中断的信息包有关。若 CANMIL[n]置位，则对应信息包的中断标志位 MIF[n]将对 GMIF1 置位；反之，对 GMIF0 置位。

（2）中断处理

eCAN 模块有两个中断源。中断处理完成以后，通常中断源被清除。CPU 会清零中断标志位，即清除 CANGIF0/CANGIF1 寄存器的中断标志位。清零方法是通过对其写入 1。当然也有例外情况，如表 6.18 所示。若无其他的中断悬挂，将释放中断。

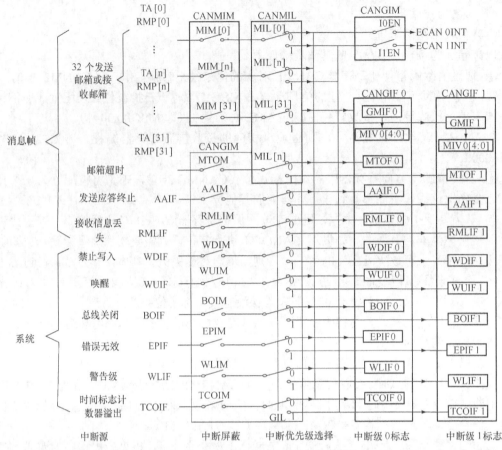

图 6.16 TMS320F2812 eCAN 模块的中断详解

表 6.18   **中断的声明及清除**

中断标志	中断条件	CANGIF0/1 设定位	清除方法
WLIFn	一个或者两个错误计数器的值≥96	GIL	写入 1
EPIFn	CAN 模块进入"错误无效"模式	GIL	写入 1
BOIFN	CAN 模块进入"总线关闭"	GIL	写入 1
RMLIFn	某个接收邮箱发生溢出	GIL	清除 CANRMPn
WUFn	CAN 模块脱离局部掉电模式	GIL	写入 1
WDIFn	对一个邮箱的写操作被拒绝	GIL	写入 1
AAIFn	一个发送请求被终止	GIL	清除 CANAAn
GMIFn	某邮箱成功发送或接收了一条信息	CANMILn	向 CANTA 或 CANRMO 寄存器对应位写 1

6.3.5 eCAN 模块应用示例

F28335 eCAN 模块可以工作于自测试模式时，通信的进行无需外接其他硬件，同时其软件设计与正常模式下区别很小（区别仅为主控制寄存器 CANMC 中的 STM 是否为 1），故特别适合于初学者调试学习用。下面以 F28335 eCAN 模块在自测试模式下的数据回送为例说明其软件开发方法。

　　将 MBX0 配置为发送邮箱，MBX16 配置为接收邮箱，以 1Mbit/s 通信波特率将数据从 MBX0 发送到 MBX16，并检查接收数据的正确性，若发生错误，则予以记录。主程序如例 6.3 所示。

　　例 6.3　eCAN 自测试示例代码。

```
#include "DSP28_Device.h"
#define TXCOUNT  1000                          //设定发送次数为 1000
Long    i;
int     j;
long loopcount = 0;                            //实际运行的次数
long      errorcount = 0;                      //发生错误的次数
unsigned long TestMbox1 = 0;
unsigned long TestMbox2 = 0;
unsigned long TestMbox3 = 0;
void MBXcheck(long T1, long T2, long T3);      //声明检查发送、接收数据子程序
void MBXrd(int i);                             //声明读取接收邮箱子程序
main()//主程序
{/* 初始化 eCan 模块*/
    InitECan();
    ECanaMboxes.MBOX0.MSGID.all = 0x9555AAA0;  //为邮箱 MBOX0 的 MSGID 赋初始值
    ECanaMboxes.MBOX16.MSGID.all = 0x9555AAA0; //为邮箱 MBOX16 的 MSGID 赋初始值
    ECanaMboxes.MBOX16.MDRL.all = 0;           //为邮箱 MBOX16 的 MDRL 赋初始值
    ECanaMboxes.MBOX16.MDRH.all = 0;           //为邮箱 MBOX16 的 MDRH 赋初始值
    ECanaRegs.CANMD.all = 0xFFFF0000;          //配置 Mailboxes0 为发送邮箱，
                                               //Mailboxes16 为接收邮箱
    ECanaMboxes.MBOX0.MCF.bit.DLC = 8;         //数据长度为 8 字节
    ECanaMboxes.MBOX0.MDRL.all = 0x9555AAA0;   //为邮箱 MBOX0 的 MDRL 赋初始值
    ECanaMboxes.MBOX0.MDRH.all = 0x89ABCDEF;   //为邮箱 MBOX0 的 MDRH 赋初始值
    ECanaRegs.CANME.all = 0xFFFFFFFF;          //使能所有邮箱
    ECanaRegs.CANMC.bit.STM = 1;               //配置 eCAN 为自测试模式
    /* 开始发送 */
    for(i=0; i < TXCOUNT; i++)                 //有限循环发送，次数为 TXCOUNT
    {   ECanaRegs.CANTA.all = 0xFFFFFFFF;
        ECanaRegs.CANTRS.all = 0x0000FFFF;
        while(ECanaRegs.CANTA.all != 0x0000FFFF ) {}   //等待 TAn 被置位
        ECanaRegs.CANTA.all = 0x0000FFFF;      //清除 TAn
        loopcount++;
        MBXrd(0j);                             //从邮箱读取数据
        MBXcheck(TestMbox1,TestMbox2,TestMbox3);  //校验接收的数据
    }
    asm(" ESTOP0");                            //程序结束后，在此停止
}
void MBXrd(int MBXnbr)                         //定义读取接收邮箱子程序
{   volatile struct MBOX *Mailbox = (void *) 0x6180;
    Mailbox = Mailbox + MBXnbr;                //= 0x9555AAAn (n 为 MBX 编号)
    TestMbox1 = Mailbox->MDRL.all;             //= 0x89ABCDEF  (常数)
    TestMbox2 = Mailbox->MDRH.all;             //= 0x9555AAAn (n 为 MBX 编号)
    TestMbox3 = Mailbox->MSGID.all;
}
void MBXcheck(long T1, long T2, long T3)       //定义检查发送、接收数据子程序
{   if((T1 != T3) || ( T2 != 0x89ABCDEF))
        errorcount++;
}
```

6.4 多通道缓冲串口（McBSP）模块

多通道缓冲串口（Multichannel Buffered Serial Port，McBSP）对传统标准串行接口的功能进行了扩展。它可以和其他 DSP 器件、编码器等其他串口器件进行高速的数据通信。McBSP 的典型应用为 DSP 与串行 A/D、D/A 芯片相连，实现高速的数字音频采集和传输。McBSP 不但具有一般串口的特点，还支持 μ 律和 A 律数据压缩扩展，可以与 IOM-2、SPI、AC97 等兼容设备直接连接等。

6.4.1 McBSP 的结构与工作原理

1. McBSP 结构

TMS320F28335 有两个 McBSP，每个 McBSP 的结构如图 6.17 所示。

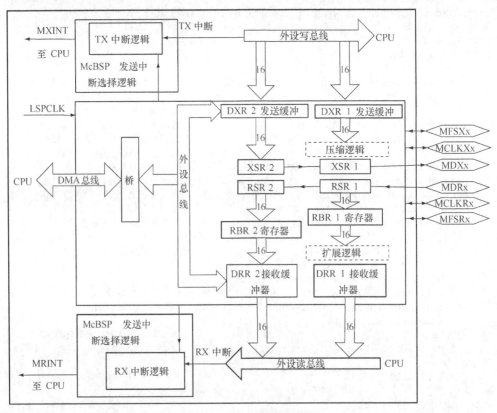

图 6.17　McBSP 的结构框图

由图 6.17 可见，McBSP 包括接收、发送和控制通道，并通过 6 个引脚与 DSP 外部设备联系。这 6 个引脚分别为：发送数据引脚 MDX、接收数据引脚 MDR、发送时钟信号引脚 MCLKX、接收时钟信号引脚 MCLKR、发送帧同步引脚 MFSX 和接收帧同步引脚 MFSR。

2. 工作原理

（1）数据传输过程

McBSP 的数据传输路径如图 6.18 所示。其接收操作为三级缓冲结构，包括接收移位寄存器 RSR、接收缓冲寄存器 RBR、数据接收寄存器 DRR；发送操作为二级缓冲结构，包括数据发送寄存器 DXR 和发送移位寄存器 DSR。每一级均包括两个 16 位寄存器，传输过程中寄存器的使用数量取决于每个串行字的字长。若字长小于等于 16（8，12，16）位，数据传输阶段每一级仅使用一个寄存器（DRR1、RBR1、RSR1、DXR1 和 XSR1）。若字长大于 16（20，24，32）位，则每一级的两个寄存器均需使用。

当 McBSP 接收小于等于 16 位的数据时，首先从 MDR 引脚将数据逐位串行移入寄存器 RSR1。一个完整的字接收完毕后，再将其从 RSR1 传送至 RBR1（前提是 RBR1 为空或其内容已传至 DRR1）。然后，再将其从 RBR1 传送至 DRR1（前提是上次 RBR1 传给 DRR1 的值已经被 CPU 或者 DMA 控制器读取）。最后，CPU 或 DMA 控制器读取数据接收寄存器 DRR1 的值。如果选择了压缩扩展模式，则要求接收数据字长为 8 位。在从 RBR1 传递到 DRR1 之前，数据将被扩展成适当的格式。

图 6.18　McBSP 的数据传输路径

发送小于等于 16 位的数据时，首先由 CPU 或 DMA 控制器将其写入数据发送寄存器 DXR1。如果 XSR1 寄存器为空，则 DXR1 中的数据将即刻传送给 XSR1。反之，DXR1 需要等到上次数据的最后一位从 MDX 引脚移出时，才可以将数据传给 XSR1。同理，如果选择了压缩扩展模式，那么扩展逻辑会将 16 位的数据压缩成合适的 8 位的数据格式，然后才将数据传给 XSR1。

字长大于 16 位的数据的发送、接收过程与字长小于 16 位的情况类似。只是在发送数据时，CPU 或 DMA 控制器必须先写 DXR2，然后再写 DXR1；接收数据时，CPU 或 DMA 控制器必须先读 DDR2，然后再读 DDR1。

（2）压缩和扩展数据

压缩扩展模块可以将数据按 μ 律格式或 A 律格式进行压缩扩展。美国和日本采用的压缩扩展标准是 μ 律，而欧洲为 A 律。图 6.19 给出了压缩扩展过程。若采用压缩扩展模式，发送数据时，在数据从 DXR1 复制到 XSR1 的阶段实现压缩，将发送数据按指定的规律（A 律或 μ 律）进行编码；接收数据时，在数据从 RBR1 复制到 DRR1 的阶段实现解压，将接收数据解码为二进制补码格式。

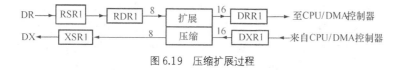

图 6.19　压缩扩展过程

压缩扩展模块可以将数据按 μ 律格式或 A 律格式进行压缩扩展，μ 律和 A 律均将数据编码成 8 位进行传输。因此，多缓冲串口寄存器中 RWDLEN1 位、RWDLEN2 位、XWDLEN1 位和 XWDLEN2 位必须置为 0，指示字长为 8 位。

在接收时，8 位压缩过的数据被扩展成 16 位左对齐的形式存放在 DRR1 中，RJUST 位被忽略。发送时，若采用 μ 律格式压缩，14 位的数据必须左对齐后存放于 DXR1 中，剩余两位用 0 填充；若采用 A 律格式压缩，13 位的数据必须左对齐后存放于 DXR1 中，剩余三位用 0 填充，如图 6.20 所示。

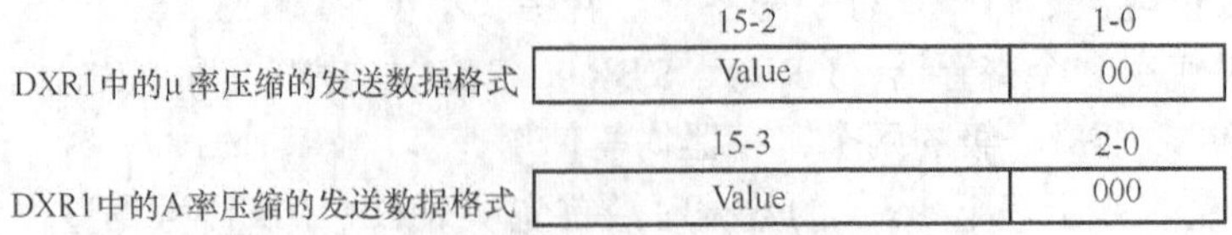

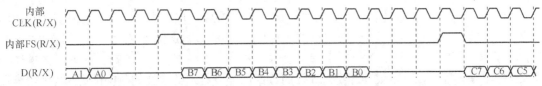

	15-2	1-0
DXR1 中的 μ 率压缩的发送数据格式	Value	00

	15-3	2-0
DXR1 中的 A 率压缩的发送数据格式	Value	000

图 6.20　压缩后的数据格式

数据接收的压缩扩展与数据发送的压缩扩展工作模式分别由 RCR2[RCOMPAND] 和 XCR2[XCOMPAND] 控制。此外，压缩扩展模块还可以用于内部数据的压扩。譬如线性格式的数据与 μ 律（或 A 律）格式的数据的相互转换。

3. 时钟

McBSP 具有内部发送时钟 CLKX、内部接收时钟 CLKR 两个时钟。McBSP 总是在 CLKX 的上升沿逐位从 MDX 引脚发送数据，在 CLKR 的下降沿逐位从 MDR 引脚采样接收数据。CLKX 可以来自于外部 CLKX 引脚或 McBSP 的内部。与此类似，CLKR 有外部 CLKR 引脚与 McBSP 内部两个来源。默认的数据传输是高位在前传输，如图 6.21 所示。

图 6.21　简单的时钟信号控制波形图

4. 帧相位

帧相位可以分为单相位和双相位，每帧数据均可配置成单相位或双相位。每帧中两个相位包含字的个数和每个字位的个数可以不同，这样使得数据传输具有更大的灵活性。例如，用户定义一个帧时，若单相位帧包含两个字且每个字 16 位，那么随后的双相位帧包含 10 个 8 位的字。这种配置允许用户自定义应用程序帧，从而最大限度地提高数据传输的效率。接收控制寄存器（RCR1 和 RCR2）和发送控制寄存器（XCR1 及 XCR2）决定了帧的相数、字数和比特数。

（1）单相帧

图 6.22 为一个 8 位字的单相数据帧。发射器配置为一个数据比特的延迟，故 MDX 和 MDR 引脚上的数据在一个时钟周期 FS（R/X）激活后有效。此外，图 6.22 中做了如下假设：单相帧 [(R/X)PHASE = 0B]、每帧 1 个字 [(R/X)FRLEN1 = 0B]、8 位字长 [(R/X)WDLEN1 = 000B]、(R/X) FRLEN2 和 (R/X) WDLEN2 将被屏蔽、时钟下降沿接收数据、时钟上升沿发送数据（CLK（X/R）P = 0B）、高效帧同步信号 [FS（R/X）P = 0B]、1 位数据的延迟时间 [(R/X) DATDLY = 01B]。

（2）双相帧

图 6.23 所示为一个双相位的帧，第一个相位由两个字长为 12 的字组成，紧接着的第二个相位由三个字长为 8 的字组成，且帧长是 5。单相位、双相位的选择由控制发送端的 XCR2[XPHASE] 和控制接收端的 RCR2[RPHASE] 决定。值得一提的是，该帧的整个比特

流是连续的，且字与字之间或相之间均无空隙。

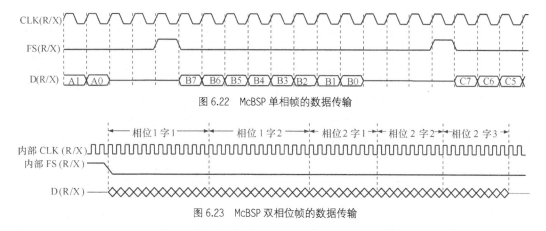

图 6.22 McBSP 单相帧的数据传输

图 6.23 McBSP 双相位帧的数据传输

6.4.2 McBSP 寄存器

McBSP 模块的 32 个 16 位寄存器分为数据类、控制类及多通道控制类 3 组。

1. 数据寄存器

数据寄存器包括数据发送寄存器 DXR1 和 DXR2、数据接收寄存器 DRR1 和 DRR2 共 4 个，它们均为 16 位，分别用于存放需要发送或接收到的数据。

2. 控制寄存器

控制寄存器包括串行端口控制寄存器 SPCR1 和 SPCR2、接收控制寄存器 RCR1 和 RCR2、发送控制寄存器 XCR1 和 XCR2、采样率发生寄存器 SRGR1 和 SRGR2 等 8 个寄存器。

（1）串行端口控制寄存器 SPCR1 和 SPCR2

SPCR1 和 SPCR2 用于配置 McBSP 模块的各种工作模式，控制 DFX 引脚延时的允许，检测发送和接收操作的状态，以及控制该模块各部分的复位。SPRC1 的位分布如下，其位描述如表 6.19 所示。

15	14	13	12	11	10		8
DLB	RJUST		CLKSTP		保留		
R/W-0	R/W-0		RW-0		R/W-0		
7	6	5	4	3	2	1	0
DXENA	保留	RINTM		RSYNCERR	RFULL	RRDY	RRST
R/W-0	R/W-0	R/W-0		R/W-0	R-0	R-0	R/W-0

表 6.19　　串行端口控制寄存器 SPCR1 的位描述

位	名称	说明
15	DLB	数字回环测试模式位。1-允许数字回环测试；0-禁止数字回环测试
14-13	RJUST	接收符号扩展和对齐模式位。00-右对齐，用 0 填充 MSB；01-右对齐，使用符号扩展位填充 MSB；1-左对齐，用 0 填充 LSB
12-11	CLKSTP	时钟停止模式位，支持 SPI 主从协议。00 和 01-禁止时钟停止模式；10-时钟停止模式，无时钟延时；11-时钟停止模式，半个周期时钟延时

位	名称	说明
7	DXENA	MDX 延时允许位。0-MDX 引脚延时使能器关闭；1-MDX 引脚上延时使能器开启
5-4	RINTM	接收中断模式位。00-RRDY 置位（接收准备好）申请中断；01-多通道模式下每帧接收结束后申请中断；10-检测到接收帧同步脉冲后申请中断；11-RSYNCERR 置位（接收帧同步错误）后申请中断
3	RSYNCERR	接收同步错误标志位。0-无接收帧同步错误；1-发生接收帧同步错误
2	RFULL	接收器满标志位，指示是否有未读数据被覆盖。0-接收器未满；1-接收器满，原数据被覆盖
1	RRDY	接收器准备好标志位。0-接收器未准备好；1-接收器准备好，可从 DRR1、DRR2 读取数据
0	RRST	接收器复位位。0-复位接收器；1-允许接收器，使其退出复位状态

SPCR2 的位分别如下，位描述如表 6.20 所示。

15						10	9	8
保留							FREE	SOFT
R-0							R/W-0	R/W-0

7	6	5	4	3	2	1	0
FRST	GRST	XINTM		XSYNCERR	XEMPTY	XRDY	XRST
R/W-0	R/W-0	R/W-0		R/W-0	R/W-0	R/W-0	R/W-0

表 6.20　　　　　　　　　　　串行端口控制寄存器 SPCR2 的位描述

位	名称	说明
9	FREE	自由运行位。0-禁止自由运行，由 SOFT 位确定仿真挂起时操作；1-自由运行
8	SOFT	软停止位，FREE 为 0 时用于确定仿真挂起时接收器和发送器的操作。0-不停止；1-停止
7	FRST	帧同步逻辑复位位。0-复位帧同步逻辑；1-允许帧同步逻辑，使其退出复位状态
6	GRST	采样率产生器复位位。0-复位采样率产生器；1-允许采样率发生器，使其退出复位状态
5-4	XINTM	发送中断模式位。00-XRDY 置位（发送准备好）申请中断；01-多通道模式下每帧发送结束后申请中断；10-检测到发送帧同步脉冲后申请中断；11- XSYNCERR 置位（发送帧同步错误）后申请中断
3	XSYNCERR	发送帧同步错误标志位。0-无发送帧同步错误；1-产生发送帧同步错误
2	XEMPTY	发生器空标志位，指示发送器已准好接收新数据，但无可用数据。0-发送器空；1-发送器不空
1	XRDY	发送器准备好标志位。0-发送器未准备好；1-发送器准备好，可向 DXR1、DXR2 写入数据
0	XRST	发送器复位位。0-复位发送器；1-允许发送器，使其退出复位状态

（2）接收控制寄存器（RCR1、RCR2）和发送控制寄存器（XCR1、XCR2）

接收控制寄存器（RCR1、RCR2）和发送控制寄存器（XCR1、XCR2）用于确定每帧的相数、字数以及每相的比特数。

RCR2 和 XCR2 的位分布如下，位描述如表 6.21 所示。

	15	14	8	7	5	4	3	2	1	0
	R/W-0	R/W-0		R/W-0		R/W-0		R/W-0		R/W-0
RCR2	RPHASE	RFRLEN2		RWDLEN2		RCOMPAND		RFIG		RDATDLY
XCR2	XPHASE	XFRLEN2		XWDLEN2		XCOMPAND		XFIG		XDATDLY

表 6.21　　　　　接收控制寄存器 RCR2 和发送控制寄存器 XCR2 的位描述

位	名称		说明
	RCR2	XCR2	
15	RPHASE	XPHASE	接收帧/发送帧相位控制位。0-单相位；1-双相位
14~8	RFRLEN2	XFRLEN2	接收帧/发送帧长度 2（1~128 个字）。长度为 RFRLEN2/XFRLEN2+1 个字
7~5	RWDLEN2	XWDLEN2	接收帧/发送帧字长 2（位数）。000-16 位；001-12 位；010-16 位；011-20 位；100-24 位；101-32 位；110 和 111-保留
4-3	RCOMPAND	XCOMPAND	接收/发送压缩扩展模式控制位。00-不压扩，数据从 MSB 开始传输；01-不压扩，8 位数据从 LSB 开始传输；10-使用 μ 律格式压扩；11-使用 A 律格式压扩
2	RFIG	XFIG	接收/发送帧同步信号忽略位。0-不忽略，放弃当前帧，开始传输新的帧；1-忽略，继续传输当前帧
1-0	RDATDLY	XDATDLY	接收/发送数据延时位。00-0 位数据延时；01-1 位数据延时；10-2 位数据延时；11-保留

RCR1 和 XCR1 的位分布如下。

	15	14	4	3	2	1	0
	保留					保留	
	R-0	R/W-0		R/W-0		R-0	
RCR1		RFRLEN1		RWDLEN1			
XCR1		XFRLEN1		XWDLEN1			

其中 RFRLEN1 和 XFRLEN1 分别用于规定接收帧和发送帧的长度 1（1~128 个字）：RFRLEN1/XFRLEN1+1 个字。RWDLEN1 和 XWDLEN1 分别用于规定每个接收字和发送字的长度 1（位数）：000-8；001-12；010-16；011-20；100-24；101-32；110 和 111-保留。

（3）采样率发生寄存器 SRGR1 和 SRGR2

采样率发生寄存器 SRGR1 和 SRGR2 用于产生时钟信号 CLKG 和帧同步信号 FSG。SRGR1 和 SRGR2 的位分布如下。

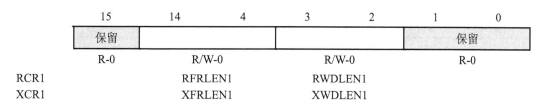

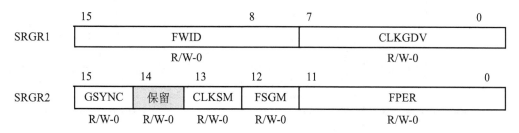

SRGR1 中，CLKGDV 为采样率生成器的时钟 CLKG 对输入时钟的分频系数，$f_{CLKG} = f_{输入时钟}/$ (CLKGDV + 1)。FWID 为帧同步脉冲 FSG 宽度（1～256 个 CLKG 周期）：(FWID+1) 个 CLKG 周期。

SRGSR2 中，FPER 为帧同步脉冲 FSG 周期，每（FPER+1）个 CLKG 周期输出一个 FSG 脉冲。FSGM 为采样率生成器发送帧同步模式位（仅 FSXM=1 时有效）：0- DXR[1,2] 复制到 XSR[1,2]时产生发送帧同步脉冲 FSX；1-由 FSG 驱动发送帧同步脉冲 FSX。CLKSM 为采样率生成器输入时钟模式位，与 SCLKME 一起确定输入时钟源：00-保留；01-内部时钟 LSPCLK；10-外部 MCLKRA 引脚时钟；11-外部 MCLKXA 引脚时钟。GSYNC 为 CLKG 时钟模式位（仅外部时钟驱动时有效）：0-无时钟同步；1-CLKG 与 MCLKXA 或 MCLKRA 时钟同步，FSG 用于响应 FSR 引脚上脉冲。

3．通道控制寄存器

通道控制寄存器包含 MCR1～MCR2 在内的 20 个寄存器，分为 A～G 六个通道。每个通道又包含发送通道和接收通道，且均有相应的使能寄存器控制。

（1）多通道控制寄存器 MCR1 和 MCR2

MCR1 和 MCR2 分别包含了接收器和发送器通道选择的控制和状态位，前者以前缀 R 表示，后者以前缀 X 表示。MCR1 和 MCR2 的位分布如下，位描述如表 6.22 所示。

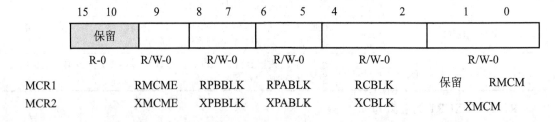

表 6.22　　　　　　　　　多通道控制寄存器 MCR1 和 MCR2 的位描述

位	名称 MCR1	名称 MCR2	说明
9	RMCME	XMCME	接收/发送多通道分区模式位。0-2 分区模式；1-8 分区模式
8-7	RPBBLK	XPBBLK	接收/发送分区 B 区位。00-模块 1，通道 16～31；01-模块 3，通道 48～63；10-模块 5，通道 80～95；11-模块 7，通道 112～127
6-5	RPABLK	XPABLK	接收/发送分区 A 区位。00-模块 0，通道 0～15；01-模块 2，通道 32～47；10-模块 4，通道 64～79；11-模块 6，通道 96～111
4~2	RCBLK	XCBLK	接收/发送正在使用的块。000-模块 0，通道 0～15；001-模块 1，通道 16～31；010-模块 2，通道 32～47；011-模块 3，通道 48～63；100-模块 4，通道 64～79；101-模块 5，通道 80～95；110-模块 6，通道 96～111；111-模块 7，通道 112～127
1-0	RMCM	XMCM	接收/发送多通道选择模式位。RMCM：0-允许所有 128 个通道；1-多通道选择模式，每个通道可独立允许或禁止。XMCM：00-所有通道均允许，均未屏蔽；01-所有通道均禁止，除非在 XCER 寄存器中选择；10-所有通道均允许，但被屏蔽，除非在 XCER 寄存器中选择；11-所有通道均禁止，除非在 RCER 寄存器中选择

（2）引脚控制寄存器 PCR

PCR 用于为发送器和接收器选择帧同步模式和时钟模式，为采样率生成器选择输入时钟源，选择帧同步信号极性和数据采样时刻。其位分布如下，位描述如表 6.23 所示。

15			12	11	10	9	8
保留				FSXM	FSRM	CLKXM	CLKRM
R-0				R/W-0	R/W-0	R/W-0	R/W-0

7	6	5	4	3	2	1	0
SCLKME	保留	DXSTAT	DRSTAT	FSXP	FSRP	CLKXP	CLKRP
R/W-0	R-0	R/W-0	R/W-0	R/W-0	R/W-0	R/W-0	R/W-0

表 6.23 引脚控制寄存器 PCR 的位描述

位	名称	说明
11	FSXM	发送帧同步模式位。0-外部 FSX 引脚提供帧同步信号；1-内部采样率发生器提供帧同步信号
10	FSRM	接收帧同步模式位。0-外部 FSR 引脚提供帧同步信号；1-内部采样率发生器提供帧同步信号
9	CLKXM	发送时钟模式位。0-发送器从外部 MCLKX 引脚获取时钟；1-内部 CLKX 由采样率发生器驱动，MCLKX 引脚输出 CLKX 的时钟
8	CLKRM	接收时钟模式位。禁止回环自测试模式时：0-接收器从外部 MCLKR 引脚获取时钟；1-内部接收时钟 CLKR 由采样率发生器驱动，MCLKR 引脚输出 CLKR 的时钟。回环自测试模式下：0- CLKR 由 CLKX 驱动，MCLKR 为高阻态；1-CLKR 由 CLKX 驱动，MCLKR 引脚输出 CLKR 的时钟
7	SCLKME	采样率生成器输入时钟模式位，与 CLKSM 一起确定输入时钟源：00-保留；01-内部时钟 LSPCLK；10-外部 MCLKRA 接收时钟；11-向外部 MCLKXA 引脚发送时钟
5	DXSTAT	MDX 引脚状态位。发送器复位时，MDX 引脚可作为 GPIO 引脚：0-输出低电平；1-输出高电平
4	DRSTAT	MDR 引脚状态位。接收器复位时，MDR 引脚可作为 GPIO 引脚：0-输入为低电平；1-输入为高电平
3	FSXP	发送帧同步极性位，反映发送帧同步脉冲 FSX 电平极性。0-高电平有效；1-低电平有效
2	FSRP	接收帧同步极性位，反映接收帧同步脉冲 FSR 电平极性。0-高电平有效；1-低电平有效
1	CLKXP	发送时钟极性控制位。0-发送数据在 CLKX 上升沿采样；1-发送数据在 CLKX 下降沿采样
0	CLKRP	接收时钟极性控制位。0-接收数据在 CLKR 上升沿采样；1-接收数据在 CLKR 下降沿采样

6.4.3 McBSP 模块应用示例

1. McBSP 的操作控制

McBSP 的操作控制主要由初始化、操作配置两大部分。

（1）3 种操作控制

对 McBSP 的初始化需要完成 3 种操作的控制。以下是配置接收器或发送器时的一些具体任务，每个任务需要修改对应的一个或多个 McBSP 的寄存器的位。

全局操作配置：将接收或发送引脚设置成 McBSP 外设功能；使能或禁用数字回送模式；使能或禁用时钟停止模式；使能或禁用多通道选择模式。

数据操作配置：为每个接收或发送帧配置单个或双相位；设置接收或发送数据的字长；设置接收或发送帧的长度；使能或禁用帧同步忽略功能；设置接收或发送压扩模式；设置数据接收或发送延时；设置数据接收的符号扩展和对齐模式及发送的 DXENA 模式；设置接收或发送的中断模式。

帧同步操作配置：设置接收或发送帧同步模式、接收或发送帧同步极性、SRG 的帧同步周期和脉冲宽度。时钟操作配置：设置接收或发送时钟模式与极性、SRG 时钟分频值、同步模式、时钟模式（选择一个输入时钟）与 SRG 输入时钟的极性。

（2）McBSP 的接收、发送控制

初始化完成后，接收、发送的查询控制联络过程如下。需要发送数据时，首先判断 XRDY 位是否为 1。若为 1，则往 DXR 写入要发送的数据。需要接收数据时，首先判断 RRDY 位是否为 1；若为 1，则由 CPU 读取 DRR 的值。当然亦可采用中断方式进行发送和接收。

2．McBSP 应用示例

数字回送模式（Digital loopback mode）是 F28335 McBSP 模块的一大特点。该模式主要用于单个 DSP 多缓冲串口的测试。在数字回送模式下，内部接收信号由内部发送信号直接提供。即此时 MDR 在芯片内部直接连接到 MDX，内部 CLKR 直接连接到内部 CLKX，内部 FSR 直接连接到内部 FSX。因此，McBSP 通信的进行无需外接其他硬件。数字回送模式选择由 DLB 位（SPCR1 的 bit15）是否为 1 来决定。

F28335 McBSP 串口的初始化过程步骤如下。

① 使帧同步逻辑、采样率发生器、接收器和发送器处于复位状态，即 FSRT=GRST=RRST =XRST=0。

② 当串口处于复位状态时，配置控制寄存器处于所需接收或发送状态。

③ 等待 2 个时钟周期及其以上，以保证内部的同步。

④ 设置 GRST=1，使采样率发生器工作。

⑤ 等待 2 个时钟周期及其以上，以保证内部的同步。

⑥ 设置 RRST=XRST=1 使串口开始工作。注意：在设置这些位时，要确保 SPCR1 和 SPCR2 中其他位的值不被修改。

⑦ 若使用内部帧同步逻辑，则需将 FSRT 设置成 1。

一般情况下，只有当发送器工作（XRST=1）后，CPU 或 DMA 控制寄存器才能向数据发送寄存器 DXR 写入值。初始化过程如例 6.4 所示。

例6.4 F28335 McBSP 模块工作于数字回送模式，进行 32 位数据的自发自收，并检查接收数据的正确性，若发生错误，则予以处理。

```
#include "DSP2833x_Device.h"
#include "DSP2833x_Examples.h"
#define McbspbSelect *((Uint16 *)0x40c0)
void InitXintf(void);
void mcbspb_xmit(int a, int b);
void error(void);
void McbspbEnable(void);
void McbspbDisable(void);
```

```
//全局变量
Uint16 sdata1 = 0x000;                                    //发送数据
Uint16 rdata1 = 0x000;                                    //接收数据
Uint16 sdata2 = 0x000;
Uint16 rdata2 = 0x000;
Uint16 rdata1_point;
Uint16 rdata2_point;
void main(void)
{// Step 1. 初始化系统控制
    InitSysCtrl();
// Step 2. 初始化 GPIO，此处使用如下代码
    InitMcbspbGpio();                                     //初始化 McBSP-B
// Step 3. 清除所有中断；初始化 PIE 向量表
    DINT;
    InitPieCtrl();
    IER = 0x0000;
    IFR = 0x0000;
    InitPieVectTable();
// Step 4.初始化本例中使用的外设模块
    InitMcbspb();                                         //初始化 McBSP-B 为数字回送模式
    InitXintf();
    McbspbEnable();
// Step 5.用户特定代码
    InitMcbspb32bit();
    sdata1 = 0x0000;
    sdata2 = 0xFFFF;
    rdata1_point = sdata1;
    rdata2_point = sdata2;
    while(1)
    {   mcbspb_xmit(sdata1,sdata2);
        sdata1++;
        sdata2--;
        while(McbspbRegs.SPCR1.bit.RRDY==0){}            //接收检查
        rdata2 = McbspbRegs.DRR2.all;
        rdata1 = McbspbRegs.DRR1.all;
        if(rdata1 != rdata1_point) error();
        if(rdata2 != rdata2_point) error();
        rdata1_point++;
        rdata2_point--;
        asm(" nop");
    }
}
// Step 7. 用户自定义函数
void error(void)                                          //定义错误处理函数
{   asm("      ESTOP0");
    for (;;);
}
void mcbspb_xmit(int a, int b)                            //定义数据发送函数
{   McbspbRegs.DXR2.all=b;
    McbspbRegs.DXR1.all=a;
}
void McbspbEnable(void)
{   McbspbSelect = 0;
}
void McbspbDisable(void)
{   McbspbSelect = 1;
}
```

6.5 I²C 总线模块

内部集成电路总线（Inter Integrated Circuit，I²C）是由 PHILIPS 公司开发的两线式串行总线，用于连接微控制器及其外围设备。该总线产生于 20 世纪 80 年代，最初为音频和视频设备开发。目前已成为微电子通信控制领域广泛采用的一种总线标准。I²C 总线是同步通信的一种特殊形式，具有接口线少、控制方式简单、器件封装体积小、通信速率高等优点。

6.5.1 I²C 总线的构成及信号类型

两线式串行总线 I²C 总线由数据线 SDA 和时钟 SCL 构成，在 CPU 与被控 IC 之间、IC 与 IC 之间进行双向传送数据，即发送和接收数据。各种被控制电路均并联在总线上，且具有唯一的识别地址。在信息的传输过程中，I²C 总线上并接的每一模块电路既是主控器（或被控器），又是发送器（或接收器），具体取决于它所要完成的功能。

I²C 总线在传送数据过程中有开始信号、结束信号和应答信号 3 种类型信号，简述如下。

开始信号：SCL 为高电平时，SDA 由高电平向低电平跳变，数据传送开始。

结束信号：SCL 为低电平时，SDA 由低电平向高电平跳变，数据传送结束。

应答信号：接收数据的 IC 在接收到 8bit 数据后，向发送数据的 IC 发出特定的低电平脉冲，表示已收到数据，这就是应答信号。CPU 向受控单元发出一个信号后，等待受控单元发出一个应答信号；CPU 接收到应答信号后，根据实际情况作出是否继续传递信号的判断。若未收到应答信号，则判断为受控单元出现故障。

由于连接到 I²C 总线的器件有不同种类的工艺（如 CMOS、NMOS 等），故逻辑 0 和逻辑 1 的电平不是固定的。它们由电源决定，且每传输一个数据位产生一个时钟脉冲。传输数据时，SDA 线必须在时钟的高电平周期保持稳定，SDA 的高或低电平状态的改变只有在 SCL 线的时钟信号为低电平时发生，如图 6.24 所示。

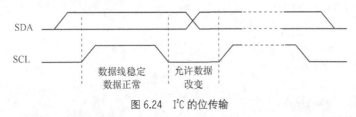

图 6.24 I²C 的位传输

6.5.2 I²C 总线模块结构与工作原理

F28335 的 I²C 总线模块兼容 2000.1 发布的 V2.1 版本 I²C 协议，其结构框图如图 6.25 所示。该模块有两个外部引脚：数据引脚 SDA 和时钟引脚 SCL，它们均可双向通信；且为漏极开路形式，使用时需要通过上拉电阻接电源。发送器包括发送移位寄存器 I²CXSR、数据发送寄存器 I²CDXR 和 16 位的发送先入先出堆栈 TX FIFO；而接收器包括接收移位寄存器 I²CRSR、数据接收寄存器 I²CDRR 和 16 位的接收先入先出 FIFO 堆栈 RX FIFO。

在非 FIFO 堆栈模式下，发送器将数据写入 I²CDXR，当 I²CXSR 空时会自动装载 I²CDXR 中数据，并从 SDA 引脚上逐位发送出去；接收器从 SDA 引脚上逐位接收数据，接收完毕传送至 I²CDRR，并通知 CPU 读取。

在数据传输过程中，I²C 模块可工作于主模式或从模式（由模式寄存器 I²CMDR 的主模式控制位 MST 编程实现），两种模式下均可作为发送器或接收器（由 I²CMDR[TRX]编程实现），因此共有 4 种基本的操作模式：主发送器模式、主接收器模式、从发送器模式和从接收器模式。若 I²C 模块工作于主模式，首先作为主发送器向从模块发送地址。发送数据时，需要保持主发送器模式；接收数据时，必须配置为主接收器。若 I²C 模块工作于从模式，首先

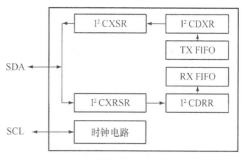

图 6.25 F28335 的 I²C 总线模块

作为从接收器，识别出发送自主模块的自身从地址后，给出应答；主处理器向其发送数据期间，一直保持从接收器状态；若主处理器需要其发送数据，必须配置为从发送器。

SYSCLKOUT 经过分频后作为主控模块的 SCL 信号。SCL 的频率计算公式如下。

$$f_{SCL} = \frac{SYSCLKOUT}{(IPSC+1)[(ICCH+d)(ICCL+d)]} \qquad (6.3)$$

式中，ICCL、ICCH 为寄存器 I²CCLKL 和 I²CCLKH 的值；IPSC 为寄存器 I²CPSC 的值；d 为一系统补偿值，由 IPSC 决定（IPSC=0 时，其值为 7；IPSC=1 时，其值为 6；IPSC>1 时，其值为 5）。

I²C 模块可以产生 7 种基本的中断事件：发送准备好中断 XRDY（可向 I²CDXR 写入新的发送数据）、接收准备好中断 RRDY（可从 I²CDRR 读取接收数据）、寄存器访问准备好中断 ARDY（可对 I²C 模块的寄存器进行访问）、无响应中断 NACK（主发送器未收到来自从接收器的应答信号）、仲裁丢失中断 AL（I²C 模块丢失了与其他主发送器的仲裁内容）、停止检测中断 SCD（I²C 总线上检测到停止条件）和被寻址为从设备中断 ASS。

以上任一中断事件发生时，均可向 PIE 模块申请 I²CINT1A 中断。各中断源的允许由中断允许寄存器 I²CIER 中相应位控制。且任一中断事件发生时，均会置位状态寄存器 I²CSTR 中相应标志位。在中断服务程序中，可通过读取中断源寄存器 I²CISRC 识别具体的中断源。若采用 FIFO 处理发送和接收数据，在发送或接收若个字节的数据后，发送或接收 FIFO 也可以向 PIE 模块申请 I²CINT2A 中断。I²CINT1A 和 I²CINT2A 均属于 PIE 的第 8 组中断，分别为 INT8.1 和 INT8.2。

6.5.3 I²C 总线模块的寄存器

I²C 总线模块的 16 个寄存器如表 6.24 所示。通过对这些寄存器的操作，可实现对 I²C 总线模块的控制。CPU 可以直接访问除了发送和接收移位寄存器外的 14 个寄存器。

1. 数据类寄存器

数据类寄存器包括数据计数寄存器 I²CCNT、自身地址寄存器 I²COAR、从地址寄存器 I²CSAR、数据发送寄存器 I²CDXR 和数据接收寄存器 I²CDRR5 个寄存器，它们均为 16 位宽。其中 I²CCNT 的 16 位均有效，位域名称为 ICDC，用于指示 I²C 模块需要发送或接收的数据字节数。其他 4 个寄存器的高 8 位保留，低 8 位为有效位域。I²COAR 和 ICCSAR 中有效位域名分别为 OAR 和 SAR，分别代表 I²C 模块自身的从地址和它作为主发送器时发送对象的从地址。I²CDXR 和 I²CDRR 有效位域名称均为 DATA，分别代表需要发送和接收

到的 8 位数据。

表 6.24　　　　　　　　　　　　　　I²C 模块寄存器

序号	名称	说明	序号	名称	说明
1	I²COAR	I²C 自身地址寄存器	9	I²CDXR	I²C 数据发送寄存器
2	I²CIER	I²C 中断使能寄存器	10	I²CMDR	I²C 模式寄存器
3	I²CSTR	I²C 状态寄存器	11	I²CISRC	I²C 中断源寄存器
4	I²CCLKL	I²C 时钟低电平时间分频器寄存器	12	I²CPSC	I²C 预分频寄存器
5	I²CCLKH	I²C 时钟高电平时间分频器寄存器	13	I²CFFTX	I²C FIFO 发送寄存器
6	I²CCNT	I²C 数据计数寄存器	14	I²CFFRX	I²C FIFO 接收寄存器
7	I²CDRR	I²C 数据接收寄存器	15	I²CRSR	I²C 接收移位寄存器（CPU 不可访问）
8	I²CSAR	I²C 从器件地址寄存器	16	I²CXSR	I²C 发送移位寄存器（CPU 不可访问）

2. 模式寄存器 I²CMDR

I²CMDR 包含了 I²C 模块的控制位，其位分布如下，位描述如表 6.25 所示。

15	14	13	12	11	10	9	8
NACKMOD	FREE	STT	保留	STP	MST	TRX	XA
R/W-0	R/W-0	R/W-0	RW-0	R/W-0	R/W-0	R/W-0	R/W-0

7	6	5	4	3	2	1	0
RM	DLB	IRS	STB	FDF		BC	
R/W-0	R/W-0	R/W-0	R/W-0	R/W-0		R/W-0	

表 6.25　　　　　　　　　　模式寄存器 **I²CMDR** 的位描述

位	名称	说明
15	NACKMOD	非应答模式控制位。该位仅在模块工作于接收器模式下有效
14	FREE	仿真模式控制位。0-仿真状态下暂停运行；1-仿真状态下自由运行
13	STT	开始条件控制位。0-开始条件已产生过；1-设置为主机模式后产生一个开始条件
11	STP	结束条件控制位。0-停止条件已产生过；1-满足停止条件时，发送停止条件
10	MST	主从模式控制位。0-从机模式；1-主控制器模式
9	TRX	发送接收模式控制位。0-接收模式；1-发送模式
8	XA	地址格式控制位。0-I²C 模块处于七位地址模式；1-I²C 模块处于十位地址模式
7	RM	重复模式控制位。0-主机处于非重复模式；1-主机处于重复模式
6	DLB	数字回送模式位。0-禁用数字回送模式；1-使能数字回送模式
5	IRS	I²C 模块复位控制位。0-I²C 模块已复位或禁止复位；0-强制复位 I²C 模块
4	STB	开始字节模式控制位。该位仅在模块工作于主模式下有效，且为高电平有效
3	FDF	自由格式控制位。0-禁止模式；1-自由格式使能
2~0	BC	数据长度控制位，决定 I²C 模块的 1~8 位数据位格式

3. 时钟控制类寄存器

时钟控制类寄存器包括预分频器寄存器 I^2CPSC、时钟低电平时间分频器寄存器 I^2CCLKL 和时钟高电平时间分频器寄存器 I^2CCLKH 三个寄存器，它们均为 16 位。I^2CPSC 低 8 位有效，位域名为 ISPC，用于将 SYSCLKOUT 分频后作为 I^2C 模块的时钟，分频系数为 ISPC+1。I^2CCLKL 和 I^2CCLKH 的 16 位均有效，位域名称分别为 ICCL 和 ICCH，分别用于确定 I^2C 时钟低电平时间和高电平时间对 I^2C 模块时钟分频系数。由 ISPC、ICCL 和 ICCH 可根据公式（6.3）确定 I^2C 模块时钟 SCL 的频率。

4. 标志和中断控制类寄存器

标志和中断控制类寄存器包括状态寄存器 I^2CSTR、中断允许寄存器 I^2CIER 和中断源寄存器 I^2CSRC 三个寄存器，它们均为 16 位。

I^2CSTR 用于确定哪个中断事件发生，以及读取 I^2C 模块状态信息，其位分布如下。

15	14	13	12	11	10	9	8
保留	SDIR	NACKSNT	BB	RSFULL	XSMT	AAS	AD0
R-0	R/W1C-0	R/W1C-0	R/W1C-0	R-0	R-1	R-0	R-0

7	6	5	4	3	2	1	0
保留	SCD	XRDY	RRDY	ARDY	NACK	AL	
R-0	R/W1C-0	R-1	R/W1C-0	R/W1C-0	R/W1C-0	R/W1C-0	

其中 AAS、SCD、XRDY、RRDY、ARDY、NACK 和 AL 分别为被寻址为从设备中断、停止检测中断、发送准备好中断、接收准备好中断、寄存器访问准备好中断、无响应中断和仲裁丢失中断的标志位，某中断事件发生时，相应标志位置位。SDIR 为从处理器方向位：1-I^2C 模块被寻址为从发送器；0-I^2C 模块未被寻址为从发送器。NACKSNT 为无响应发送位，用于接收模式：1-响应阶段发送一个无响应位；0-不发送无响应位。BB 为总线忙状态位：1-总线忙于接收或发送数据；0-总线空闲。RSFULL 为接收移位寄存器满标志，指示接收过程中发生数据覆盖：1-检测到数据覆盖；0-未检测到数据覆盖。XSMT 为发送移位寄存器空标志，指示发送器是否下溢（若原数据已发送而 I^2CDXR 未写入新数据，则原数据会被重复发送）：0-检测到下溢；1-未检测到下溢。AD0 为 0 地址检测位：1-检测到全零地址；0-AD0 位被启动或终止条件清除。

I^2CIER 用于各种中断的允许，其位分布如下。

15	7	6	5	4	3	2	1	0
保留		AAS	SCD	XRDY	RRDY	ARDY	NACK	AL
R-0		R/W-0	R/W-0	R/W-0	R/W-0	R/W-0	R/W-0	R/W-0

其中 AAS、SCD、XRDY、RRDY、ARDY、NACK 和 AL 分别为被寻址为从设备中断、停止检测中断、发送准备好中断、接收准备好中断、寄存器访问准备好中断、无响应中断和仲裁丢失中断的允许位（1-允许相应中断；0-禁止相应中断）。

I^2CISRC 仅低 3 位有效，位域名称为 INTCODE：0-无中断事件发生；1-仲裁丢失中断；2-无响应中断；3-寄存器访问准备好中断；4-接收准备好中断；5-发送准备好中断；6-停止检测中断；7-被寻址为从设备中断。

5. 先入先出 FIFO 寄存器

FIFO 相关寄存器包括发送 FIFO 寄存器 I^2CFFTX 和接收 FIFO 寄存器 I^2CFFRX。I^2CFFTX 的位分布如下，其位描述如表 6.26 所示。

15	14	13	12	8
保留	I^2CFFENA	TXFIFORST	TXFFST	
R-0	R/W-0	R/W-0	R -0	

7	6	5	4	0
TXFFINT	TXFFINT CLR	TXFFIENA	TXFFIL	
R-0	R/W1C-0	R/W-0	R/W-0	

表 6.26 I^2CFFTX 的位描述

位	名称	说明
14	SCIFFENA	FIFO 模式允许。0-禁止；1-允许
13	TXFIFORST	发送 FIFO 复位。0-复位，指针指向 0；1-使能操作
12~8	TXFFST	发送 FIFO 状态位。00000~10000-FIFO 有 0~16 个字符未发送
7	TXFFINT	发送 FIFO 中断标志。0-无中断事件；1-有中断事件
6	TXFFINT CLR	发送 FIFO 中断清除位。0-无影响；1-清除中断标志
5	TXFFIENA	发送 FIFO 中断允许。0-禁止；1-允许
4~0	TXFFIL	发送 FIFO 中断级设定。当前状态位 TXFFST≤TXFFIL 时产生中断

I^2CFFRX 的位分布如下，其位描述如表 6.27 所示。

15	14	13	12	8
保留		RXFIFORST	RXFFST	
R -0	W-0	R/W-1	R -0	

7	6	5	4	0
RXFFINT	RXFFINTCLR	RXFFIENA	RXFFIL	
R-0	W-0	R/W-1	R/W-1	

表 6.27 I^2CFFRX 的位描述

位	名称	说明
13	RXFIFORST	接收 FIFO 复位。0-复位，指针指向 0；1-使能操作
12~8	RXFFST	接收 FIFO 状态位。00000~10000-FIFO 接收到 0~16 个字符
7	RXFFINT	接收 FIFO 中断标志。0-无中断事件；1-有中断事件
6	RXFFINT CLR	接收 FIFO 中断清除位。0-无影响；1-清除中断标志
5	RXFFIENA	接收 FIFO 中断允许。0-禁止；1-允许
4~0	RXFFIL	接收 FIFO 中断级设定。当前状态位 RXFFST≥RXFFIL 时产生中断

6.5.4 I^2C 总线模块应用示例

这里以 F28335 与 I^2C 总线的 EEPROM 芯片（从地址为 0x50）通信为例，介绍 I^2C 模块的用法。具体过程为：首先，F28335 向 EEPROM 写 1～14 个数据；然后，DSP 读回写入的数据。需要写的数据和 EEPROM 的地址包含在消息结构体 I²CMsgOut1 中，而回读数据则包含在消息结构体 I²CMsgIn1 中。主程序如例 6.5 所示。

例 6.5 I²C 通信源代码。

```
#include "DSP2833x_Device.h"
#include "DSP2833x_Examples.h"
void   I²CA_Init(void);                             //声明 I²C 初始化函数
Uint16 I²CA_WriteData(struct I²CMSG *msg);          //声明向 I²C 写数据函数
Uint16 I²CA_ReadData(struct I²CMSG *msg);           //声明从 I²C 回读数据函数
interrupt void I²C_int1a_isr(void);                 //声明 I²C 中断服务函数
void pass(void);
void fail(void);
#define I²C_SLAVE_ADDR        0x50
#define I²C_NUMBYTES          4
#define I²C_EEPROM_HIGH_ADDR  0x00
#define I²C_EEPROM_LOW_ADDR   0x30
Struct I²CMSG I²CMsgOut1={                           //发送数据结构体
I²C_MSGSTAT_SEND_WITHSTOP,                           //带停止位发送
I²C_SLAVE_ADDR, I²C_NUMBYTES,                        //从地址和字节数
I²C_EEPROM_HIGH_ADDR, I²C_EEPROM_LOW_ADDR,           //地址高字节和低字节
0x12, 0x34, 0x56, 0x78, 0x9A, 0xBC, 0xDE,            //Msg 字节 1～7
0xF0, 0x11, 0x10, 0x11, 0x12, 0x13, 0x12             //Msg 字节 8～14
};
struct I²CMSG I²CMsgIn1={                            //接收数据结构体
I²C_MSGSTAT_SEND_NOSTOP,                             //不带停止位发送
I²C_SLAVE_ADDR, I²C_NUMBYTES,                        //从地址和字节数
I²C_EEPROM_HIGH_ADDR, I²C_EEPROM_LOW_ADDR            //地址高字节和低字节
};
struct I²CMSG *CurrentMsgPtr;                        //当前总线状态
Uint16 PassCount;
Uint16 FailCount;
void main(void)
{  Uint16 Error;
   Uint16 i;
   CurrentMsgPtr = &I²CMsgOut1;
// Step 1. 初始化系统控制
   InitSysCtrl();
// Step 2. 初始化 GPIO, 使用如下代码
   InitI²CGpio();
// Step 3. 清除所有中断; 初始化 PIE 向量表
   DINT;                                            //禁止 CPU 中断
   InitPieCtrl();                                   //PIE 控制寄存器初始化至默认状态
   IER = 0x0000;                                    //禁止 CPU 中断
   IFR = 0x0000;                                    //清除所有 CPU 中断标志
   InitPieVectTable();                              //初始化 PIE 向量表
   EALLOW;
   PieVectTable. I²CINT1A = &I²C_int1a_isr;         //重新映射本例中使用的中断向量
   EDIS;
// Step 4.初始化本例中使用的外设模块
   I²CA_Init();
// Step 5.用户特定代码
   PassCount = 0;
   FailCount = 0;
   for (i = 0; i < I²C_MAX_BUFFER_SIZE; i++)
   { I²CMsgIn1.MsgBuffer[i] = 0x0000; }             //清除消息缓冲器
   IER |= M_INT8;                                   //允许 CPU 的 INT8 中断
```

```
        PieCtrlRegs.PIEIER8.bit.INTx1 = 1;                      //允许 PIE 中断
        EINT;                                                   //清除全局屏蔽位 INTM
        ERTM;                                                   //允许全局实时中断 DBGM
// Step 6.进入循环
        for(;;)
        {//写数据
          if(I²CMsgOut1.MsgStatus= I²C_MSGSTAT_SEND_WITHSTOP) //检查消息发送是否具有停止位
          { Error = I²CA_WriteData(&I²CMsgOut1); }
          if (Error =I²C_SUCCESS)                               //若初始化正确,中断服务程序将 msg 状态设置为忙
          { CurrentMsgPtr = &I²CMsgOut1;
            I²CMsgOut1.MsgStatus=I²C_MSGSTAT_WRITE_BUSY; }
        }  // 写结束
//回读数据
        if(I²CMsgOut1.MsgStatus= I²C_MSGSTAT_INACTIVE)  //检查若消息状态是否为非激活
        {     if(I²CMsgIn1.MsgStatus=I²C_MSGSTAT_SEND_NOSTOP)
              {//   EEPROM 地址设置
                  while(I²CA_ReadData(&I²CMsgIn1) != I²C_SUCCESS){ }
                  CurrentMsgPtr = &I²CMsgIn1;                    //更新当前消息指针和消息状态
                  I²CMsgIn1.MsgStatus=I²C_MSGSTAT_SEND_NOSTOP_BUSY;
              }
              else if(I²CMsgIn1.MsgStatus = I²C_MSGSTAT_RESTART) //发送重新开始条件以便回读数据
              { while(I²CA_ReadData(&I²CMsgIn1) != I²C_SUCCESS) { }
                  CurrentMsgPtr = &I²CMsgIn1;                   //更新当前消息指针和状态
                  I²CMsgIn1.MsgStatus = I²C_MSGSTAT_READ_BUSY;
              }
        }                                                       //结束回读数据
    }                                                           //结束 for(;;)循环
}                                                               //结束 main
// Step 7. 用户自定义函数
void I²CA_Init(void)                                            //定义 I²C 初始化函数
{   I²CaRegs.I²CSAR = 0x0050;                                    //从地址-EEPROM 控制模式
    I²CaRegs.I²CPSC.all = 14;                                    //预定标
    I²CaRegs.I²CPSC.all = 9;                                     //预定标
    I²CaRegs.I²CCLKL = 10;                                       //注意必须为非零
    I²CaRegs.I²CCLKH = 5;                                        //注意必须为非零
    I²CaRegs.I²CIER.all = 0x24;                                  //允许 SCD 和 ARDY 中断
    I²CaRegs.I²CMDR.all = 0x0020;                                //退出复位
    I²CaRegs.I²CFFTX.all = 0x6000;                               //允许 FIFO 模式和 TXFIFO
    I²CaRegs.I²CFFRX.all = 0x2040;                               //允许 RXFIFO, 清除 RXFFINT,
    return;
}
Uint16 I²CA_WriteData(struct I²CMSG *msg)                        //定义向 I²C 写数据函数
{ Uint16 i;
    if (I²CaRegs.I²CMDR.bit.STP = 1)                             //等待 STP 位清零
    { return I²C_STP_NOT_READY_ERROR;   }
    I²CaRegs.I²CSAR = msg->SlaveAddress;                         //设置从地址
    if (I²CaRegs.I²CSTR.bit.BB =1)                               //检查是否忙
    { return I²C_BUS_BUSY_ERROR; }
    I²CaRegs.I²CCNT = msg->NumOfBytes+2;                         //设置发送字节数, MsgBuffer + Address
    I²CaRegs.I²CDXR = msg->MemoryHighAddr;                       //设置发送数据地址
    I²CaRegs.I²CDXR = msg->MemoryLowAddr;
    for (i=0; i<msg->NumOfBytes; i++)
    { I²CaRegs.I²CDXR = *(msg->MsgBuffer+i); }
    I²CaRegs.I²CMDR.all = 0x6E20;                                //发送起始条件
    return I²C_SUCCESS;
}
Uint16 I²CA_ReadData(struct I²CMSG *msg)                         //定义从 I²C 回读数据函数
{ if (I²CaRegs.I²CMDR.bit.STP=1)                                 //等待 STP 位清除
```

```
    { return I2C_STP_NOT_READY_ERROR;    }
    I2CaRegs.I2CSAR = msg->SlaveAddress;
    if(msg->MsgStatus == I2C_MSGSTAT_SEND_NOSTOP)
    {  if (I2CaRegs.I2CSTR.bit.BB = 1)                    //检查总线是否繁忙
       { return I2C_BUS_BUSY_ERROR;  }
        I2CaRegs.I2CCNT = 2;
        I2CaRegs.I2CDXR = msg->MemoryHighAddr;
        I2CaRegs.I2CDXR = msg->MemoryLowAddr;
        I2CaRegs.I2CMDR.all = 0x2620;                     //发送数据设置 EEPROM 地址
    }
    else if(msg->MsgStatus = I2C_MSGSTAT_RESTART)
    {  I2CaRegs.I2CCNT = msg->NumOfBytes;                 //设置字节数
       I2CaRegs.I2CMDR.all = 0x2C20;        }             //发送起始条件作为主接收器
    return I2C_SUCCESS;
}
interrupt void I2C_int1a_isr(void)                        //定义 I2C-A 中断服务函数
{ Uint16 IntSource, i;
    IntSource = I2CaRegs.I2CISRC.all;                     //读中断源
    if(IntSource=I2C_SCD_ISRC)                            //中断源=检测到停止条件
    { //若消息为写数据，将 msg 设置为非激活状态
        if (CurrentMsgPtr->MsgStatus = I2C_MSGSTAT_WRITE_BUSY)
        { CurrentMsgPtr->MsgStatus = I2C_MSGSTAT_INACTIVE;}
        else
        { if(CurrentMsgPtr->MsgStatus =I2C_MSGSTAT_SEND_NOSTOP_BUSY)
            { CurrentMsgPtr->MsgStatus = I2C_MSGSTAT_SEND_NOSTOP;  }
            else if (CurrentMsgPtr->MsgStatus =I2C_MSGSTAT_READ_BUSY)
            { CurrentMsgPtr->MsgStatus = I2C_MSGSTAT_INACTIVE;
            for(i=0; i < I2C_NUMBYTES; i++)
            { CurrentMsgPtr->MsgBuffer[i] = I2CaRegs. I2CDRR; }
            { // 检查接收数据
            for(i=0; i < I2C_NUMBYTES; i++)
            {  if(I2CMsgIn1.MsgBuffer[i] =I2CMsgOut1.MsgBuffer[i]) { PassCount++; }
               else { FailCount++; }
            }
            if(PassCount = I2C_NUMBYTES)       {  pass();  }
            else   {  fail();   }
            }                                           //结束检查接收数据
          }                                             //结束 else if
        }                                               //结束 else
      }                                                 //结束 if
      else if(IntSource = I2C_ARDY_ISRC)                //寄存器访问准备好
      {     if(I2CaRegs.I2CSTR.bit.NACK = 1)
            {   I2CaRegs.I2CMDR.bit.STP = 1;
                T2CaRegs.I2CSTR.all = I2C_CLR_NACK_BIT; }
            else if(CurrentMsgPtr->MsgStatus =I2C_MSGSTAT_SEND_NOSTOP_BUSY)
            { CurrentMsgPtr->MsgStatus = I2C_MSGSTAT_RESTART;  }
      }  //结束寄存器访问准备好
      else { asm("  ESTOP0"); }                         //无效中断产生错误
      PieCtrlRegs.PIEACK.all = PIEACK_GROUP8;
}
void pass()
{  asm("  ESTOP0");
    for(;;);
}
void fail()
{ asm("  ESTOP0");
    for(;;);
}
```

习题与思考题

6.1 DSP 的外部通信电路有哪些，各自适用于什么场合？

6.2 F28335 DSP 控制器片内有多少 SCI 接口资源？每个 SCI 模块的发送器和接收器各自包括哪些基本部件？SCI 模块通信的数据帧格式包括哪些信息？为什么 DSP 的 SCI 模块的通信可靠性高于普通单片机？

6.3 简述 SCI 发送和接收的操作过程。SCI 模块可检测哪些错误？有哪些中断类型。各种中断如何允许，对应的中断标志位分别是什么？

6.4 说明 SCI 两种多处理器通信模式的特点和适用场合。

6.5 与 24x DSP 控制器相比，28xDSP 控制器的 SCI 模块有哪些增强功能，这些功能如何使用和编程？SCI 模块有哪些寄存器资源？其通信波特率如何编程？

6.6 试编程实现 PC 机和 TMS320F28335 之间的通信，控制 EPW4A/4B 输出的对称 PWM 波（低电平有效，互补输出）的载波周期（50μs～100μs），占空比（0～100%）和死区（0～3μs）。

6.7 F28335 DSP 控制器有多少 SPI 接口资源？SPI 模块与 SCI 模块有何异同？每个 SPI 模块包括哪些基本部件？有哪些外部引脚，各自的作用是什么？

6.8 简述 SPI 在主模式和从模式下的通信过程，说明二者有何不同。

6.9 说明 SPI 模块的初始化过程，需要设置哪些寄存器？

6.10 SPI 模块有几种时钟方案，如何编程？SPI 模块通信的波特率如何编程？与 24x DSP 控制器相比，28x DSP 控制器的 SPI 模块有哪些增强功能，如何使用和编程？SPI 模块有哪些寄存器资源？

6.11 CAN 总线有哪些特点？

6.12 CAN 通信报文由哪几种帧组成？

6.13 简述信息标准帧与信息扩展帧的区别。

6.14 请给出 F28335 eCAN 模块的初始化流程。

6.15 假设基于 F28335 的 CAN 通信系统的波特率为 250kbit/s，请给出相关寄存器的配置。

6.16 简述 McBSP 的结构。

6.17 请给出 McBSP 模块接收小于等于 16 位的数据时的传输过程。

6.18 McBSP 外设中的压缩扩展模块有哪些压扩规律？并简述工作原理。

6.19 McBSP 有哪几类寄存器？

6.20 请给出 F28335 McBSP 串口的初始化过程。

6.21 简述 I^2C 总线的构成及其特点。

6.22 I^2C 总线有哪几类信号？并给出各自特征。

6.23 简述 F28335 I^2C 总线模块的结构。

6.24 F28335 I^2C 总线模块有哪几类寄存器？

6.25 简述 F28335 I^2C 总线模块的 4 种基本操作模式。

第7章 DSP 应用系统设计

【内容提要】

本章讲述了 DSP 应用系统设计方法。首先介绍了构成最小系统的电源电路、复位电路、时钟电路和 JTAG 接口，以及 3.3V 与 5V 混合逻辑系统接口设计、外部存储器的扩展和访问方法。接着介绍了模数接口电路设计，包括片内 ADC 模块输入保护电路设计，以及外部并行 ADC 和 DAC 扩展与访问方法。然后介绍 SCI、SPI、CAN、I²C 等串行数据通信模块的外部接口电路设计。接下来介绍了键盘、LED 数码管显示、LCD 液晶显示等常用人机接口电路的设计。最后以永磁同步电机的 DSP 控制系统设计为例，讲述了 DSP 应用系统的软、硬件设计方法。

7.1 DSP 最小系统设计

DSP 最小系统是指用尽量少的外围电路构成的可以使 DSP 正常工作、实现基本功能的最简单的系统。DSP 最小系统一般包括：DSP 芯片、电源电路、复位电路、时钟电路和 JTAG 接口。此外，也可以为其扩展各种类型的存储器。

DSP 应用系统的硬件设计包括最小硬件系统设计和扩展外围接口设计两部分。设计 DSP 应用系统时，首先需要根据数据手册了解 DSP 芯片的基本参数，重点关注芯片的工作电源（V_{CC}、V_{DD}）、信号接口的电平要求（V_{IH}、V_{IL}、V_{OH}、V_{OL}）和驱动能力、CPU 工作频率、控制信号（读、写、复位、地址总线、数据总线等）时序。接着根据参数需求选择元器件，设计最小应用系统。然后再根据应用需求为其扩展必要的外围接口。本节介绍如何为 F28335 设计各种外围电路以构成最小硬件系统。

7.1.1 电源电路设计

F28335 DSP 控制器采用双电源供电方式，其 CPU 内核电压为 1.9V，用于为芯片的内部逻辑（包括 CPU、时钟电路和所有片内外设）供电；I/O 电压为 3.3V，用于为外部 I/O 接口引脚供电，不能承受 5V 电压。此外，由于许多外围芯片采用 5V 供电，故电源模块一般需要产生 3 种电源：1.9V、3.3V 和 5V。5V 电压可用常规三端集成稳压器实现，然后由电源转换芯片将其转换为 3.3V 和 1.9V。

设计电源电路时，除了输出电压外，尚需考虑输出电流要求。F28335 的电流消耗主要取决于芯片的激活度。内核电源的电流消耗主要取决于 CPU 激活度。外设消耗的电流与 CPU 相比较小，且大小取决于工作外设及其运行速度。时钟电路消耗的电流很小且恒定，与 CPU 和外设的激活度无关。I/O 电源的电流消耗取决于外部输出的速度、数量，以及输出端的负载电容。F28335 的内核电源和 I/O 电源消耗的最大电流分别为 500mA 和 400mA，选用电源调节器最大输出电流只要大于相应数值即可。

将 5V 电压转换为 3.3V 和 1.9V，可使用两个单输出电压调节器，或使用一个具有两路输出的电压调节器。

（1）单输出电压调节器方案

单输出电压调节器有固定输出和可调输出两种形式。将 5V 电压转换为 3.3V，可使用固定输出或可调输出电压调节器；将 5V 电压转换为 1.9V，只能选用可调输出的电压调节器。

将 5V 转换为 3.3V 的固定输出电压调节器可选用 TI 公司的 TPS7133、TPS7233、TPS7333 和 TPS76333 等，或选用 MAXIM 公司的 MAX604、MAX748 等。图 7.1（a）所示为使用 TPS7333 获得 3.3V 电源的原理图。TPS7333 最大输出电流为 500mA，可满足输出电流需求。

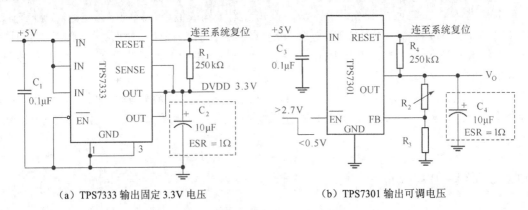

（a）TPS7333 输出固定 3.3V 电压   （b）TPS7301 输出可调电压

图 7.1　单输出电压调节器输出原理图

单输出可调电压调节器可选用 TI 公司的 TPS7101、TPS7201、TPS7301 等，它们的输出电压调节范围为 1.2～9.75V，可通过改变两个外接电阻阻值实现。使用 TPS7301 输出可调电压的原理电路如图 7.1（b）所示，输出电压 $V_O =(1 + R_2/ R_3) \times V_{REF}$，其中 V_{REF} 为片内参考电压，其典型值为 1.182V。为了保证合适的驱动电流，R_2 和 R_3 的阻值应选择合适的。R_3 的推荐值为 169kΩ，R_2 可根据所需输出电压选择：$R_2=(V_O/V_{REF}-1)\times R_3$。若选择 $R_2=309$kΩ，可输出 3.3V 电压；选择 $R_2=103$kΩ，则可输出 1.9V 的电压。TPS7301 的最大输出电流为 500mA，具有宽度为 200ms 的低电平有效的复位输出。

（2）双输出电源调节器方案

TI 公司的 TPS767D301、TPS767D325、TPS767D318 等均为双输出电压调节器。其中 TPS767D325 提供 3.3V 和 2.5V 两路固定的输出电压，TPS767D318 提供 3.3V 和 1.8V 两路固定的输出电压，TPS767D301 提供一路 3.3V 固定输出电压和一路可调输出电压（1.5～5.5V）。

TPS767D301 是 TI 针对双电源供电的 DSP 应用系统设计推出的双路低压降电源调节器，最大输出电流为 1 A，具有超低静态电流（典型值 85μA）和两个具有过热保护功能的漏极开路复位输出，复位脉冲宽度为 200ms。使用它输出可调电压的原理电路如图 7.2 所示。其输出电压 $V_O =(1 + R_5/ R_6) \times V_{REF}$，其中 V_{REF} 的典型值为 1.1834V。R_6 的推荐值为 30.1kΩ，R_5 可根据所需输出电压选择：$R_5=(V_O/V_{REF}-1)\times R_6$。图中选择 $R_5=18.2k\Omega$，故输出 1.9V 的电压。

注意：TPS767D301 为低压降电源调节器，若使用 5V 供电产生 1.9V 电压，因功耗较高（片内损耗为 5V−1.9V=3.3V），可能出现芯片发热现象（但不影响正常工作）。若改用 3.3V 为其供电，即可减小功耗（片内损耗为 3.3V−1.9V=1.4V），使芯片不再发烫。

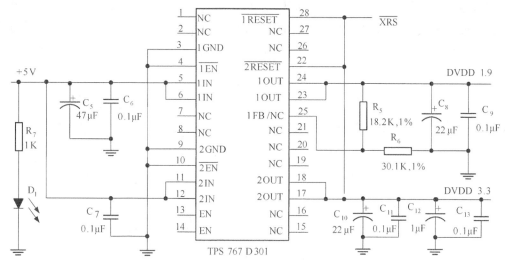

图 7.2　TPS767D301 同时输出 3.3V 和 1.9V 两路电压原理图

另外，DSP 控制器芯片中同时具有数字电路和模拟电路，为防止数字电路对模拟电路的干扰，通常将两种电路分开供电，故 F28335 实际需要 4 组电源：数字 3.3V、数字 1.9V、模拟 3.3V 和模拟 1.9V。其中数字 3.3V 和 1.9V 电源可利用上述电源方案产生，模拟 3.3V 和 1.9V 电源可在相应数字电源的基础上，加上电感和电容进一步滤波得到，如图 7.3 所示。图中 DVDD3.3 和 DVDD1.9 分别表示数字 3.3V 和 1.9V 电源，AVDD3.3 和 AVDD1.9 分别表示模拟 3.3V 和 1.9V 电源。数字地与模拟地之间也要用电感隔离。为进一步提高抗干扰能力，也可单独为模拟电路设计电源，将数字电源和模拟电源完全分开将更好。

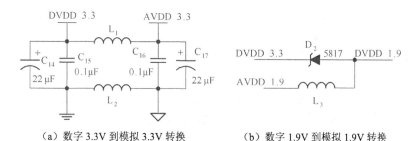

（a）数字 3.3V 到模拟 3.3V 转换　　　　（b）数字 1.9V 到模拟 1.9V 转换

图 7.3　数字电源到模拟电源的转换

F28335 为双电源供电，需要考虑上电次序。理想情况下，CPU 内核与 I/O 电源应同时上电，若不能做到同时上电，CPU 内核应先于 I/O 上电，二者时间相差不能太长（一般不能大于 1 秒，否则会影响器件的寿命或损坏器件）。为了保护 DSP 器件，应在 CPU 内核电源与 I/O 电源之间加一肖特基二极管，如图 7.3（b）中 D_2 所示。

7.1.2 复位电路设计

复位电路的作用是在上电或程序运行出错时复位 DSP。最简单的复位电路是图 7.4（a）所示的 RC 复位电路，其中 Sm_1 为手动复位开关，C_{19} 可避免高频谐波对电路的干扰，二极管 D_3 可在电源电压瞬间下降时使电容迅速放电，保证系统能在一定宽度电源毛刺作用下可靠复位。复位时间由 R_8、C_{18} 的值决定：$t = -R_8 C_{18} \ln(1 - V_T / V_{DD})$，其中 V_T=1.5V 为低电平与高电平的分界点。

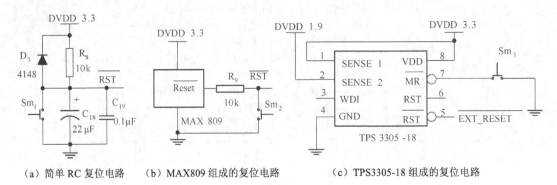

（a）简单 RC 复位电路　　（b）MAX809 组成的复位电路　　（c）TPS3305-18 组成的复位电路

图 7.4　复位电路原理图

F28335 要求复位信号在输入时钟稳定（上电后 1～10ms）后至少再保持 8 个外部时钟（OSCCLK）周期的低电平；且为可靠起见，电源稳定（V_{DD} 达到 1.5V）后，尚需至少保持 1ms 才能撤销。若外部时钟频率为 30MHz，则复位时低电平保持时间需满足 $t > 8 \times 1/(30 \times 10^6) \times 10^3 + 10 + 1 \approx 12ms$。由于 DSP 的 V_{DD} 为 3.3V，故只要选择 C_{18}=22μF，R_8=10kΩ，即可得 $t = -22 \times 10^{-6} \times 10 \times 10^3 \ln(1-1.5/3.3) \approx 133ms$，满足复位时间要求。

图 7.4（a）所示复位电路虽然简单，但电源瞬间跌落时，无法获得参数符合要求的复位脉冲，甚至根本无法产生复位脉冲，从而造成系统内部状态混乱而失控。另外，由于 DSP 时钟频率较高，运行过程中可能出现干扰和被干扰等现象，严重时会造成系统死机。为了解决这些问题，可采用带监控功能的复位电路，也称电源监控电路。最简单的电源监控电路具有上电复位、掉电复位功能，如 MAXIM 公司的 MAX705、MAX706、MAX809、MAX810 等。其中 MAX809、MAX810 为三管脚微处理器复位芯片，体积小、功耗低，使用方便。MAX809 应用电路如图 7.4（b）所示。

除上电复位和掉电复位功能外，一些多功能电源监控电路还集成了电源监控、数据保护、看门狗定时器等功能，可在电压异常时提供预警指示或中断请求信号，方便系统实现异常处理，并可对数据进行必要的保护（如写保护、数据备份或切换后备电池），也可在程序跑飞或死锁时复位系统，并具有过热、短路保护等其他功能。如，TI 公司的 TPS3305 是一种双监控电路，自带具有温度补偿的电压基准，可监控 2.7V～6V 的电源电压，具有固定上电 200ms 延时和看门狗功能。TPS3305 可用于 DSP 微控制器、微处理器系统中，以及工业仪器仪表、智能仪表等系统中。TPS3305-18 组成的复位电路如图 7.4（c）所示，该电路不仅具有上电复位功能，而且可同时监控 1.9V 的内核电源和 3.3V 的 I/O 电源，并具有按键手动复位功能。

DSP 本身具有看门狗定时器，故其复位可使用最简单的电源监控电路。另外，若电源设计时使用 TPS767D301 等具有复位输出的电源调节器，可直接为 DSP 提供复位信号。

7.1.3 时钟电路设计

DSP 控制器内部集成了时钟电路，外部时钟的产生有两种方案：一是利用片内时钟电路，外加晶体和 2 个负载电容；二是禁止片内时钟电路，直接由外部提供时钟信号。前者电路简单、价格便宜，但驱动能力差；后者可输出多个时钟、驱动能力强，但成本较高。当系统中仅需单一时钟信号时，选择第一种方案；需要多个不同频率的时钟信号时，选择第二种方案。具体设计参见 2.4 节"时钟源模块"。

7.1.4 JTAG 接口电路设计

联合测试行动小组（Joint Test Action Group， JTAG）是一种国际标准测试协议，主要用于芯片内部测试及对系统进行仿真、调试。JTAG 的基本原理是在器件内部定义一个测试访问口，通过专用的 JTAG 测试工具对内部节点进行测试。JTAG 接口还可实现在系统编程和对 FLASH 等器件进行编程。

标准的 JTAG 接口为 4 线：TMS、TCK、TDI、TDO。其中 TMS 为测试模式选择，用于为 JTAG 口设置特定的测试模式；TCK 为测试时钟输入；TDI 为测试数据输入，数据通过 TDI 输入 JTAG 口；TDO 为测试数据输出，数据通过 TDO 从 JTAG 口输出。另外，还有一个可选的低电平有效的测试复位输入引脚 $\overline{TRST}$。JTAG 接口主要有 14 针和 20 针两种接口标准。14 针接口的信号定义如图 7.5（a）所示，其中 EMU0 和 EMU1 为 2 个仿真引脚。使用 14 针接口设计的 JTAG 电路如图 7.5（b）所示，电阻 $R_{10} \sim R_{13}$ 是为了提高 JTAG 口的抗干扰能力而增加的上拉电阻，R_{14} 是下拉电阻，相应信号直接与 DSP 的同名引脚相连。

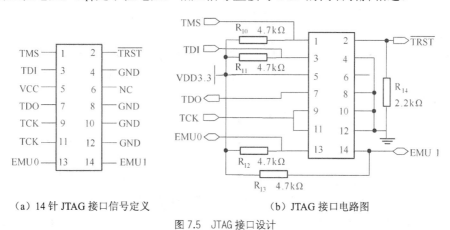

（a）14 针 JTAG 接口信号定义　　　　　（b）JTAG 接口电路图

图 7.5　JTAG 接口设计

7.1.5 3.3V 和 5V 混合逻辑系统接口设计

DSP 应用系统中，除 DSP 最小系统外，经常需要设计与其他外围芯片的接口。DSP 的 I/O 电压为 3.3V，若外围芯片的电源电压为 3.3V，可以直接相连；否则尚需考虑接口电平兼容问题。若通用外围芯片的工作电压为 5V，设计时须考虑 3.3V DSP 芯片和 5V 外围芯片的可靠接口问题。

5V TTL 和 3.3V TTL 的逻辑电平标准一致，而 5V CMOS 的逻辑电平标准与它们不一致。

3.3V TTL 器件（DSP）和 5V 外围器件接口存在以下 4 种情形。

5V TTL 器件驱动 3.3V TTL 器件：由于二者电平完全兼容，故只要 3.3V 器件允许承受 5V 电压，二者即可直接相连；否则需要在它们之间加单电源供电的总线收发器（如 74LV245）作为缓冲芯片。采用可承受 5V 电压的总线收发器，并用 3.3V 为其供电，可使 3.3V 的 DSP 芯片能安全与 5V 外围芯片接口。

3.3V TTL 器件驱动 5V TTL 器件：两者电平完全兼容，可直接相连。

5V CMOS 器件驱动 3.3V TTL 器件：虽然两者电平不兼容，但是电平逻辑上满足要求。故只要 3.3V 器件允许承受 5V 电压，二者即可直接相连；否则需要在它们之间加缓冲芯片。

3.3V TTL 器件（LVC）驱动 5V CMOS 器件：两者电平不兼容，电平逻辑上不满足要求。此时可采用双电源供电的总线收发器（如 74LVC16245），通过一边 3.3V 供电，一边 5V 供电实现 3.3V 到 5V 逻辑的转换。

7.1.6 外部存储器扩展

F28335 DSP 控制器片内有 34KW 的 SARAM 和 256KW 的 FLASH。在系统开发阶段，当程序代码小于 34KW 时，可直接在片内 SARAM 上装载和调试；程序代码超过 34KW 时，虽可直接烧写进 FLASH 运行，但调试不方便，此时可外扩 RAM。制作产品时，若代码大于 256KW，亦可外扩 FLASH。

外扩存储器需要通过外部接口 XINTF 实现。XINTF 具有 20 位地址总线 XA0～XA19 和 32 位数据线 XD0～XD31。由图 2.6 的存储器映射图可见，F28335 预留了 3 块区域可用于外部扩展：XINTF Zone0、Zone6 和 Zone7。其中 Zone0 大小为 4KW，地址范围为 0x4000～0x4FFF；Zone6 和 Zone7 的大小均为 1MW，地址范围分别为 0x100000～0x1FFFFF 和 0x200000～0x2FFFFF。

外扩存储器时，需考虑其速度。快速存储器可直接与 DSP 接口，慢速存储器需要根据其速度插入等待状态。以扩展快速 RAM 存储器为例说明接口信号的连接方法。ISSI 公司的 IS61LV51216 是一种 512K×16 位的高速低功耗 SARAM，采用独立 3.3V 供电，具有快速存取时间和全静态操作（不需时钟或刷新），输入输出兼容 TTL 标准，且高字节数据和低字节数据可分别控制，其外形与引脚排列如图 7.6（a）所示，功能表如表 7.1 所示。

使用一片 IS61LV51216 为 F28335 外扩存储器，并将其映射至 Zone6 区域，其接口电路如图 7.6（b）所示。其中地址总线 A0～A18、数据总线 I/O0～I/O15 分别与 DSP 的地址总线 XA0～XA18、数据总线 XD0～XD15 相连。$\overline{LB}$ 和 $\overline{HB}$ 直接接地，使能引脚 $\overline{CE}$ 接 DSP 的 $\overline{XZCS6}$，输出允许引脚 $\overline{OE}$ 和写允许引脚 $\overline{WE}$ 分别接 DSP 的读引脚 $\overline{XRD}$ 和写允许引脚 $\overline{XWE0}$。

外部存储器的基本访问方法与内部存储器类似，只需访问相应地址即可。但由于 F28335 的地址总线 XA0～XA18、数据总线 XD0～XD15 引脚均为复用的，硬件电路设计好后，访问扩展 SARAM 之前尚需对 GPIO 模块编程，将相应引脚设置为所需功能。另外，访问不同速度的存储器（或外围设备）时，尚需根据其速度和 F28335 时钟频率，以及 XINTF 时序要求，对 XINTF 配置寄存器（XINTCNF2）和各区域时序寄存器编程，设置合适的建立、跟踪和激活时间。

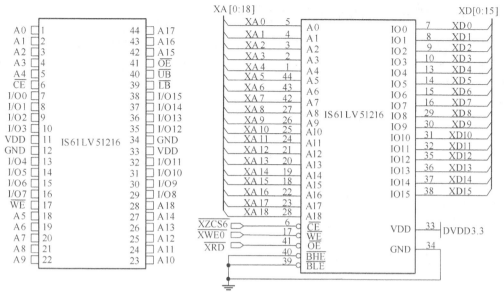

(a) IS61LV51216 芯片外形与引脚排列　　　　　(b) IS61LV51216 与 DSP 的接口

图 7.6　IS61LV51216 及其与 DSP 的接口

表 7.1　　　　　　　　　　　　　**IS61LV51216 功能表**

模式	引脚						
	$\overline{WE}$	$\overline{CE}$	$\overline{OE}$	$\overline{LB}$	$\overline{UB}$	IO0～IO7	IO8～IO15
关断	X	H	X	X	X	高阻	高阻
输出禁止	H	L	H	X	X	高阻	高阻
	X	L	X	H	H		
读	H	L	L	L	H	Dout	高阻
	H	L	L	H	L	高阻	Dout
	H	L	L	L	L	Dout	Dout
写	L	L	X	L	H	Din	高阻
	L	L	X	H	L	高阻	Din
	L	L	X	L	L	Din	Din

7.2　模数接口电路设计

　　模数接口是 DSP 应用系统的重要组成部分。需实现模/数转换时，若转换精度能够满足要求，可直接使用 DSP 片内 12 位的 ADC 模块，但需为其设计保护电路；否则需要外扩。需要实现数/模转换时，若需驱动的负载为功率器件，可直接使用 ePWM 模块实现功率 DAC；否则，由于 DSP 片内无 DAC 模块，亦需外扩。外扩 ADC 或 DAC 时，可采用并行芯片，通过在 DSP 的存储空间为其分配地址实现，或者采用串行芯片，通过串口（如 SPI、McBSP）与 DSP 通信。本节仅介绍如何使用并行芯片进行扩展。

7.2.1 片内 ADC 模块输入保护电路设计

F28335 片内具有 16 路 12 位的 ADC 模块，其模拟输入电压范围为 0～3V。但在实际应用中，即使已经使用了信号调理电路，也不能保证所采集电压总在允许范围内。若输入电压小于 0V 或大于 3V，均可能致使其损坏，此时可使用图 7.7（a）所示的箝位电路进行保护。

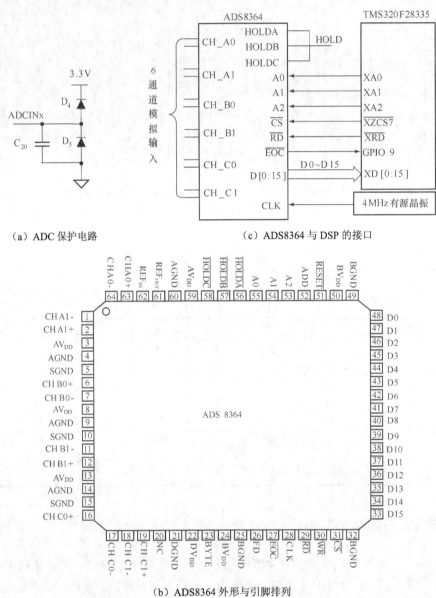

（a）ADC 保护电路 　　　　　　（c）ADS8364 与 DSP 的接口

（b）ADS8364 外形与引脚排列

图 7.7　ADC 保护电路、ADS8364 引脚及其与 DSP 的接口

图 7.7（a）中 D_4 和 D_5 为二极管（在要求较高的环境中，可使用快恢复二极管）。若将 D_4 和 D_5 视为理想二极管，则当 ADCINx 在 0～3.3V 之间时，D_4 和 D_5 均截止，A 点电位为 ADCINx。当 ADCINx 大于 3.3V 时，D_4 导通，将 A 点电位箝位在 3.3V；当 ADCINx 小于 0V

时，D_5 导通，将 A 点电位箝位在 0V。注意：若 ADC 输入引脚悬空，采集到的电压为随机值。故未使用的 ADC 输入引脚应接地。

7.2.2 并行 ADC 接口电路设计

以外扩 ADS8364 为例，说明 DSP 应用系统中外扩 ADC 的方法，ADS8364 是一种高速、低功耗、16 位高速并行模数转换器，其共模抑制比在 50kHz 时为 80dB，特别适用于噪声较大的环境。其工作电压范围为–0.3～6V，内部自带+2.5V 基准电压。ADS8364 包含 6 个 ADC 模块和 6 对差分输入通道，可分为 A、B 和 C 三组。其外形与引脚排列如图 7.7（b）所示。

ADS8364 的时钟由其时钟输入引脚 CLK 提供，时钟频率不能超过 5MHz。当片选信号 $\overline{CS}$ 有效时，芯片工作。其三组 ADC 分别由各自的采样/保持信号（$\overline{HOLDA}$、$\overline{HOLDB}$ 和 $\overline{HOLDC}$）启动，转换结果分别保存在 6 个输出寄存器（CHA0、CHA1、CHB0、CHB1、CHC0 和 CHC1）中。转换结果存入输出寄存器后，转换结束信号 $\overline{EOC}$ 输出有效（保持半个时钟周期的低电平）。若 3 个保持信号同时选通，3 组 ADC 将同时启动，并在转换结束后连续产生 3 个 $\overline{EOC}$ 信号。读取转换结果可采用直接地址读、单周期循环读和 FIFO 读方式，具体由地址/模式信号（A0、A1、A2）选择，如表 7.2 所示。选定读取方式后，若 $\overline{CS}$ 和 $\overline{RD}$ 同时为低电平，输出寄存器中 16 位数据可送至并行输出总线。

表 7.2　　　　　　　　　　　ADS8364 转换结果读取方式的地址控制

A2	A1	A0	读取方式与通道选择	
0	0	0	CHA0	
0	0	1	CHA1	
0	1	0	CHB0	
0	1	1	CHB1	直接地址读
1	0	0	CHC0	
1	0	1	CHC1	
1	1	0	单周期循环读	
1	1	1	FIFO 读	

ADS8364 与 28335 的接口电路示意图如图 7.7（c）所示。图 7.7（c）中，通过引脚 CLK 为 ADS8364 提供 4MHz 的外部时钟；ADS8364 的读信号 $\overline{RD}$ 由 DSP 的 $\overline{XRD}$ 信号控制；其 3 个采样/保持信号（$\overline{HOLDA}$、$\overline{HOLDB}$ 和 $\overline{HOLDC}$）连接在一起控制，可使 6 个通道的数据同时转换。ADS8364 的片选信号 $\overline{CS}$ 由 DSP 的 $\overline{XZCS7}$ 控制，故转换结果映射到 XINTF Zone7（0x200000～0x2FFFFF）；同时采用直接地址读方式读取转换结果，将 ADS8364 的 3 个地址控制信号 A2、A1、A0 分别接到 DSP 的外部地址引脚 XA2、XA1、XA0 上，故 CHA0、CHA1、CHB0、CHB1、CHC0 和 CHC1 在 DSP 存储空间映射的地址分别为 0x200000～0x200005。转换结束后，可从相应地址读取转换结果。

为使 DSP 在转换结束时及时读取转换结果，可将 ADS8364 的 $\overline{EOC}$ 作为 DSP 的外部中断信号。28335 有 7 个可屏蔽的外部中断 $\overline{XINT1}$～$\overline{XINT7}$，但无专门的中断引脚，可选 GPIO0～GPIO63 作为中断引脚。图 7.7（c）中选用中断优先级最高的 XINT1 作为数据读取的中断，并选择 GPIO9 作为相应中断的输入引脚。

7.2.3 并行 DAC 接口电路设计

以外扩 12 位并行 DAC 芯片 AD5725 为例，说明 DSP 应用系统中外扩 DAC 的方法。AD5725 是一种并行输入 12 位 D/A 转换器，具有 4 通道输出电压。输出电压范围由两个参考输入 V_{REFP} 和 V_{REFN} 设置。其外形与引脚排列如图 7.8（a）所示。

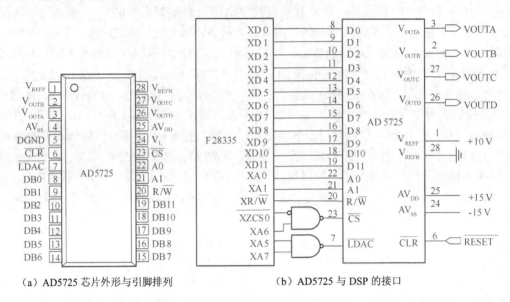

（a）AD5725 芯片外形与引脚排列　　　　　　　（b）AD5725 与 DSP 的接口

图 7.8　AD5725 及其与 DSP 的接口

AD5725 采用直接二进制编码，理想情况下，其输出模拟量 V_{OUT} 与输入数字量 D 之间的关系为 $V_{OUT} = V_{REFN} +(V_{REFP} - V_{REFN})×D/4096V$。若 V_{REFP} 接正参考电压，V_{REFN} 接地，可实现单极性输出；若 V_{REFP} 接正参考电压，V_{REFN} 接负参考电压，可实现双极性输出。AD5725 采用二级缓冲方案，每个通道均具有输入寄存器和 DAC 寄存器。数据首先写至输入寄存器，需要时再锁存至 DAC 寄存器，以实现多通道的同步转换输出。其控制信号包括片选信号 $\overline{CS}$、复位控制信号 $\overline{CLR}$、输入寄存器读/写信号 R／$\overline{W}$、DAC 寄存器装载信号 $\overline{LDAC}$ 和地址控制信号 A1、A0，功能表如表 7.3 所示。

在表 7.3 的后 3 种模式（读输入寄存器、写输入寄存器、直通）下，由 A1 和 A0 对 DAC 通道进行译码，00～11 分别对应通道 A～D。AD5725 与 F28335 的接口电路如图 7.8（b）所示。AD5725 的 D0～D11 分别接 F28335 的外部数据总线 XD0～XD11，复位信号 $\overline{CLR}$ 接系统复位信号 $\overline{RESET}$，输入寄存器读写信号 R／$\overline{W}$ 由 DSP 的 XR／$\overline{W}$ 信号控制。AD5725 的片选信号 $\overline{CS}$ 由 F28335 的 $\overline{XZCS0}$ 和 XA6 的逻辑组合控制（$\overline{XZCS0}$ 为低，同时 XA6 为高时有效），故转换结果映射到 XINTF Zone0（0x4000～0x4FFF）。同时 AD5725 的地址控制信号 A1、A0 分别接 F28335 的 XA1、XA0 上，故 A、B、C、D 在 F28335 存储空间映射的地址分别为 0x4040～0x4043，需要转换的数据可写至相应地址。AD5725 的 DAC 寄存器装载信号 $\overline{LDAC}$ 由 F28335 的 XA5 和 XA7 的逻辑组合控制，XA5 和 XA7 均为高电平时 $\overline{LDAC}$ 有效，将输入寄存器的值加载到 DAC 寄存器，同步转换输出。故 4 个通道的 DAC 寄存器共同映射到 F28335 存储空间的 0x40E0，向该地址写 1 将启动 4 个通道同步转换输出。

表 7.3   **AD5725 功能表**

模式	$\overline{\text{CLR}}$	$\overline{\text{CS}}$	$\overline{\text{LDAC}}$	$R/\overline{W}$	输入寄存器	DAC 寄存器
复位	↑	X	X	X	所有寄存器锁存为中值或零值	
	低	高	X	X	所有寄存器设置为中值或零值	
保持	高	高	高	X	保持	保持
更新 DAC 寄存器	高	高	低	X	保持	更新
读输入寄存器	高	低	高	高	读	保持
写输入寄存器	高	低	高	低	写	保持
直通	高	低	低	低	写	写

7.2.4 扩展并行接口的访问

扩展并行接口的硬件电路一旦确定,其在 DSP 的存储空间映射的地址便已固定。编程对其访问时,与访问片内存储空间某个单元类似,直接对其地址进行操作。以对图 7.8(b)所示 DAC 进行访问为例,说明外扩并行接口的编程方法,如例 7.1 所示。

例 7.1 试编程从图 7.8(b)所示 DAC5725 的通道 B 输出方波。

```
#include "DSP2833x_Device.h"            //DSP2833x Headerfile Include File
#include "DSP2833x_Examples.h"          //DSP2833x Examples Include File
void InitXintf16Gpio (void);
#define DA_CHA        *(Uint16 *)0x4040  //DA_CHA 指向通道 A,地址 0x4040
#define DA_CHB        *(Uint16 *)0x4041  //DA_CHB 指向通道 B,地址 0x4041
#define DA_CHC        *(Uint16 *)0x4042  //DA_CHC 指向通道 C,地址 0x4042
#define DA_CHD        *(Uint16 *)0x4043  //DA_CHD 指向通道 D,地址 0x4043
#define DA_TRANS  *(Uint16 *)0x40E0      //4 个通道的 DAC 寄存器,地址 0x40E0
void main(void)
{  Uint16 CHB_DATA = 0;
   // Step 1.初始化系统控制、PLL/看门狗,允许外设时钟
   InitSysCtrl();
   // Step 2.初始化 GPIO:描述如何将 GPIO 设置为初始状态
   InitGpio();
   // Step 3.清除所有中断;初始化 PIE 向量表
   DINT; //禁止 CPU 中断
   InitPieCtrl();             // 将 PIE 控制寄存器初始化至默认状态(禁止所有中断,清除所有中断标志)
   // Step 4.初始化所有的外设
   InitXintf();               //该函数包含了对 XINTF 寄存器和图 7.8(b)中所用 I/O 引脚的初始化
   // Step 5.用户特定代码
   while(1)
   {     DA_CHB = 0;          //方波低电平
         DA_TRANS = 1;        //传输至 DAC 寄存器,启动转换
         DELAY_US(10000);     //延时 10ms
         DA_CHB = 0x0FFF;     //方波高电平
         DA_TRANS = 1;        //传输至 DAC 寄存器,启动转换
         DELAY_US(10000);     //延时 10ms
   }
}
```

7.3　串行数据通信接口电路设计

F28335 DSP 控制器片内具有 5 种串行数据通信接口模块：串行通信接口 SCI 模块、串行外设接口 SPI 模块、控制器局域网 CAN 模块、多通道缓冲串口 McBSP 和内部集成电路 I^2C 模块。它们均可与具有相应接口的外围器件实现串行数据传输。本节仅介绍控制领域中应用较广的 4 种串行数据通信接口电路设计。

7.3.1　串行通信接口（SCI）

串行通信接口 SCI 是嵌入式系统中常用接口之一。在以 DSP 为主控芯片的数据采集或监控系统中，经常需要及时将相关信息传送给上位机 PC 机，此时可使用 RS232 总线实现 DSP 和 PC 机之间的通信。RS232 是由电子工业协会制定的一种异步传输标准接口，通常有两种接口形式，一种为 9 引脚，一种为 25 引脚。RS232 采用负逻辑电平（逻辑"1"的电平为-3V～−15V，逻辑"0"的电平为+3V～+15V），与标准 UART 采用的 TTL 电平不一致，故需采用电平转换芯片实现电平转换。F28335 具有 3 个 SCI 接口：SCI-A、SCI-B 和 SCI-C。采用 9 引脚 RS232 接口实现 F28335 的 SCI-B 与 PC 机通信的硬件电路如图 7.9 所示。图中采用符合 RS-232 电平标准的驱动芯片 MAX232 实现电平转换，同时增强驱动能力和增加传输距离。可根据需要采用中断或查询方式编程实现 F28335 与 PC 机之间的通信。

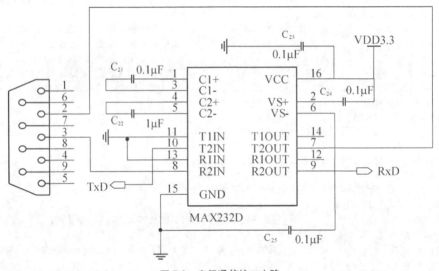

图 7.9　串行通信接口电路

7.3.2　串行外设接口（SPI）

串行外设接口 SPI 可用于 DSP 控制器与安全数码卡（Secure Digital Memory Card，SD卡）、移位寄存器、显示驱动器、串行 A/D、串行 D/A、串行 EEPROM，以及日历时钟芯片等外围器件通信。SD 卡是一种便携式存储设备，具有大记忆容量、快速数据传输率、极大的灵活性，以及安全性，广泛应用于数码相机、个人数码助理和多媒体播放器等便携式装置。SD 卡支持两种操作模式：基于专用 SD 卡接口的操作模式和基于 SPI 接口的操作模式。SD

卡有 9 个引脚，SPI 模式下引脚 1 为片选信号 $\overline{\text{CS}}$，引脚 2 为主机到卡命令/数据信号 DI，引脚 7 为卡到主机数据/状态信号 DO，引脚 5 为时钟信号 CLK，引脚 4 为电源，引脚 3、6 为地，引脚 8、9 保留。

F28335 有 1 个 SPI 接口：SPI-A，可工作于主模式或从模式。使用 SPI-A 工作于主模式实现与 SD 卡通信的接口电路如图 7.10 所示，F28335 的引脚 GPIO10 连接 SD 卡的片选信号 $\overline{\text{CS}}$，设置该引脚为低电平即可操作 SD 卡；SPICLKA 引脚连接 SD 卡的 CLK，为其提供时钟，使二者同步工作；SPISIMOA 引脚连接 SD 卡的 DI，通过该引脚向 SD 卡内写入数据；SPISOMIA 引脚连接 SD 卡的 DO，可从该引脚读取 SD 卡内数据。注意：由于 DSP 的 SPI-A 工作于主模式，故其从动发送允许信号 $\overline{\text{SPISTEA}}$ 接高电平。

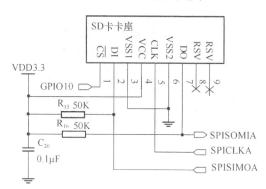

图 7.10　串行外设接口电路

7.3.3　CAN 总线控制器接口

CAN 总线有较高的可靠性和错误检测能力，已成为应用最广泛的现场总线之一。F28335 的 eCAN 模块支持 CAN2.0B 协议标准，可以方便地实现 CAN 通信。CAN 总线上的信号通常以差分方式在两条数据线 CAN_H 和 CAN_L 上传输。静态时，CAN 总线为"隐性"（逻辑 1），CAN_H 和 CAN_L 的电平为 2.5V（电位差为 0V）。CAN 总线为"显性"（逻辑 0）时，CAN_H 和 CAN_L 的电平分别为 3.5V 和 1.5V（电位差为 2.5V）。为了使 DSP eCAN 模块的电平符合高速 CAN 总线电平，需要使用 CAN 收发器实现电平转换。由于 F28335 是 3.3V 供电，故可选用 TI 的 3.3V 的 CAN 收发器 SN65HVD230，接口电路如图 7.11 所示。

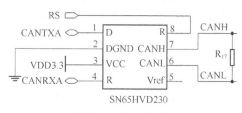

图 7.11　CAN 接口电路

7.3.4　I^2C 日历时钟电路设计

I^2C 总线是通信控制领域广泛采用的一种两线式同步串行总线，具有接口线少，控制方式简单，通信速率较高等优点。当 DSP 应用系统中需要表示当前操作具体时间时，可通过扩展实时日历时钟芯片满足应用需求。以具有 I²C 接口的 X1226 为例说明日历时钟芯片的功能及软硬件设计方法。

1. X1226 功能描述及硬件接口电路设计

X1226 是一种带有时钟日历、两路报警、512×8 位 EEPROM 的实时时钟电路。其实时时钟具有独立的时、分、秒寄存器；日历有独立的日、月、星期和年寄存器，并具有世纪字节和自动闰年修正功能，可用 24/12 小时格式计时。片内具有振荡器，只需外加 32.768kHz 晶体振荡器即可工作。它具有两个闹铃，设置的时间到达时，可在状态寄存器中查询或在 IRQ 引脚上产生硬件中断。片内 EEPROM 可分为 8 块分别进行加密控制。X1226 还具有备份电源输入引脚 VBACK，可使用电池或大容量电容进行备份供电。其操作电压范围为 2.7V～5.5 V，备用模式下允许降到 1.8V。

X1226 具有 8 个外部引脚：串行时钟 SCL、串行数据 SDA、电源 VCC、地 GND、备份电源输入 VBACK、晶振输入引脚 X1 和 X2，以及可编程频率/中断请求 PHZ/IRQ。X1226 与 F28335 的硬件接口电路如图 7.12 所示，二者均采用 3.3V 电压供电，X1226 的 SDA 和 SCL 分别接 28335 的 SDAA 和 SCLA；X1 和 X2 引脚间外接 32.768kHz 晶体振荡器；VBACK 引脚接入了 3V 的备用电池供电。由于 SCL、SDA 和 IRQ 均为漏极开路形式，故图中使用了 4.7kΩ 的上拉电阻接 3.3V 电源。

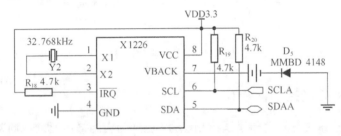

图 7.12　X1226 与 F28335 接口电路

2. 控制寄存器与软件编程

（1）X1226 控制寄存器

X1226 中 512B 的 EEPROM 阵列的低 64B（地址 00～3Fh）为时钟/控制寄存器（CCR）映射区，如表 7.4 所示。CCR 可分为 5 个区域：非易失性（EEPROM）的控制区、闹铃 0 和 1 区，以及易失性（SARAM）的状态区和实时时钟（Real Time Clock，简称 RTC）区。

RTC 区域包括以 BCD 码表示的时钟/日历寄存器 Y2K（世纪）、DW（星期）、YR（年）、MO（月）、DT（日）、HR（时）、MN（分）、SC（秒）。其中 HR 寄存器中的 MIL 用于选择 24/12 小时格式（1—24 小时格式；0—12 小时格式）此时 H21 用作 AM/PM 指示（0-AM；1-PM）。

两个闹铃区的寄存器名称和内容与 RTC 区类似，仅增加了与 24 小时时间格式进行比较的允许位（每个寄存器的最高位 D7），规定哪些寄存器的内容与 RTC 寄存器之间进行比较。

状态区有一个状态寄存器 SR，其中包含 4 个只读的状态位 BAT、AL1、AL0 和 RTCF，以及 2 个控制位 RWEL 和 WEL。BAT 指示当前是否由备用电源供电，AL1 和 AL0 表示当前时间是否与闹铃 1 和 0 设置的时间相匹配，RTCF 表示 RTC 是否失效（电源和备用电源均失效时该位置位）。RWEL 为寄存器写使能锁存，在向任何时钟/控制寄存器写入之前该位必须先置 1，且停止位置位后可以立即进行写操作。WEL 为写使能锁存，用于在写操作时控制对时钟/控制寄存器 CCR 和存储器阵列的访问（若为 0 对 CCR 或任何阵列地址写入均无效）。

表 7.4　　　　　　　　　　　　　X1226 时钟/控制寄存器映射

地址	类型	名称	位								范围	默认值
			7	6	5	4	3	2	1	0		
003F	状态	SR	BAT	AL1	AL0	0	0	RWEL	WEL	RTCF		01h
0037		Y2K	0	0	Y2K21	Y2K20	Y2K13	0	0	Y2K10	19/20	20h
0036		DW	0	0	0	0	0	DY2	DY1	DY0	0~6	00h
0035		YR	Y23	Y22	Y21	Y20	Y13	Y12	Y11	Y10	0~9	00h
0034	实时时钟 RTC (SARAM)	MO	0	0	0	G20	G13	G12	G11	G10	1~12	00h
0033		DT	0	0	D21	D20	D13	D12	D11	D10	1~31	00h
0032		HR	MIL	H21	H20	H13	H12	H11	H10		0~23	00h
0031		MN	0	M22	M21	M20	M13	M12	M11	M10	0~59	00h
0030		SC	0	S22	S21	S20	S13	S12	S11	S10	0~59	00h
0013		DTR	0	0	0	0	0	DTR2	DTR1	DTR0		00h
0012	控制 (EEPROM)	ATR	0	0	ATR5	ATR4	ATR3	ATR2	ATR1	ATR0		00h
0011		INT	IM	AL1E	AL0E	FO1	FO0	X	X	X		00h
0010		BL	BP2	BP1	BP0	0	0	0	0	0		00h
000F		Y2K1	0	0	A1Y2K21	A1Y2K20	A1Y2K13	0	0	A1Y2K10	19/20	20h
000E		DWA1	EDW1	0	0	0	0	DY2	DY1	DY0	0~6	00h
000D		YRA1	未使用，用于升级									
000C	闹铃 1 (EEPROM)	MOA1	EMO1	0	0	A1G20	A1G13	A1G12	A1G11	A1G10	1~12	00h
000B		DTA1	EDT1	0	A1D21	A1D20	A1D13	A1D12	A1D11	A1D10	1~31	00h
000A		HRA1	EHR1	0	A1H21	A1H20	A1H13	A1H12	A1H11	A1H10	0~23	00h
0009		MNA1	EMN1	A1M22	A1M21	A1M20	A1M13	A1M12	A1M11	A1M10	0~59	00h
0008		SCA1	ESC1	A1S22	A1S21	A1S20	A1S13	A1S12	A1S11	A1S10	0~59	00h
0007		Y2K0	0	0	A0Y2K21	A0Y2K20	A0Y2K13	0	0	A0Y2K10	19/20	20h
0006		DWA0	EDW0	0	0	0	0	DY2	DY1	DY0	0~6	00h
0005		YRA0	未使用，用于升级									
0004	闹铃 0 (EEPROM)	MOA0	EMO0	0	0	A0G20	A0G13	A0G12	A0G11	A0G10	1~12	00h
0003		DTA0	EDT0	0	A0D21	A0D20	A0D13	A0D12	A0D11	A0D10	1~31	00h
0002		HRA0	EHR0	0	A0H21	A0H20	A0H13	A0H12	A0H11	A0H10	0~23	00h
0001		MNA0	EMN0	A0M22	A0M21	A0M20	A0M13	A0M12	A0M11	A0M10	0~59	00h
0000		SCA0	ESC0	A0S22	A0S21	A0S20	A0S13	A0S12	A0S11	A0S10	0~59	00h

控制区包含 4 个寄存器：数字微调寄存器 DTR、模拟微调寄存器 ATR、中断控制/频率输出寄存器 INT 和块保护寄存器 BL。DTR 用于调整每秒的计数值和平均误差，ATR5 用于调整片内负载电容，二者结合可以提高时钟精确度。BL 中块保护位 BP2、BP1、BP0 决定了阵列中的哪些块提供写保护（默认为不保护）。INT 寄存器用于控制闹铃 1 和 0 的中断模式（IM）、中断允许（AL1E 和 AL0E）以及报警输出频率的编程（FO1 和 FO0）。

（2）写操作

F28335 访问 X1226 器件的从地址格式如图 7.13 所示。从地址的高 4 位为设备标识符，访问 CCR 寄存器和存储器阵列时有所不同，分别为 1101 和 1010；从地址紧接着的 3 位固定为 111；最低位用于区分具体访问操作：0-写操作，1-读操作。

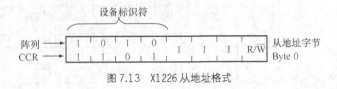

图 7.13 X1226 从地址格式

对 X1226 进行读、写操作均需先发送器件从地址，选中该器件；接着发送需访问单元的具体地址，即字地址，分为高地址和低地址两个字节送出；然后进行读或写操作。但对 CCR 进行写操作之前，必须先向 SR 寄存器写 02h（RWEL 写 1），接着写 06h（WEL 和 RWEL 同时写 1）。

主机对 X1226 进行写操作可使用字节写和页面写两种方式。字节写每次写 1 个字节，主机先向 X1226 发送从地址字节和字地址字节。X1226 每收到一个地址字节，应答一次 ACK；两个地址字节接收完毕，等待 8 位数据；收到 8 位数据之后，再应答一次 ACK。主机收到应答后，产生停止条件，终止传送。随后，X1226 开始内部写周期，将数据写入非易失性存储器，写入期间 SDA 输出高阻态，不能响应主机来的任何请求。

页面写与字节写的启动方式相同，但每个数据字节传送之后不结束写周期，允许主机发送多达 63 个字节至存储器阵列或多达 7 个字节至时钟/控制寄存器。该方式下，X1226 每收到一个字节应答一次 ACK，同时内部地址增 1，且当计数器达到页末尾时自动返回该页的首地址。

写操作过程中，主机发送至少一个完整数据字节并收到相关 ACK 后，必须发送停止条件来终止写操作。非易失性写周期，一旦主机发出停止条件，X1226 即开始内部写周期。此时主机可通过应答查询判断 X1226 内部写周期是否结束，方法如下：主机发出一个开始条件跟随一个用于写操作（AEh）或读操作（AFh）的从地址字节。若 X1226 内部写操作未结束，不应答 ACK，否则应答 ACK。

（3）读操作

对 X1226 进行读操作有 3 种基本方式：当前地址读、随机读和顺序读。当前地址读利用 X1226 内部地址计数器保持的地址（最后一次读的地址加一）进行读（复位时地址计数器为 0）。收到读操作（AFh）的从地址字节后，X1228 应答一次 ACK，然后发送 8 位数据。在第九个时钟周期，主机若未应答 ACK，而是发出一个停止条件，读操作即终止。

随机读操作允许主机访问 X1226 中的任何地址。但在发出读操作（AFh）的从地址字节前，主机必须首先完成一次伪写操作。顺序读可由当前地址读或是随机地址读任一种方法启动。但主机每收到一个数据字节应答一次 ACK。

例 7.2 对 X1226 编程，为其设置日历和时间。其中 WriteData() 函数的定义见例 6.5。

```
#define  I²C_SLAVE_ADDR       0x6f     //X1226 的从地址为 0x6f
#define  I²C_RTC_HIGH_ADDR    0x00     //RTC 区高地址
#define  I²C_RTC_LOW_ADDR     0x30     //RTC 区低地址
#define  Y2K      0x0037              //世纪寄存器 Y2K 地址
#define  DW       0x0036              //星期寄存器 DW 地址
```

```
#define   YR        0x0035            //年寄存器 YR 地址
#define   MO        0x0034            //月寄存器 MO 地址
#define   DT        0x0033            //日寄存器 DT 地址
#define   HR        0x0032            //小时寄存器 HR 地址
#define   MN        0x0031            //分钟寄存器 MN 地址
#define   SC        0x0030            //秒寄存器 SC 地址
Uint16    YEAR = 0x2013;             //年初始值为公元 2013
Uint16    MONTH = 0x11;              //月初始值为 12
Uint16    DAY = 0x06;                //日期初始值为 3
Uint16    WEEK = 0x03;               //星期初始值为 3
Uint16    HOUR = 0x15;               //小时初始值为 15
Uint16    MINUTE = 0x10;             //分钟初始值为 10
Uint16    SECOND = 0x00;             //秒初始值为 0
void main(void)
{ i = 0x02;                          //RWEL 为 1
  WriteData(&I²CMsgOut1,&i,0x003f,1);
  i = 0x06;                          //WEL 和 RWEL 同时为 1
  WriteData(&I²CMsgOut1,&i,0x003f,1);
  i = YEAR >> 8;
  WriteData(&I²CMsgOut1,&i,Y2K,1);   //写世纪寄存器 Y2K
  i = YEAR & 0xff;
  WriteData(&I²CMsgOut1,&i,YR,1);    //写年寄存器 YR
  i = MONTH;
  WriteData(&I²CMsgOut1,&i,MO,1);    //写月寄存器 MO
  i = DAY;
  WriteData(&I²CMsgOut1,&i,DT,1);    //写日寄存器 DT
  i = WEEK;
  WriteData(&I²CMsgOut1,&i,DW,1);    //写星期寄存器 DW
  i = HOUR;
  WriteData(&I²CMsgOut1,&i,HR,1);    //写小时寄存器 HR
  i = MINUTE;
  WriteData(&I²CMsgOut1,&i,MN,1);    //写分钟寄存器 MN
  i = SECOND;
  WriteData(&I²CMsgOut1,&i,SC,1);    //写秒寄存器 SC
}
```

7.4　人机接口及显示电路设计

7.4.1　键盘接口电路

　　键盘是嵌入式系统中最常用的输入设备，通过键盘输入命令或数据可以实现简单的人-机通信。键盘由按键构成，常用的有独立式和矩阵式（行列式）两种。独立式键盘的各按键相互独立，各自连接到处理器的一根输入口线，通过读取各输入口线的状态可获取所有按键状态。独立式键盘各输入口线的状态互不影响，电路简单、编程容易，但按键个数较多时，要占用较多的 I/O 资源。

　　按键个数较多时，可采用矩阵式键盘。它由行线和列线组成，按键位于行线与列线的交叉点上，如图 7.14 所示。图中采用 4×4 的行、列结构构成由 16 个按键组成的键盘。行线和列线各自连接 4 根 I/O 口线，故仅需 8 根 I/O 口线，比采用独立式键盘节省了一半 I/O 资源。图中各行线使用上拉电阻接 5V 电源。无按键动作时，行线为高电平；有按键按下时，行线状态由与其接通的列线电平决定。若列线为高电平，则行线电平为高；若列线为低电平，则行线电平为低。由于矩阵中行、列线由多按键共用，各按键均影响所在行、列的电平。故各按键互相影响，必须将行、列信号结合起来处理，才能判断闭合按键的位置。

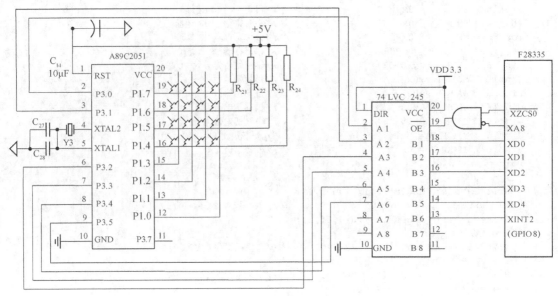

图 7.14　使用 89C2051 作为监控芯片的键盘扫描接口电路

键盘的工作方式通常有 3 种：编程扫描、定时扫描和中断扫描，其选取应视 CPU 忙闲情况而定。基本原则为既要保证能及时响应按键操作，又不过多占用 CPU 的工作时间。为了保证键盘不过多占用 DSP 的 I/O 资源和 CPU 资源，图 7.14 中采用 Atmel89C2051 作为键盘扫描的监控芯片，其 P1.0～P1.3 作为列线，P1.4～P1.7 作为行线，P3.0～P3.4 作为键值识别结果接 F28335 的外部数据总线 XD0～XD4。由于 Atmel89C2051 与 F28335 分别为 5V 和 3.3V 供电，故它们之间加了缓冲芯片 74LV245。为通知 DSP 在有按键按下时及时读取键值，可将 Atmel89C2051 的 P3.5 作为 DSP 的外部中断信号。图 7.14 中选用 XINT2 作为键值读取的中断，并选择 GPIO8 作为相应中断输入引脚。F28335 的 $\overline{X2CS0}$ 与外部地址总线 XA8 的逻辑非相与后接 74LVC245 的输出允许引脚 $\overline{OE}$，故 74LVC245 在 F28335 外部存储空间的映射地址为 0x4100。

图 7.14 所示键盘接口电路中，Atmel89C2051 不断扫描和查询键盘，若有按键闭合，将在 F28335 的 XINT2（GPIO8）引脚上产生一个下降沿信号，同时将键值送至 F28335 的数据总线上。若允许 28335 的 XINT2 中断，则可在相应中断服务程序中读取键值。74LV245 映射到 XINTF Zone0 的 0x4100，故在 XINT2 的中断服务程序中只需从相应地址读取数据即可获取键值。

7.4.2　LED 显示电路

嵌入式系统中最常用的显示器有发光二极管显示器（Light Emitting Diode，LED）和液晶显示器（Liquid Crystal Display，LCD）等。LED 显示块是由发光二极管显示字段组成的显示器，有七段和"米"字段之分，而七段式更为常用，其外形排列如图 7.15（a）所示。图中 A、B、C、D、E、F、G 七段发光二极管排列成"8"字形，另有一位小数点 DP。七段式 LED 显示块有共阴极和共阳极之分，前者使用时阴极连接于一起接地，当某发光二极管的阳极接高电平时，相应发光二极管点亮；后者则相反。一片 LED 显示块可显示一位数字或字符，N

片 LED 显示块可级联出 N 位 LED 显示器。

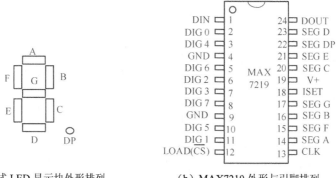

（a）7 段式 LED 显示块外形排列　　　　（b）MAX7219 外形与引脚排列

图 7.15　七段式数码管显示块及其译码驱动芯片 MAX7219

LED 显示器有静态显示和动态显示两种显示方式。前者的亮度较高，但显示位数较多时，需要占用较多的 I/O 口资源。此时一般使用动态显示方式，将各位的段选线并联在一起，由相应的 I/O 口线控制，实现各位的分时选通。为使每位显示不同的字符，需要采用扫描显示方式，即在任意时刻，仅使某一位的位选线处于选通状态，其他位的位选线处于关闭状态。

使用 LED 进行显示时，必须为其提供段选码和位选码。段选码可使用硬件译码或软件译码方法得到。硬件译码即使用译码驱动芯片实现译码。七段式 LED 译码驱动芯片很多，如 MC14547、MC14558、MC14513、MC14495、MC14499、MAX7219 等。其中 MC14547 和 MC14558 是用于动态扫描显示的 BCD-7 段译码/驱动器，无锁存功能。MC14495 为 BCD-7 段锁存/译码/驱动器，有锁存功能，可用于静态显示。MC14499 为 BCD-7 段十六进制锁存/译码/驱动器，除了显示数字 0～9 外，还可以显示字母 A～F。MAX7219 是一种采用 3 线串行接口的 8 位共阴极七段 LED 显示驱动器，可同时驱动 8 位共阴极 LED 或 64 个独立的 LED。以 MAX7219 为例，说明译码驱动芯片的原理，以及其软硬件设计方法。

1. MAX7219 与 F28335 的硬件接口电路设计

MAX7219 采用双列 24 脚 DIP 封装，其外形与引脚排列如图 7.15（b）所示。其中 V+ 为电源（4～5.5V），GND 为地，CLK 为时钟输入（0～10MHz），DIN 为串行数据输入，DOUT 为串行数据输出，LOAD 为数据装载控制端，DIG 0～DIG7 为 8 个阴极开关（可接公共阴极），SEG A～SEG G 和 DP 分别为七段发光二极管和小数点驱动（驱动电流为 10～40mA）。

MAX7219 集 BCD 译码器、多路扫描器、段驱动和位驱动于一体，采用串行接口方式，仅需 LOAD、DIN、CLK 三个管脚即可实现数据传送。命令或数据组成 16 位串行数据，从 DIN 引脚串行输入，由 DOUT 引脚串行输出。数据传输过程为：每个 CLK 上升沿，串行数据从 DIN 引脚移入内部 16 位移位寄存器；第 16 个时钟上升沿，LOAD 变高，串行数据由移位寄存器锁存至数据或控制寄存器；第 16.5 个时钟周期后，数据在 CLK 下降沿，从 DOUT 引脚输出。

MAX7219 与 F28335 的硬件接口电路如图 7.16 所示。图中 MAX7219 驱动 8 个数码管显示块，其 SEG A～SEG G 及 DP 分别接 8 个数码管对应的发光二极管段，DIG 0～DIG 7 分别接 8 个数码管的 GND（地）。由于 MAX7219 为 5V 供电，F28335 为 3.3V 供电，故它们之间需要加一个缓冲芯片 74LVC245。图中为了突出它们之间的连接关系，未画出缓冲芯片。由

图 7.16 可见，MAX7219 的 CLK、DIN 和 LOAD 分别由 F28335 的 3 个 GPIO 引脚 GPIO26、GPIO25 和 GPIO27 控制。

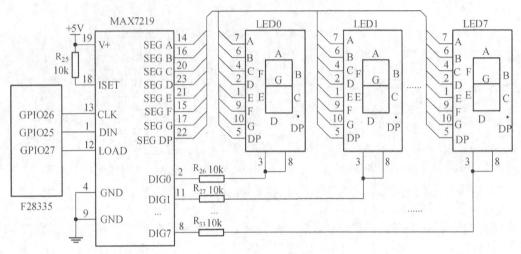

图 7.16　MAX7219 与 F28335 硬件接口电路

2. MAX7219 的编程

（1）MAX7219 的寄存器

MAX7219 内部具有 14 个可寻址数据寄存器和控制寄存器，包括 8 个数字寄存器（由 8×8 位双端口 SARAM 实现，可保存 8 个数码管的显示数据），以及无操作、译码方式、亮度调整、扫描位数、休眠模式和显示器测试 6 个控制寄存器。这些寄存器均可由 16 位串行数据的 D11～D8 直接寻址，8 个数码管地址分别为 x1～x8，无操作、译码方式、亮度调整、扫描位数、休眠模式和显示器测试 6 个控制寄存器地址分别为 x0、x9、xA、xB、xC 和 xF。

16 位串行数据的高 4 位 D15～D12 无效，次高 4 位 D11～D8 表示数据或控制寄存器地址，低 8 位 D7～D0 表示对寄存器编程的数据。对于数据寄存器（地址 x1～x8），D3～D0 表示需要显示的数据，D7 表示是否需要点亮小数点，D6～D4 无效。如，十六进制 x101 表示在数码管 0 上显示 1，不点亮小数点；x886 表示在数码管 7 上显示 6，同时点亮小数点。

无操作寄存器（地址 x0）用于多片 MAX7219 级联，写该寄存器允许将各片 MAX7219 的 LOAD 连接在一起，并允许将各芯片的 DOUT 与下一芯片的 DIN 相连。

译码方式控制寄存器（地址 x9）用于设置各数码管是否采用 BCD 译码方式。此时串行数据的 D7～D0 分别用于控制数码管 7～0，某位为 1 表示相应数码管工作于 BCD 译码方式，为 0 表示工作于非译码方式。采用 BCD 译码方式对数据寄存器进行译码的规则为：D3～D0 若为"0～9"，则正常显示；若为"A～F"，则分别显示为"-，E，H，L，P"。

亮度调整寄存器（地址 xA）用于启用芯片内脉宽调制器，对显示亮度进行数字化调整。亮度等级由串行数据的 D3～D0 控制，共有 16 级。D3～D0 为 0～F 时，亮度等级分别为峰值的 1/32～31/32（注意这里的分子均为奇数）。

扫描位数寄存器（地址 xB）用于设置 8 个数码管中实际扫描个数，由串行数据的 D2～D0 控制。D2～D0 为 0～7 时，分别表示扫描 1～8 个数码管（从数码管 0 开始向上扫描）。注意扫描位数的变化对亮度有明显影响。

休眠模式控制寄存器（地址 xC）用于降低功耗，延长使用寿命。休眠模式的选择由串行数据最低位 D0 控制（0-休眠模式；1-正常操作模式），上电时芯片处于休眠模式。显示器测试寄存器（地址 xF）用于设定测试模式，由串行数据最低位 D0 控制（0-正常模式；1-测试模式）。测试模式下，所有数码管均以最大亮度点亮。

（2）软件编程

对数码管显示电路进行软件编程时，首先要将 28335 的 GPIO25～27 设置为 GPIO 并将其作为输出，接着通过这 3 个引脚模拟 MAX7219 时序要求编程向其发送一个 16 位串行数据的发送函数 max7219_data_send(data_send)，然后利用该发送函数向 MAX7219 的控制寄存器编程实现其初始化，最后通过发送函数向 MAX7219 的数据寄存器发送数据实现数据的显示。

例 7.3 对 MAX7219 编程，分别在数码管 0～7 上显示数字 0～7。

```
#include "DSP2833x_Device.h"
#include "DSP2833x_Examples.h"
// 声明自定义函数原型.
void delay_loop(void);                          //声明延时函数
void LEDGpio_select(void);                      //声明 LED 引脚初始化函数
void max7219_data_send(Uint16 data_send);       //声明 MAX7219 数据发送函数
void main(void)
{ Uint16 dispdata;
  // Step 1. 初始化系统控制、PLL/看门狗，允许外设时钟
  InitSysCtrl();
  // Step 2.初始化 GPIO:描述如何将 GPIO 设置为初始状态，本例中跳过，使用如下配置
  LEDGpio_select();
  // Step 3. 清除所有中断；初始化 PIE 向量表
  DINT; //禁止 CPU 中断
  InitPieCtrl();               //将 PIE 控制寄存器初始化至默认状态（禁止所有中断，清除所有中断标志）
  IER = 0x0000;                           //禁止 CPU 中断
  IFR = 0x0000;                           //清除所有 CPU 中断标志
  InitPieVectTable();//初始化 PIE 向量表，使其指向默认中断服务程序，在调试中断时特别有用
  // Step 4.初始化所用的外设，例中不需要
  // Step 5.用户特定代码
  // 初始化 MAX7219
  max7219_data_send(0x99ff);        //设置译码方式寄存器，8 个 LED 均使用 BCD 译码方式
  max7219_data_send(0xaa44);        //设置亮度调整寄存器，显示亮度为 9/32
  max7219_data_send(0xbb77);        //设置扫描位数寄存器，8 个 LED 均扫描显示
  max7219_data_send(0xcc11);        //设置休眠模式寄存器，正常操作模式（非休眠模式）
  max7219_data_send(0xff00);        //设置显示器测试寄存器，正常操作模式（非测试模式）
  for(i=0;i<8;i++)                  //显示 0-7
  { dispdata=(i+1)<<8+i;
    max7219_data_send(dispdata);
  }
  // Step 6. 进入空循环
  while(1);
  }
// Step 7. 用户自定义函数
void delay_loop()                          //定义延时函数
{ short     i;
  for (i = 0; i < 100; i++) {}
}
void LEDGpio_select (void)                 //定义 LED 引脚初始化函数
{ EALLOW;
  GpioCtrlRegs.GPAMUX2.all = 0x00000000;   //端口 A 所有引脚均为 GPIO
  GpioCtrlRegs.GPADIR.all = 0x0E00000;     //GPIO25～27 作输出
  EDIS;
}
```

```
void max7219_data_send(Uint16 data_send)        //定义 MAX7219 数据发送函数
{ Uint16 data= data_send;
  Uint16 temp= 0;
  EALLOW;  //宏指令，允许访问受保护寄存器（GPIO 寄存器受 EALLOW 保护）
  GpioDataRegs.GPADAT.bit.GPIO27= 0;            //LOAD 为低
  delay_loop();                                 //延时
  for(i=0;i<16;i++)
  { EALLWO ;                                    //禁止 CPU 中断
    GpioDataRegs.GPADAT.bit.GPIO26= 0;          //CLK 为低
    delay_loop();                               //延时
    temp= data &0x8000;                         //保留发送数据最高位
    if(temp)
        GpioDataRegs.GPADAT.bit.GPIO25= 1;      //DIN 为高
    else
    GpioDataRegs.GPADAT.bit.GPIO25= 0;          //DIN 为低
    GpioDataRegs.GPADAT.bit.GPIO26= 1;          //CLK 为高
    delay_loop(); //延时
    data = data <<1;
  }
  GpioDataRegs.GPADAT.bit.GPIO27=1;             //LOAD 为高
  delay_loop();                                 //延时
  EDIS;                                         //宏指令，恢复寄存器的保护状态
)
```

7.4.3 LCD 及其接口电路

1. 液晶显示器基本原理

液晶即液态晶体，是一种介于液体与固体之间的有机复合物，由长棒状的分子构成。自然状态下，这些棒状分子的长轴大致平行。LCD 液晶屏的结构如图 7.17 所示，是在上下两片中间排有许多垂直和水平电极的平行玻璃基板当中放置液晶材料构成液晶盒，并在液晶盒上下各放置一片偏振片，同时在下偏振片下放置反射板构成的。液晶盒上、下两个玻璃电极基板分别称为正基板和背基板。液晶分子在液晶盒正、背基板上呈水平排列，但排列方向互相正交，故具有旋光作用，能使光的偏振方向旋转 90°。

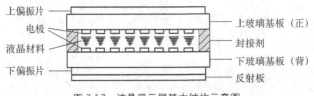

图 7.17 液晶显示屏基本结构示意图

液晶屏的基本工作原理为：外部光线通过上偏振片形成偏振方向为 90° 的偏振光；若某点的上下电极之间未加电压，则偏振光通过液晶材料之后，被旋转 90°，变成水平偏振光，与下偏振片的偏振方向相同，故可透过下偏振片到达反射板，经反射后沿原路返回，从而呈现出透明状态；若某点的上下电极之间加了一定的电压，则上偏振片入射的偏振光不被旋转，到达下偏振片时，因其偏振方向与下偏振片垂直而被吸收，无法到达反射板形成反射，故呈现黑色。只需将电极做成各种字符或点阵，即可实现各种字符或图像显示。

液晶屏的显示可采用静态驱动或时分分割驱动，其显示驱动芯片称为 LCD 控制器。此外，尚需一定的 RAM 和 ROM 空间用于存放需要显示的数据和字库。为方便应用，人们将液晶屏、LCD 控制器、RAM、ROM 和外部连接端口等用 PCB 电路板组装在一起，称为液晶显示

模块（LCD Module，LCM）。LCM 具有体积小、功耗低、显示内容丰富、超薄轻巧等优点，它与 CPU 的接口非常简单，控制非常容易（只需为其送入相应的命令和数据即可实现所需显示）。

LCM 可分为数显、点阵字符与点阵图形液晶模块 3 种类型。数显液晶模块只能显示数字和一些标识符号。液晶点阵字符模块可以显示数字和西文字符。点阵图形液晶模块可显示连续、完整的图形。以内藏 T6963C 的控制器的图形液晶显示模块 MGLS240128T 为例，说明其硬件电路接口和编程方法。

2. 图形显示模块 MGLS240128T

（1）MGLS240128T 与 F28335 的硬件接口电路设计

香港精电公司的 MGLS240128T 图形液晶显示模块由控制器 T6963C、列驱动器 T6A39、行驱动器 T6A40 及与外部设备的接口等几部分组成，它既能显示字符（包括中文和西文字符），又能显示图形。它采用 5V 供电，点阵数为 240×128，可在−20～70℃温度范围内工作。MGLS240128T 图形液晶显示模块的外部引脚名称和功能描述如表 7.5 所示。它与外部的连接只有数据线和控制线，供主处理器设置所需显示方式和内容，其他功能均由模块自动完成。

表 7.5 MGLS240128T 模块的引脚及其功能

引脚	名称	功能描述	引脚	名称	功能描述
1	FG	框架地	7	$\overline{CE}$	片选信号，低电平有效
2	GND	电源地	8	C/$\overline{D}$	通道选通信号：1-指令通道；0-数据通道
3	VCC	电源电压+5V	9	$\overline{RST}$	复位信号，低电平有效
4	VO	输出电压调节	10～17	DB0～DB7	数据总线，三态
5	$\overline{WR}$	写控制信号，低电平有效	18	FS	字体选择，0-8×8 字体；1-8×6 字体
6	$\overline{RD}$	读控制信号，低电平有效			

MGLS240128T 与外部主处理器的接口采用 Intel 8080 时序，可采用间接控制和直接访问两种方式。间接控制方式将 MGLS240128T 与主处理器中并行 I/O 接口连接，其控制通过对并行接口的操作间接实现。直接访问方式将 MGLS240128T 作为存储器挂接在主处理器的外部总线上，如图 7.18 所示。F28335 外部数据总线的低 8 位 XD7～XD0 经 74LVC245 缓冲后与 MGLS240128T 的 DB7～DB0 相连，写控制信号 $\overline{XWR}$、读信号 $\overline{XRD}$、外部地址总线 XA10 分别与 MGLS240128T 的 $\overline{WR}$、$\overline{RD}$ 和 C/$\overline{D}$ 相连。F28335 的 $\overline{XZCS0}$ 与地址总线 XA11 逻辑非相与后接 MGLS240128T 的 $\overline{CE}$，故 MGLS240128T 命令通道的地址为 0x4C00，数据通道的地址为 0x4800。

（2）MGLS240128T 与 F28335 的软件接口设计

MGLS240128T 内含控制器 T6963C。该控制器具有一条 8 位并行数据总线和一组控制总线。这些总线可直接与主处理器相连，进行指令和数据的传送。T6963C 控制器的最大特点是具有硬件初始值设置功能，显示驱动所需的参数（占空比系数、每行驱动传输的字节数、字符的字体选择等）均由引脚电平设置。故上电时 T6963C 已完成初始化，软件设计工作量主要集中于显示内容的设计。MGLS240128T 模块的常用指令如表 7.6 所示。

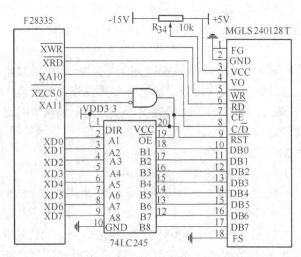

图 7.18 直接访问方式的 MGLS240128T 与 F28335 的硬件接口电路

表 7.6   MGLS240128T 模块的常用指令设置

指令名称	控制状态			指 令 代 码							
	CD	RD	WR	D7	D6	D5	D4	D3	D2	D1	D0
读状态字	1	1	1	S7	S6	S5	S4	S3	S2	N1	S0
地址指令设置	1	1	0	0	0	1	0	0	N2	N1	N0
显示区域设置	1	1	0	0	1	0	0	0	0	N1	N0
显示方式设置	1	1	0	1	0	0	0	CG	N2	N1	N0
显示状态设置	1	1	0	1	0	0	1	N3	N2	N1	N0
光标自动读写设置	1	1	0	1	1	0	0	0	N2	N1	N0
数据自动读写设置	1	1	0	1	0	1	0	1	0	N1	N0
数据一次读写设置	1	1	0	1	0	0	0	0	N2	N1	N0
屏读（一字节）设置	1	1	0	1	1	1	0	0	0	0	0
屏读（一行）设置	1	1	0	1	1	1	0	1	0	0	0
位操作	1	1	0	1	1	1	N3	N2	N1	N0
数据写操作	0	1	0	数 据							
数据读操作	0	0	1	数 据							

T6963C 与处理器的接口单元实现了外部主处理器操作时序与 T6963C 内部工作时序的转换，可用于接收处理器信息，以及向处理器发送信息和显示数据。当外部处理器对 T6963C 进行访问时，接口单元首先保存收到的命令和数据，然后将后续处理转换至内部控制单元，并将工作状态寄存器设置为"忙"状态，同时封锁接口单元的外部电路，直至处理完毕再释放。封锁过程中，外部处理器对其再次访问无效。因此，处理器每次访问 T6963C 之前，均应查询其工作状态寄存器中的忙标志，以判断是否可对其进行访问。

在图 7.18 所示液晶屏上从第 10 行第 5 列开始显示"welcome"，其主程序 main()函数代码如例 7.4 所示，完整程序见配套光盘。

例 7.4 在图 7.18 的液晶屏上从第 10 行第 5 列开始显示 "welcome"。

```
#define CmdADD  *( Uint16 *) 0x4C00          //定义命令通道地址 0x4C00
#define DatADD  *( Uint16 *) 0x4800          //定义数据通道地址 0x4800
void wr_data(Uint16 dat1);                    //声明向 LCD 写数据参数函数
void wr_data1(Uint16 dat1);                   //声明向 LCD 自动写数据函数
void wr_com(Uint16 com);                      //声明向 LCD 写命令参数函数
void LCDGpio_select(void);                    //声明 LCD 相关引脚初始化函数
void LCD_init(void);                          //声明 LCD 初始化函数
void LCD_clear(void);                         //声明 LCD 清屏函数
void wr_letter(Uint16 code, Uint16 o_y, Uint16 o_x); //声明向 LCD 写字符函数
void LCD_writeCharStr(Uint16 Row, Uint16 Column, unsigned char *cString);
                                              //向 LCD 写字符串函数

void main(void)
{ unsigned char dispcharstring;
  // Step 1. 初始化系统控制，允许外设时钟
  InitSysCtrl();
  // Step 2.初始化 GPIO，本例中使用如下代码
  LCDGpio_select();
  // Step 3. 清除所有中断；初始化 PIE 向量表
  DINT; //禁止 CPU 中断
  InitPieCtrl();                              //将 PIE 控制寄存器初始化
  // Step 4.初始化所有的外设，本例跳过
  // Step 5.用户特定代码
  LCD_init();                                 //LCD 初始化
  LCD_clear();                                //清 LCD
  dispcharstring="welcome";
  LCD_writeCharStr(10, 5, dispcharstring);
  // Step 6.空循环
  for(;;);
}
```

7.5 永磁同步电机 DSP 控制系统设计

与传统电励磁同步电机相比，永磁同步电动机（Permanent Magnet Synchronous Motor，PMSM）以永磁体提供励磁，无励磁损耗，且省去了集电环和电刷。因而具有结构简单、损耗少、效率高和工作可靠等优点。

对永磁同步电机的定子输入三相对称的正弦波交流电时，其产生的旋转磁场将与转子中永磁体产生的磁场相互作用而产生电磁力，致使转子旋转。若改变输入定子的三相交流电的频率和相位，则可改变转子的转速和位置，从而达到调速的目的。永磁同步电动机的经典控制算法主要有矢量控制和直接转矩控制等。下面以永磁同步电机矢量控制系统的 DSP 实现为例，讲述 DSP 应用系统的设计方法。

7.5.1 永磁同步电机的数学模型

永磁同步电机定子上安装有 A、B、C 三相互差 120° 的对称绕组，转子上安装有永磁体，转子与定子之间通过气隙磁场耦合。电机定子与转子各参量的电磁耦合关系十分复杂，参量间变化规律无法准确分析，为永磁同步电机的控制与分析带来了诸多困难。为了建立可行的永磁同步电机数学模型，对其作如下假设。

① 定子绕组 Y 型联接，三相绕组对称分布，各相绕组轴线在空间上互差 120°。转子上

的永磁体产生的主磁场,转子没有阻尼绕组。

② 忽略定子铁心与转子铁心的涡流损耗和磁滞损耗。

③ 忽略电机绕组的电感与电阻等参数的变化。

④ 定子电势按照正弦规律变化,忽略磁场中产生的高次谐波磁势。

在满足上述条件的基础上,对永磁同步电机进行理论分析,在工程允许的误差范围内,所得结果与实际情况非常接近,因此,可使用上述假设对 PMSM 作分析与控制。

1. 三相静止坐标中的 PMSM 数学模型

在静止三相坐标系下的永磁同步电机的定子侧电压方程式为

$$\begin{bmatrix} u_a \\ u_b \\ u_c \end{bmatrix} = \begin{bmatrix} R_a & 0 & 0 \\ 0 & R_b & 0 \\ 0 & 0 & R_c \end{bmatrix} \begin{bmatrix} i_a \\ i_b \\ i_c \end{bmatrix} + p \begin{bmatrix} \psi_a \\ \psi_b \\ \psi_c \end{bmatrix} \tag{7.1}$$

式(7.1)中,$[u_a\,u_b\,u_c]^T$ 为定子相电压向量;$\mathrm{diag}[R_a\,R_b\,R_c]$ 为定子各相绕组的电阻对角矩阵;$[i_a\,i_b\,i_c]^T$ 为定子相电流向量;$p=\mathrm{d}/\mathrm{d}t$ 为微分算子;$[\psi_a\,\psi_b\,\psi_c]^T$ 为定子各相绕组的磁链向量,其方程式为式(7.2)。

$$\begin{bmatrix} \psi_a \\ \psi_b \\ \psi_c \end{bmatrix} = \begin{bmatrix} L_{aa}(\theta) & M_{ab}(\theta) & M_{ac}(\theta) \\ M_{ba}(\theta) & L_{bb}(\theta) & M_{bc}(\theta) \\ M_{ca}(\theta) & M_{cb}(\theta) & L_{cc}(\theta) \end{bmatrix} \begin{bmatrix} i_a \\ i_b \\ i_c \end{bmatrix} + \psi_f \begin{bmatrix} \cos\theta \\ \cos(\theta-120°) \\ \cos(\theta+120°) \end{bmatrix} \tag{7.2}$$

式(7.2)中 L_{nn} 是各相绕组自感,M_{nm} 是绕组间互感,且均为电角度 θ 的函数;ψ_f 是转子永磁体磁链。由式(7.1)和式(7.2)可见,永磁同步电机在三相静止坐标系下的数学模型是一个多变量、高阶、非线性和强耦合系统,十分复杂。因此,采用三相静止坐标系中的数学模型对电机进行分析与控制是非常困难的,需要寻找相对较简便的数学模型对其进行分析与控制。

2. 两相旋转坐标下的数学模型

永磁同步电动机在 $d\text{-}q$ 坐标系下的电压方程为

$$\begin{cases} u_d = Ri_d + p\psi_d - \omega_e\psi_q \\ u_q = Ri_q + p\psi_q + \omega_e\psi_d \end{cases} \tag{7.3}$$

式(7.3)中,u_d、u_q 分别为两相旋转坐标系下的直轴电压和交轴电压;i_d、i_q 分别为两相旋转坐标系下的直轴电流和交轴电流;R 为定子电阻;ω_e 为电角速度;ψ_d、ψ_q 分别为直轴磁链和交轴磁链,如式(7.4)所示。

$$\begin{cases} u_d = L_d i_d + \psi_f \\ u_q = L_q i_q \end{cases} \tag{7.4}$$

式(7.4)中,L_d、L_q 分别为定子的直轴电感和交轴电感,可表示为

$$\begin{cases} L_d = L_{s\delta} + (3/2)L_{ad} \\ L_q = L_{s\delta} + (3/2)L_{aq} \end{cases} \tag{7.5}$$

式(7.5)中,$L_{s\delta}$ 为定子绕组漏感,仅与漏磁场分布情况和磁路性质有关;L_{ad} 为定子绕组直轴电枢反应电感,与直轴磁导成正比;L_{aq} 为定子绕组交轴电枢反应电感,与交轴磁导成正比。由式(7.5)可知,经过坐标变换之后,电机的电感系数与转子位置角 θ 无关。

永磁同步电动机的电磁转矩方程为

$$T_{\mathrm{e}} = \frac{3}{2} P_n \left(\psi_d i_q - \psi_q i_d \right) = \frac{3}{2} P_n \left[\psi_{\mathrm{f}} i_q - \left(L_q - L_d \right) i_d i_q \right] \tag{7.6}$$

式（7.6）中，P_n 为电机转子极对数。永磁同步电动机的机械运动方程为

$$J \frac{\mathrm{d}\omega_{\mathrm{r}}}{\mathrm{d}t} = T_{\mathrm{e}} - B\omega_{\mathrm{r}} - T_{\mathrm{L}} \tag{7.7}$$

式（7.7）中，J 为转动惯量；T_{e}、T_{L} 分别为永磁同步电动机的电磁转矩和负载转矩；B 为粘滞摩擦系数；ω_{r} 为机械角速度。

综上所述，永磁同步电动机的数学模型在 d-q 坐标系下已变为一阶系统的数学模型。在此坐标系下，电流、电压等变量均为直流量。且由式（7.6）可见，永磁同步电动机的电磁转矩包含两个分量：第一项为永磁转矩分量；第二项为因转子不对称所形成的磁阻转矩，若转子对称或在不对称的情形下采用 $i_d=0$ 的控制策略，则此项为零。另外，由于式（7.6）中转子磁链 ψ_{f} 为恒值，故电机的电磁转矩与电流 i_q 呈线性关系。因此在永磁同步电动机的矢量控制方案中，可通过对电机的交、直轴电流分量的控制实现对电机电磁转矩的控制，从而为永磁同步电动机的高性能控制奠定了坚实的基础和创造了条件。

3. 两相静止坐标系下的理论数学模型

由三相静止坐标系下永磁同步电机的数学模型，通过 Clark 变换可得到两相静止坐标系下的数学模型。它是实现直接转矩控制和矢量控制的基础。α-β 坐标系下的数学模型为

$$\begin{bmatrix} u_\alpha \\ u_\beta \end{bmatrix} = \begin{bmatrix} R_{\mathrm{s}} + pL_\alpha & pL_{\alpha\beta} \\ pL_{\alpha\beta} & R_{\mathrm{s}} + pL_\beta \end{bmatrix} \begin{bmatrix} i_\alpha \\ i_\beta \end{bmatrix} + \omega_{\mathrm{e}}\psi_{\mathrm{f}} \begin{bmatrix} -\sin\theta \\ \cos\theta \end{bmatrix} \tag{7.8}$$

式（7.8）中 u_α、u_β 为 α-β 坐标系下的定子电压矢量分别在 α 和 β 轴上的分量；i_α、i_β 为定子电流矢量分别在 α 和 β 轴上的分量；现定义 $L_0=(L_d+L_q)/2$，$L_1=(L_d-L_q)/2$，则式（7.8）中的 $L_\alpha=L_0+L_1\cos2\theta$，$L_\beta=L_0-L_1\cos2\theta$，$L_{\alpha\beta}=L_1\sin2\theta$。

对于隐极式电机，交、直轴电感的关系为 $L_d=L_q=L$，则式（7.8）可简化为

$$\begin{bmatrix} u_\alpha \\ u_\beta \end{bmatrix} = \begin{bmatrix} R_{\mathrm{s}} + pL & 0 \\ 0 & R_{\mathrm{s}} + pL \end{bmatrix} \begin{bmatrix} i_\alpha \\ i_\beta \end{bmatrix} + \omega_{\mathrm{e}}\psi_{\mathrm{f}} \begin{bmatrix} -\sin\theta \\ \cos\theta \end{bmatrix} \tag{7.9}$$

α-β 坐标系下的电磁转矩方程为

$$T_{\mathrm{e}} = \frac{3}{2} P_n \left(\psi_\alpha i_\beta - \psi_\beta i_\alpha \right) \tag{7.10}$$

式（7.10）中，ψ_α、ψ_β 为定子磁链矢量分别在 α 和 β 轴上的分量，且随电角度 θ 变化而变化。式（7.10）可知，电机输出的电磁转矩 T_{e} 与电流 i_α、i_β 及 θ 相关。要控制电机的电磁转矩就须同时控制电流的 i_α、i_β 的幅值、相位和频率。

7.5.2　基于 DSP 的永磁同步电动机矢量控制系统设计

永磁同步电动机矢量控制的基本思想建立在坐标变换及电机电磁转矩方程上。由式（7.6）可见，永磁同步电动机的矢量控制最终可归结为对 d-q 轴上电流 i_d、i_q 的控制。永磁同步电动机控制的关键是实现电机瞬时转矩的高性能控制，在大多数应用场合下一般采用转子磁场定向控制方式（Field Oriented Control，FOC），特别适合于小容量应用场合。对给定的电磁转矩，可选择不同的电机直轴和交轴电流控制方式，形成不同的控制策略。主要控制方式有：

i_d=0 控制、功率因数等于 1 控制、最大转矩/电流比（MPTA）控制、恒磁链控制等。其中 i_d=0 的转子磁场定向矢量控制方法是较通用的控制方案，相对于其他控制方法简单易行。

由式（7.6）可知，永磁同步电动机的转矩大小取决于 i_d 和 i_q 的大小，故控制 i_d 和 i_q 即可控制电动机的转矩。由于一定的转速和转矩对应一定的 i_d^* 和 i_q^*，若使实际的交、直轴电流 i_d、i_q 跟踪指令值 i_d^* 和 i_q^*，便可实现电动机转矩和速度的控制。

基于经典的 i_d=0 转子磁场定向矢量控制方案的调速系统如图 7.19 所示，由速度环和电流环构成。外环为速度环，具有增强系统抗负载扰动的能力，给定速度与反馈速度的差值经过速度调节器后，得到转矩电流分量即 i_q^*。内环为电流环且为双环结构，通过两个电流调节器控制实际转矩电流分量 i_q 跟踪 i_q^*，励磁电流分量 i_d 跟踪 i_d^*。两个电流调节器的输出为 d-q 坐标系下的交、直轴电压分量 u_d 和 u_q，经过 Park 反变换后得到在 α-β 坐标系下的定子电压矢量分量 u_α 和 u_β。最后经过 SVPWM 空间矢量脉宽调制算法，通过逆变器将直流母线电压以 PWM 波的形式施加到永磁同步电动机上而实现整个控制策略。

在此控制方案中，检测到的三相电流 i_a、i_b 和 i_c 需经过坐标变换为旋转两相 d-q 坐标系下的电流分量 i_d 和 i_q。转换过程中用到转子的位置信息和速度信息由光电编码盘获取。

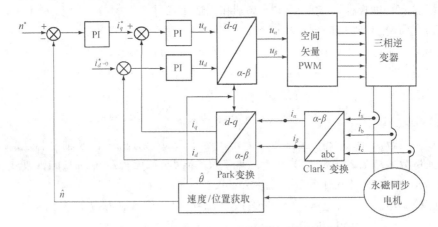

图 7.19　永磁同步电动机的无位置传感器矢量控制系统框图

1．SVPWM 调制方法

空间矢量脉宽调制（Space Vector Pulse Width Modulation，SVPWM）是电机矢量控制中普遍采用的 PWM 调制方法。它的基本原理是使逆变器输出三相脉冲电压合成的空间电压矢量与所需输出的三相正弦波电压合成的空间电压矢量相等。三相逆变器如图 7.20 所示，定义三相上桥臂的开关管状态分别为 S_a、S_b、S_c，导通时定义为状态"1"，关断时定义为状态"0"。可形成 8 个空间电压矢量，其中 6 个非零空间电压矢量为 U_0(100)、U_{60}(110)、U_{120}(010)、U_{180}(011)、U_{240}(001)、U_{300}(101)，2 个零矢量为 U_{000}(000)、U_{111}(111)。6 个非零空间电压矢量将空间矢量平面分为 6 个扇区，如图 7.21 所示。

这里定义 6 个非零空间电压矢量为基本电压矢量，且各基本电压矢量的模为 $2U_{dc}/3$。在每个调制周期内，SVPWM 波调制算法根据参考空间电压矢量所在的扇区、角度和电压矢量的幅值计算得到所在扇区相邻两个基本电压矢量，以及零矢量各自的作用时间，从而控制三相逆变器各管的导通时间。在永磁同步电机控制中，若忽略定子绕组电阻，则电压矢量的运动轨迹就为定子磁链轨迹。如果参考电压矢量幅值恒定且调制频率足够高，磁链的跟踪性能就越好，磁链轨迹也越接近圆形。

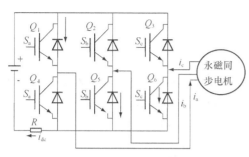

图 7.20 三相电压型逆变电路

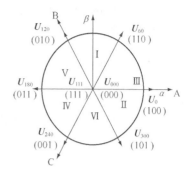

图 7.21 空间电压矢量图

三相逆变器输出的线电压与母线电压及逆变器开关状态的关系为

$$\begin{bmatrix} U_{ab} \\ U_{bc} \\ U_{ca} \end{bmatrix} = \begin{bmatrix} 1 & -1 & 0 \\ 0 & 1 & -1 \\ -1 & 0 & 1 \end{bmatrix} \begin{bmatrix} S_a \\ S_b \\ S_c \end{bmatrix} \tag{7.11}$$

在前述假设下电机绕组是完全对称的，根据分压原理，由式（7.11）可得三相逆变器的各相电压与母线电压及逆变器开关状态的关系为

$$\begin{bmatrix} U_a \\ U_b \\ U_c \end{bmatrix} = \frac{U_{dc}}{3} \begin{bmatrix} 2 & -1 & -1 \\ -1 & 2 & -1 \\ -1 & -1 & 2 \end{bmatrix} \begin{bmatrix} S_a \\ S_b \\ S_c \end{bmatrix} \tag{7.12}$$

式（7.12）中，U_{dc} 为检测到的瞬间直流母线电压。

由图 7.21 可见，6 个基本电压矢量将空间电压矢量平面分为 6 个区域，称为扇区。每个区域都对应一个扇区号。确定参考空间电压矢量位于哪个扇区是十分重要的，因为只有知道它在哪个扇区，才能选择哪一对相邻的基本电压矢量去合成指定的空间电压矢量。已知两相静止 α-β 坐标系上的两个正交电压向量 U_α 和 U_β 时，扇区号可以按如下方法确定。

若 $U_\beta > 0$，SA=1，否则 SA=0。

若 $\left(\sqrt{3}U_\alpha - U_\beta\right) < 0$，SB=1，否则 SB=0。

若 $\left(\sqrt{3}U_\alpha + U_\beta\right) < 0$，SC=1，否则 SC=0。

则参考空间电压矢量所处的扇区号 N=SA+2*SB+4*SC。以逆时针电机为旋转正方向，扇区顺序为Ⅲ→Ⅰ→Ⅴ→Ⅳ→Ⅵ→Ⅱ→Ⅲ，扇区编号如图 7.21 所示。如当参考空间电压矢量 U_{ref} 处于如图 7.22 所示位置时，通过上述方法得到 SA=1、SB=1、SC=0，则扇区号 N=3。下面以参考空间电压矢量 U_{ref} 如图 7.22 所示处于第 3 扇区为例，分析空间矢量调制中各基本电压矢量的作用时间。

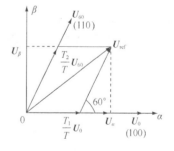

图 7.22 参考空间电压矢量位于
第 3 扇区时矢量合成图

SVPWM 波调制采用了中心对齐的七段式方法，且基本电压矢量的分配遵循开关次数最少的原则，即每次基本电压矢量切换时，逆变器只有一组桥臂的开关管动作。为了使 PWM 波中心对称，每个基本电压矢量的作用时间都左右对称，同时把零矢量的作用时间均分给两

个零矢量 U_{000} 和 U_{111}。那么在第 3 扇区各矢量的作用先后顺序为：U_{000}、U_0、U_{60}、U_{111}、U_{111}、U_{60}、U_0、U_{000}。另外，空间电压矢量合成的时间分配需依据秒伏平衡原则与时间总和恒定的原则，即须同时满足式（7.13）和式（7.14）。

$$U_{ref}T = U_0T_1 + U_{60}T_2 + U_{000}\left(T_0/2\right) + U_{111}\left(T_0/2\right) \tag{7.13}$$

$$T = T_1 + T_2 + T_0 \tag{7.14}$$

式（7.13）中的 U_0 和 U_{60} 分别为处于第 3 扇区的两个相邻基本电压矢量，T_1、T_2 和 T_0 分别为 U_0、U_{60} 和零矢量各自的作用时间，T 为 PWM 的调制周期。

根据图 7.22 各矢量之间的关系及式（7.13），可得 U_0 和 U_{60} 的作用时间分别为

$$T_1 = T\left(2U_\alpha - \sqrt{3}U_\beta\right)/2U_{dc}$$
$$T_2 = T\left(\sqrt{3}U_\beta/U_{dc}\right) \tag{7.15}$$

为方便得到所有 6 个扇区内的电压矢量合成所需各基本电压矢量作用时间，定义了不同扇区内相邻基本电压矢量的作用时间变量 T_1 和 T_2，以及以下 3 个辅助变量。

$$X_1 = U'_\beta$$
$$Y = \frac{1}{2}\left(\sqrt{3}U'_\alpha + U'_\beta\right) \tag{7.16}$$
$$Z = \frac{1}{2}\left(-\sqrt{3}U'_\alpha + U'_\beta\right)$$

式（7.16）中，U'_α 与 U'_β 分别为 U_α 与 U_β 对 $\sqrt{3}U_{dc}/3$ 的归一化值。在第 3 扇区时，T_1 代表 U_0 的作用时间，T_2 代表 U_{60} 的作用时间，T'_1、T'_2 为 T_1 与 T_2 对 T 各自的归一化值。则由式（7.15）可得 $T_1=-Z*T$，$T_2=X*T$。依次类推，可得在其他扇区时 T'_1 和 T'_2 与辅助变量 X、Y、Z 之间的关系如表 7.7 所示。

表 7.7 T'_1 和 T'_1 与辅助变量 X、Y、Z 之间的关系

扇区号	1	2	3	4	5	6
T'_1	Z	Y	$-Z$	$-X$	X	$-Y$
T'_2	Y	$-X$	X	Z	$-Y$	$-Z$

对 T_1 和 T_2 赋值后，还要对其进行抗饱和处理。如果 $T_1+T_2<T$，则 T_1、T_2 保持不变；如果 $T_1+T_2>T$，则需按照式（7.17）进行处理。

$$T_1 = T \times T_1/\left(T_1 + T_2\right)$$
$$T_2 = T \times T_2/\left(T_1 + T_2\right) \tag{7.17}$$

通过计算得到每个扇区内各相邻基本电压矢量以及零矢量的作用时间后，尚需计算出每个扇区内各相 PWM 波的占空比。按照 PWM 波脉冲宽度由宽到窄，定义 t_{1on}、t_{2on} 和 t_{3on}，如：

$$t_{1on} = \left(T + T_1 + T_2\right)/2$$
$$t_{2on} = t_{1on} - T_1 \tag{7.18}$$
$$t_{3on} = t_{2on} - T_2$$

那么在每个扇区内，各相 PWM 波脉冲占空比可用 t_{1on}、t_{2on} 和 t_{3on} 表示，如表 7.8 所示。第三扇区内 7 段式中心对齐的 SVPWM 波形如图 7.23 所示。

扇区	扇区号					
	1	2	3	4	5	6
A 相	t_{1on}/T	t_{2on}/T	t_{1on}/T	t_{3on}/T	t_{2on}/T	t_{3on}/T
B 相	t_{3on}/T	t_{1on}/T	t_{2on}/T	t_{2on}/T	t_{3on}/T	t_{1on}/T
C 相	t_{2on}/T	t_{3on}/T	t_{3on}/T	t_{1on}/T	t_{1on}/T	t_{2on}/T

表 7.8　　　　　　　　　　　　　　　电机三相 PWM 波占空比表

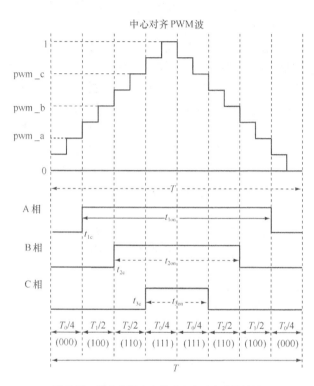

图 7.23　第 3 扇区内七段式中心对齐 SVPWM 波

根据各相的占空比和已知开关周期 T 值，可推算出图 7.23 所示各相切换时刻（每一开关周期开始时刻）为

$$t_{1c} = (T - T_1 - T_2)/4 = (1 - T_1' - T_2')*(T/2)/2 = (T_0'/2)*(T/2)$$
$$t_{2c} = t_{1c} + T_1/2 = (T_0'/2 + T_1')*(T/2)$$
$$t_{3c} = t_{2c} + T_2/2 = (T_0'/2 + T_1' + T_2')*(T/2)$$

（7.19）

式（7.19）中，T_0'、T_1' 和 T_2' 分别为零矢量和两个有效矢量作用时间对周期 T 的比值，且始终满足 $T_0' + T_1' + T_2' = 1$ 关系。故只要根据表 7.7 和式（7.19）即可得到每个扇区内各相 PWM 波切换时刻。在基于 F28335 的永磁同步电机的矢量控制程序中，由于采用的是 PWM 中心对齐方式，$T/2$ 即为周期寄存器的赋值。将 t_{1c}、t_{2c} 和 t_{3c} 分别赋给 EPWM1.CMPA. half.CMPA、EPWM2.CMPA.half.CMPA 和 EPWM3.CMPA.half.CMPA，通过与定时器计数寄存器的值进行比较即可产生所需的 PWM 波形。其他扇区的矢量控制方法与此类似。

2. 硬件电路设计

（1）永磁同步电机矢量控制系统的电路组成

永磁同步电机矢量控制系统的电路组成可分为 3 大部分：主功率电路、DSP 控制板、调理电路。主功率电路的主要作用是实现交流到直流的转换，再由直流转换为所需的交流，主要包括整流滤波电路、逆变电路。其中，整流滤波电路可将市电经整流桥转换为直流，再对其进行滤波处理，最终获得 310V 的直流电；逆变电路主要实现直流到交流的转换，将 310V 的直流电压经过电压型逆变器转换为系统所需要的交流电压。

DSP 控制板主要包括 TMS320F28335 芯片及其外围电路，是电机驱动系统的核心，用于实现所有算法程序，同时发送指令来控制相应电路。

调理电路包括相电流采样及调理电路、转子位置信号调理电路、硬件保护电路、光电编码器断线检测电路、D/A 转换电路等。电流采样及调理电路主要作用是获取永磁同步电机的相电流，并对其进行放大、偏置、滤波等处理，将处理后的数字信号送至 DSP 进行运算处理。转子位置获取及处理电路主要包括两部分，一是对霍尔传感器信号进行获取与调理，二是电机旋转时对光电编码器的输出脉冲进行获取与调理。该电路功能主要包括共模、差模滤波，差分处理，光耦隔离等。保护电路主要功能是针对电路中出现过流、过压、过热等故障时，对系统及时进行保护。当任一故障发生时，系统硬件及软件保护：DSP 立即禁止输出 PWM 信号，以及切断电源，立刻保护系统电路。D/A 转换电路的作用是将数字信号转换为模拟信号，送示波器进行观测。

（2）基于 F28335 的永磁同步电机矢量控制系统的硬件电路

基于 F28335 的永磁同步电机矢量控制系统的硬件框图如图 7.24 所示。

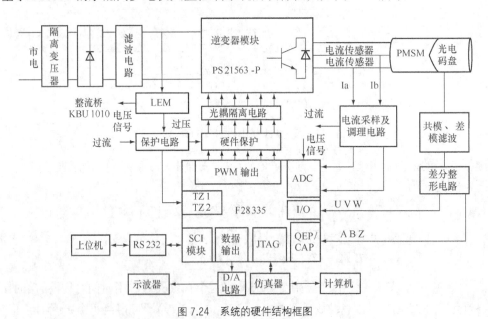

图 7.24　系统的硬件结构框图

① 整流滤波电路。

整流滤波电路的原理图如图 7.25 所示。输入 220V 交流电压经全桥整流、电容滤波后，其直流输出电压为 $\sqrt{2} \times 220 = 314$V，减去两个二极管的压降，可得 310V 的直流电压。图 7.25 中 ML 为功率地。电解电容 C_{29}、C_{30}、C_{31} 用于对整流后输出信号进行滤波。聚丙烯电容 C_{32}

用于进一步消除滤波后尖峰电压，同时保护智能功率模块 IPM 免受过高的浪涌电压。

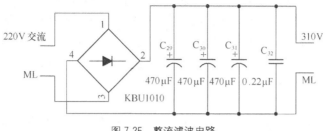

图 7.25 整流滤波电路

② 逆变电路。

为了简化电路结构和增强可靠性，逆变器选用智能功率模块（IPM）。IPM 将绝缘栅双极型晶体管（IGBT）和驱动电路集成在一块芯片上，内置过压、过流和过热等故障控制电路，可连续监测功率器件电流，具有电流传感器功能。其主要包括 IPM 及其外围电路、自举电路、驱动隔离电路与故障信号隔离电路。

三菱公司的智能功率模块 PS21563-P 及其外围电路如图 7.26 所示，其中 P、N 分别为直流母线正、负端；U、V、W 依次接 PMSM 的 A、B、C 三相绕组；UP、UN、VP、VN、WP、WN 分别接 PWM 信号。PS21563-P 额定工作电压/电流为 600V /10A，通常需要 4 路独立的 +15V 直流电源供电。为简化系统结构，降低成本，图中采用一路 +15V 电源配合自举电路实现供电。

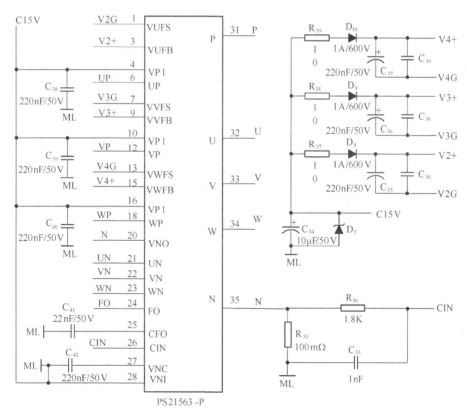

图 7.26 IPM 及其外围电路

引脚 N 与 CIN 间电路用于判断母线电流是否过流。其中 R_{35} 为采样电阻，R_{36} 和 C_{33} 组成滤波电路，用于滤除干扰信号，避免错误判断。R_{35} 的阻值据公式 $R_{35}=V_{SC(ref)}/SC$ 选取，若 $V_{SC(ref)}$ 取 0.5V（PS21563-P 的参考电压），SC 取 5A（IPM 的最小饱和电流），可得 $R_{35}=100\text{m}\Omega$，功率为 2W。R_{36} 和 C_{33} 的时间常数为 1.5～2μs，可选择 $R_{36}=1.8\text{k}\Omega$，$C_{33}=1\text{nF}$。

引脚 FO 的保护信号脉宽 t_{FO} 由引脚 CFO 的外接电容 C_{41} 决定：$C_{41}=12.2E^{-6}\times t_{FO}$。PS21563-P 要求 t_{FO} 为 1.8ms，故取 $C_{41}=22\text{nF}$。

③ 电流和电压采样。

母线电流、电压的检测是保证系统安全运行的首要条件。母线电流的检测由开环霍尔电流传感器 CS005LX 实现，如图 7.27 所示，其输入为电流信号，输出为电压信号。母线电压的检测由闭环霍尔电压传感器 VSM025A 实现，如图 7.28 所示。其原副边的匝数比为 3000:1200，原边额定电流为 10mA。原边的+In、-In 分别接逆变器直流母线的正负端，电阻 Rp 将母线电压信号转化为电流信号；输出端通过电阻 Rp1 将电流信号转换为电压信号。其中，Rp、Rp1 的阻值分别为 30kΩ 和 100Ω，故原副边的电压比为 120:1。

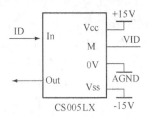

图 7.27 母线电流检测电路图

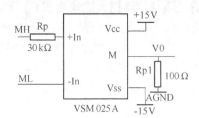

图 7.28 母线电压检测电路

④ 相电流采样及调理电路。

永磁同步电机相电流的检测精度与实时性影响整个控制系统的控制效果。常用的电流检测方法有互感器检测、串联电阻检测、霍尔传感器检测等。其中霍尔传感器不仅测量精度高、线性度好，且可实现强弱电之间的隔离，因此控制系统常用其检测电流。

霍尔电流传感器副边的采样电阻的选取直接关系到检测的范围和测量的精度。由于永磁同步电机和 IPM 的额定电流分别为 1.2A 和 10A，同时考虑到电机三倍过载时电流为 3.6A，因此系统的限流值为 5A，对应的霍尔传感器的副边电流为 20mA，选择 150Ω 的采样电阻。

采样电阻上的电压为双极性交流信号，而 F28335 的 A/D 采样电压范围为 0～3V，故需对检测信号进行调理，如图 7.29 所示。相电流经采样电阻后，所得电压信号 IALEM 的范围

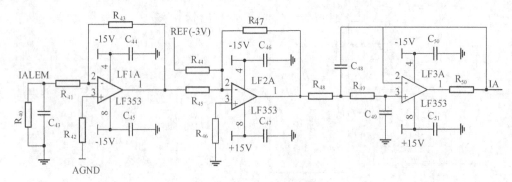

图 7.29 相电流调理电路

为 $-3\sim3V$，经 LF1A 放大调理、LF2A 加直流偏置、LF3A 及相关电路滤波后，输出信号 IA 的电压范围为 $0\sim3V$。因为交流信号具有正负对称性，选取直流偏置电压时，一般选 DSP 电压范围的中间值，因此该系统选择的偏置电压为 1.5V。由于 IGBT 的开关频率为 10kHz，相电流中包含大量频率为 10kHz 的干扰信号，故相电流调理电路经过直流偏置后，再经过 R_{48}、R_{49}、C_{48}、C_{49} 和 LF3A 组成的二阶有源滤波电路进行滤波，同时提高带负载能力。

3. 软件设计

PMSM 矢量控制系统采用电流环内环、速度环外环双闭环结构。IPM 开关频率为 10kHz，故系统采样周期即电流环的采样周期为 0.1ms。速度环为外环，其变化周期相对电流环内环较慢。若设定速度环采样周期为 1ms，则电流环每采样 10 次，对速度环进行 1 次采样。

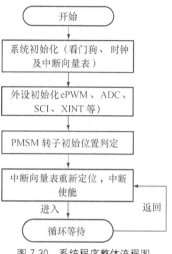

图 7.30　系统程序整体流程图

PMSM 矢量控制系统的软件主要包括系统初始化程序、主程序、中断服务子程序，其总体流程如图 7.30 所示。系统初始化程序实现对看门狗、时钟、ePWM、ADC、SCI 等模块的初始化；在主程序中实现对 PMSM 转子初始位置的判定，并等待中断事件的发生；中断服务子程序主要包括定时器 T1 下溢中断程序、CAP3 捕获中断程序。

（1）矢量控制算法的实现

矢量控制算法在图 7.31 所示的 ePWM1 周期中断程序中完成。具体流程如下。

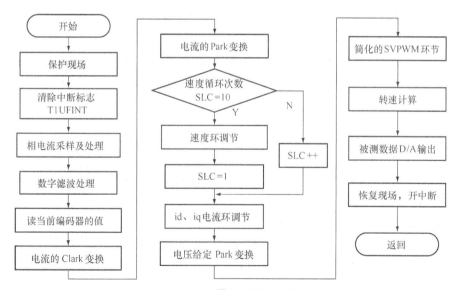

图 7.31　ePWM1 周期中断服务子程序流程图

① 启动 ePWM1 定时器的下溢中断，同时保护现场，清除中断标志。

② 获取 PMSM 的 A、B 两相电流并进行数字滤波处理。

③ 读取存储光电编码器脉冲的寄存器，根据脉冲数计算电机转子所在位置。

④ 对滤波后的相电流信号依次进行 Clark 变换、Park 变换。

⑤ 对速度循环次数 SLC 计数，若 SLC 为 10，则对信号作速度环调节处理，同时将 SLC 置 1；否则 SLC 增 1。

⑥ 对 id、iq 实行电流环调节处理，并对获取的电压信号进行 Park 变换。

⑦ 实现 SVPWM 算法。

⑧ 计算电机转速。

⑨ 将需观测的数据经 D/A 电路输出，通过示波器观测。

⑩ 恢复现场，开中断。

（2）数字滤波算法设计

测量值 y_k 的获取精度关系到整个伺服系统的控制精度。干扰噪声主要有周期性噪声和随机性噪声。周期性的高频或工频噪声，可通过 RC 低通滤波电路滤除或减弱。周期性的低频干扰噪声无法用 RC 低通滤波电路滤除，可使用数字滤波算法解决。与模拟滤波相比，数字滤波不需要额外的硬件电路，成本低，可靠性高，稳定性好，且不存在阻抗匹配的问题；而且非常灵活，可根据干扰噪声的不同，选取不同滤波算法。数字低通滤波的表达式为

$$y_k = Kx_k + (1 - K)y_{k-1} \tag{7.20}$$

其中，k 为整数，x_k 为 k 时刻输入电压，y_k 和 y_{k-1} 分别为 k 时刻和 k-1 时刻输出电压，$K=1/(1+RC/T)$。当 T 足够小时，$K=T/RC$，可得其截止频率为

$$f = \frac{1}{2\pi RC} \approx \frac{K}{2\pi T} \tag{7.21}$$

若已知截止频率 f 和采样周期 T 后，利用公式（7.21）即可求得 K 值。

（3）转速计算及调节模块

电机转子位置和转速通过复合式光电编码器获取。常用测速法有 M 法、T 法和 M/T 法。

① M 法测速。

M 法测速通过记录一定采样周期 T 内反馈脉冲的个数 m_1，利用式（7.22）计算电机转速。其中，p_f 为编码器的分辨率；k 表示编码器的输出信号的倍频系数，其值取 4。

$$n = 60 \frac{m_1}{kp_f T} \tag{7.22}$$

由式（7.22）可见，反馈脉冲 m_1 与电机转速成正比。电机转速越高，m_1 越大，测量精度越高；转速越低，m_1 越小，测速精度越低，故 M 法适用于转速较高的场合。另外，采样周期 T 选择不宜过大，这样虽可提高测速的分辨率，但是影响调速系统的灵敏度。

② T 法测速。

T 法测速通过测量光电编码器输出信号的周期 T_f 来计算电机的转速，记录一个 T_f 周期内高频脉冲个数 m_2，利用式（7.23）计算电机转速。其中，f 是高频脉冲的频率；p_f 是光电编码器的分辨率；k 表示光电编码器的输出信号的倍频系数，其值为 4。

$$n = 60 \frac{f}{kp_f m_2} \tag{7.23}$$

光电编码器的分辨率 p_f 与高频脉冲频率 f 固定，由式（7.23）可见，高频脉冲个数 m_2 与电机转速成反比。电机转速越低，m_2 越大，测量精度越高；电机转速越高，m_2 越小，测量精度越低，故 T 法测速适用于低速场合。

③ M/T 法测速。

使用 M 法测速时，低速情况下 m_1 减少，测量误差增大；相反，使用 T 法测速时，高速情况下 m_2 减少，分辨率降低。M/T 法测速综合了 M 法和 T 法的优点，既可在低速段可靠地测速，亦可在高速段具有较高的分辨能力。M/T 法的测速时间 T_d 由两段组成：第一段为固定的采样周期 T_0；第二段为 T_0 结束到出现第一个光电反馈脉冲的这段时间。M/T 法测速时，电机转速方程如式（7.24）所示。其中，m_1 为测速时间 T_d 内反馈脉冲数；m_2 为测速时间 T_d 内高频脉冲数；f 为高频脉冲频率；k 表示编码器的输出信号的倍频系数，其值取 4。

$$n = 60\frac{fm_1}{kp_f m_2} \tag{7.24}$$

习题与思考题

7.1 什么是 DSP 最小硬件系统？要构建一个 DSP 最小硬件系统，除了 DSP 芯片之外还需要哪些基本硬件？试选择相关元器件设计 F28335 的最小硬件系统，并用 Protel 画出原理图。

7.2 为什么要进行 3.3V 和 5V 混合逻辑系统接口设计？如何实现电平转换？

7.3 任选一款 FLASH 芯片为 F28335 外扩存储器，将其映射至 Zone7 的区域，画出接口电路的原理图。

7.4 外扩并行 ADC 或 DAC 的基本方法是什么？自选一款并行 ADC 或 DAC 芯片，设计它与 F28335 的接口电路，并画出电路原理图。

7.5 试编程从图 7.8（b）所示 AD5725 的通道 A 输出方波、三角波、锯齿波和正弦波。要求输出波形可控，且各种波形的幅值和频率均可调。

7.6 请自选一款符合 RS-232 电平标准的驱动芯片，实现 F28335 SCI-C 与 PC 机通信，画出硬件电路接口图。

7.7 请自选一款具有 SPI 接口的串行 D/A 芯片，使用 F28335 DSP 控制器的 SPI-A 工作于主模式实现与其通信，画出硬件电路接口图。

7.8 SN65HVD230 是采用 3.3V 供电的 CAN 收发器，若使用 5V 供电的 CAN 收发器，能否与 F28335 直接相连？

7.9 利用 TMS320F28335 的 I^2C 串行总线接口与日历时钟芯片 X1226 接口，制作一个能显示时、分、秒的时钟，每隔 30 秒通过 SCI 串口将当前时钟数据发送给 PC 机。

7.10 试编程从图 7.14 所示键盘读取按键值，并将其显示在图 7.16 所示 MAX7219 驱动的数码管中第一个数码管上。

7.11 试编程将例 5.5 中采集到的 ADCINA3 的波形实时显示在图 7.18 所示 MGLS240128T 的显示屏上。

7.12 在 SVPWM 调制方法中，如何根据两相静止 α-β 坐标系上的两个正交电压向量 U_α 和 U_β 来确定扇区号？

7.13 在 SVPWM 调制方法中，当参考矢量处于第四扇区时，请给出 U_0、U_{60} 和零矢量各自的作用时间。

第8章 基于 Proteus 的 DSP 系统设计与仿真

【内容提要】

本章针对 TI 公司的 Piccolo 系列 DSP，介绍了基于 Proteus 的系统设计与仿真技术。首先，介绍了 Proteus 开发环境，包括 Proteus 的软件组成与开发流程、ISIS 编辑环境；其次，介绍了 ISIS 原理图设计技术，包括智能原理图输入流程及 Proteus VSM 虚拟系统模型；最后，结合 TMS320F28027 的 I²C 通信系统，介绍了基于 Proteus 的 DSP 系统设计步骤与仿真过程。

8.1 Proteus 开发环境简介

8.1.1 Proteus 的软件组成

1. 特点

Proteus 软件是英国 Labcenter electronics 公司出版的 EDA 工具软件，目前最新版本为 8.0。它不仅具有其他 EDA 工具软件的仿真功能，而且可以仿真单片机、ARM 及 DSP 等微处理器系统及常见外围器件。它可以实现从原理图布图、代码调试到微处理器与外围电路协同仿真，并可一键切换到 PCB 设计，真正实现了从概念到产品的完整设计。

早期版本的 Proteus 支持 8051、HC11、PIC10/12/16/18/24/30/DsPIC33、AVR、ARM、8086 和 MSP430 等处理器模型，2010 年又增加了 Cortex 和 DSP 系列处理器。在编译环境方面，它支持 IAR、Keil 和 MPLAB 等多种编译器。

Proteus 最大的特色是电路仿真的交互化和可视化。它不仅可以仿真 51 系列、AVR、PIC、ARM 等常用主流单片机及 DSP，而且还可以仿真 RAM、ROM、键盘、马达、LED、LCD、ADC/DAC，以及部分 SPI 和 I²C 器件等外围设备。它直接在基于原理图的虚拟原型上编程，再配合显示及输出，可观察运行后输入输出的效果。配合系统配置的虚拟逻辑分析仪、示波器等，构建了完备的电子设计开发环境。

2. 软件系统组成

Proteus 将电路仿真软件、PCB 设计软件和虚拟模型仿真软件集成在一起，其构成如图 8.1 所示。

图 8.1 中，原理图输入系统 ISIS、PCB 布线编辑软件 ARES、VSM 虚拟系统模型 3 部分是基础。ISIS 是 Proteus 系统的核心，是一个可配置原理图外观的超强设计环境，可快速实

现复杂设计的仿真及 PCB 设计。ARES 是一款高级 PCB 布线编辑软件。虚拟系统仿真模型是一个组合了 SPICE3F5 模拟仿真器和基于快速事件驱动的数字仿真器的混合仿真系统。其最重要的特点是能将软件作用在处理器上，并和连接该微处理器的任何模拟和数字器件协同仿真。

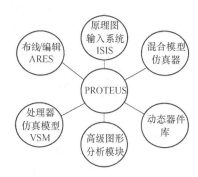

图 8.1　Proteus 的构成

8.1.2　Proteus ISIS 基本操作

Proteus ISIS 的工作界面是一种标准的 Windows 界面，如图 8.2 所示。该界面包括标题栏、主菜单、标准工具栏、绘图工具栏、状态栏、对象选择按钮、预览对象方位控制按钮、仿真进程控制按钮、预览窗口、对象选择器窗口、图形编辑窗口。

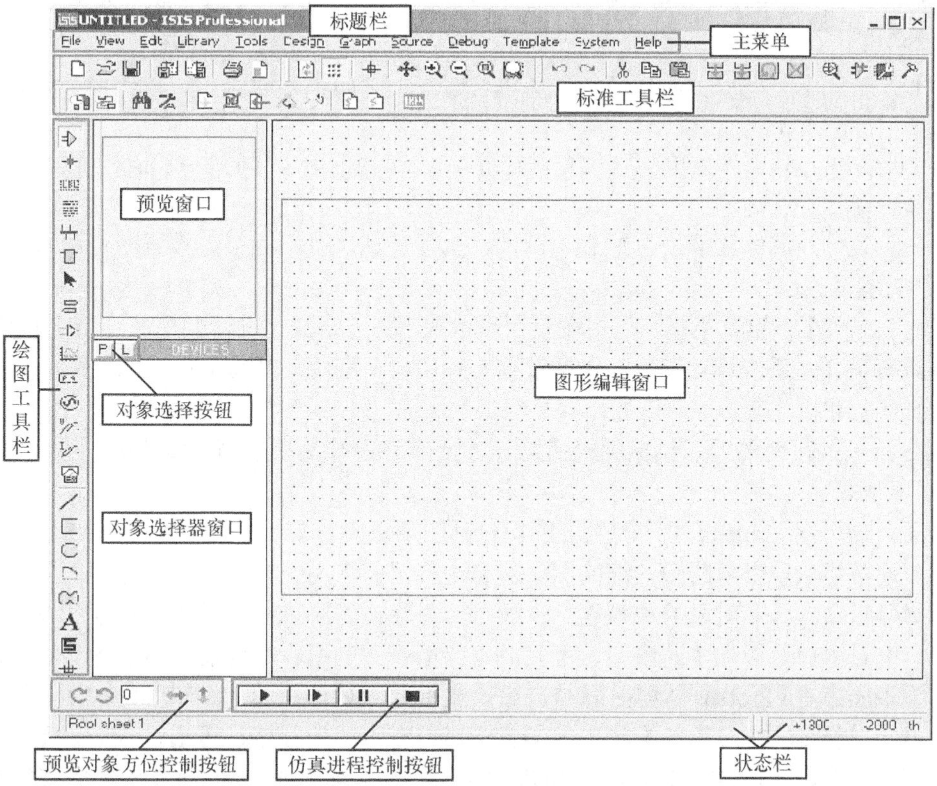

图 8.2　Proteus ISIS 工作界面

1. 主菜单

Proteus ISIS 的主菜单栏包括 File（文件）、View（视图）、Edit（编辑）、Library（库）、Tools（工具）、Design（设计）、Graph（图形）、Source（源）、Debug（调试）、Template（模板）、System（系统）和 Help（帮助），如图 8.3 所示。

图 8.3　主菜单和主要工具栏

File 菜单：包括常用的文件功能，如新建、打开与保存设计、导入/导出文件，也可打印、显示设计文档，以及退出 Proteus ISIS 系统等。

View 菜单：包括是否显示网格、设置格点间距、缩放电路图及显示与隐藏各种工具栏等。

Edit 菜单：包括撤销/恢复操作、查找与编辑元器件、剪切、复制、粘贴对象，以及设置多个对象的层叠关系等。

Library 菜单：库操作菜单。它具有选择元器件及符号、制作元器件及符号、设置封装工具、分解元件、编译库、自动放置库、校验封装和调用库管理器等功能。

Tools 菜单：工具菜单。它包括实时注解、自动布线、查找并标记、属性分配工具、全局注解、导入文本数据、元器件清单、电气规则检查、编译网络标号、编译模型、将网络标号导入 PCB，以及从 PCB 返回原理设计等工具栏。

Design 菜单：工程设计菜单。它具有编辑设计属性，编辑原理图属性，编辑设计说明，配置电源，新建、删除原理图，在层次原理图中总图与子图及各子图之间互相跳转和设计目录管理等功能。

Graph 菜单：图形菜单。它具有编辑仿真图形，添加仿真曲线、仿真图形，查看日志，导出数据，清除数据和一致性分析等功能。

Source 菜单：源文件菜单。它具有添加/删除源文件，定义代码生成工具，设置外部文本编辑器和编译等功能。

Debug 菜单：调试菜单。包括启动调试、执行仿真、单步运行、设置断点和重新排布弹出窗口等功能。

Template 菜单：模板菜单。包括设置图形格式、文本格式、设计颜色及连接点和图形等。

System 菜单：系统设置菜单。包括设置系统环境、路径、图纸尺寸、标注字体、快捷键，以及仿真参数和模式等。

Help 菜单：帮助菜单。包括版权信息、Proteus ISIS 学习教程和示例等。

2. 各种窗口

如图 8.2 所示，Proteus 软件的主要窗口包括图形编辑窗口、预览窗口和对象选择器窗口。预览窗口通常显示整个电路图的缩略图。对象选择器窗口用于从元件库中选择对象，并置入对象选择器窗口。显示对象的类型包括：设备，终端，管脚，图形符号，标注和图形。

图形编辑窗口是最基本的窗口，可完成电路原理图的编辑和绘制。ISIS 中坐标系统的基本单位为 10nm，与 Proteus ARES 保持一致。坐标原点默认在图形编辑区的中间，图形的坐标值可显示在屏幕右下角的状态栏中。编辑窗口内有点状的栅格，可通过 View 菜单的 Grid 命令在打开和关闭间切换。点与点之间的间距可由 View 菜单的 Snap 命令或使用快捷键[F4]、[F3]、[F2]和[CTRL+F1]设置。当鼠标指针指向管脚末端或导线时，将会捕捉到这些物体，以连接导线和管脚。显示错乱时，可通过 View 菜单的 Redraw 命令可刷新显示内容和预览窗口中的内容。另外，还可通过如下方式实现视图的缩放与移动：用鼠标左键单击预览窗口中感兴趣的位置，将在编辑窗口显示以鼠标单击处为中心的内容；在此基础上按缩放键或操作鼠标的滚动键，将刷新显示。在编辑窗口内移动鼠标，按下[Shift]键，用鼠标"撞击"边框，将会使显示平移。

3. 图形编辑的基本操作

在编辑图形之前，通常要设置编辑环境。其主要包括模板的选择、图纸的选型与光标的设置。绘制电路图首先要选择模板，以控制电路图外观的信息，如图形格式、文本格式、颜色、线条连接点大小和图形等；然后设置图纸的相关内容，如纸张的型号、标注的字体等。

常用的图形编辑的基本操作如下。

（1）放置对象

放置对象的步骤如下。

① 根据对象的类别在工具箱选择相应模式的图标。

② 根据对象的具体类型选择子模式图标。

③ 若对象类型为元件、端点、管脚、图形、符号或标记，从选择器（selector）中选择其名称。对于元件、端点、管脚和符号，则首先需要从库中将其调出。

④ 若对象有方向，将会显示于预览窗口，可通过预览对象方位按钮对其进行调整。

⑤ 指向编辑窗口并单击鼠标左键放置对象。

（2）编辑对象

用鼠标指向对象并单击右键可选中该对象。并使其高亮显示，然后可对其进行复制、删除、移动、调整大小和朝向等编辑操作，还可以对对象的属性进行编辑。在空白处单击鼠标右键可取消所有对象的选择。

子电路（Sub-circuits）、图表、线、框和圆可调整大小。选中这些对象时，通过拖动对象周围的黑色"手柄"，可调整其大小。许多类型的对象可以调整朝向为 0°，90°，270°，360°，或通过 x 轴 y 轴镜像。选中该类型对象时，"Rotation and Mirror"图标从蓝色变为红色，表示可改变对象的朝向。许多对象具有图形或文本属性，可通过一个对话框进行编辑。

（3）画线

Proteus ISIS 无画线的图标按钮。需要在两个对象间连线时，首先左击第一个对象连接点，然后左击另一个连接点决定走线路径，只需在拐点处单击鼠标左键即可。

8.2　Proteus ISIS 原理图设计

8.2.1　智能原理图输入流程

采用 Proteus ISIS 设计原理图是进行 Proteus 仿真的基础。原理图的设计流程如图 8.4 所示。绘制电路原理图主要通过工具箱来完成，因此，熟练使用电路图绘制工具是快速准确绘制电路原理图的前提。

8.2.2　原理图绘制常用工具

绘制原理图的首要任务是从元件库中选取绘制电路所需元件。当启动 ISIS 的一个空白页面时，对象选择器是空的。因此，首先需要使用 Component 工具箱调出器件到选择器。下面简要介绍常用的工具。

1. Component 工具

从工具箱中选择 Component 图标，点选对象选择器左上角的"P"按钮，将弹出图 8.5 所示的 Pick Device 窗口。图中导航工具目录（category）下列表中参数的含义如表 8.1 所示。

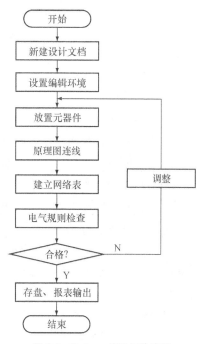

图 8.4　Proteus ISIS 工作流程

图 8.5　Pack Device 窗口

表 8.1　　　　　　　　　　　　　导航工具目录列表参数的含义

序号	英文名称	中文名称	序号	英文名称	中文名称
1	Analog ICs	模拟集成电路库	13	Miscellaneous	其他混合类库
2	Capacitors	电容库	14	Operational Amplifiers	运算放大器库
3	CMOS 4000 Series	COMS4000 系列库	15	Optoelectronics	光电器件库
4	Connectors	连接器、插头插座库	16	PLDs & FPGAs	可编程逻辑器件
5	Data Converters	数据转换库（ADC、DAC）	17	Resistors	电阻
6	Debugging Tools	调试工具库	18	Simulator Primitives	简单模拟器件库
7	Diodes	二极管库	19	Speakers & Sounders	扬声器和音像器件
8	ECL 10000Serices	ECL10000 系列库	20	Switches & Relays	开关和继电器
9	Electromechanical	电动机库	21	Switching & Device	开关器件（可控硅）
10	Inductors	电感库	22	Transistors	晶体管
11	Microprocessor ICs	微处理器库	23	TTL 74 Series	TTL 74 系列器件
12	Memory ICs	存储器库	24	TTL 74ls Series	TTL 74LS 系列器件

选取器件步骤如下。

① 在 Keyword 中键入一个或多个关键字，或使用导航工具目录（category）和子目录（subcategory），滤掉不需出现的元件的同时定位需要的库元件。

② 在结果列表中双击元件，即可将该元件添加到设计中。

③ 完成元件的提取后，单击 OK 按钮关闭对话框，并返回 ISIS。

2. Junction Dot 工具

连接点（Junction Dot）用于表示线之间的互连。通常，ISIS 将根据具体情形自动添加或删除连接点。但在某些情形下，可先放置连接点，再将连线连到已放置的连接点或从这一连接点引线。放置连接点时，只需从 Mode Selector toolbar 选择 Junction Dot 图标❉，然后在编辑窗口需放置连接点的位置单击即可。

3. Wire Labels 工具

线标签（Wire Labels）用于对一组线或一组引脚编辑网络名称，以及对特定的网络指定网络属性。Wire Labels 使用步骤如下：

① 从工具箱中选择 wire labels 图标🔲。

② 若需在已有的线上放置新的标签，则可在所需放置标签的沿线的任一点单击，或在已存在的标签上单击，将出现图 8.6 所示的 Edit Wire Label 对话框。

③ 在对话框的文本框中键入相应的文本。

④ 单击 OK 或按下回车键关闭对话框，完成线标签的放置和编辑。

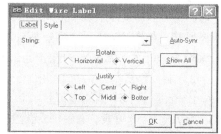

图 8.6　Edit Wire Label 对话框

4. Bus 工具

ISIS 支持在层次模块间运行总线，同时支持定义库元件为总线型引脚的功能。Bus 工具的使用步骤如下：

① 在工具箱中选择 Bus 图标┿。

② 在所需总线起始端（可为总线引脚、一条已存在的总线或空白处）出现的位置单击。

③ 拖动鼠标，到所需总线路径拐角处单击。

④ 在总线的终点（可为总线引脚、一条已存在的总线或空白处）单击结束总线的放置。

5. 对象类型选择图标与调试对象选择图标

对象类型选择图标用于放置相关电路元件，而调试对象选择图标则用于调试对象的放置。

（1）对象类型选择图标

➡←放置器件：在工具箱选中器件，在编辑窗移动鼠标，单击左键放置器件。

❉←放置节点：当两连线交叉，放置一个节点表示连通。

🔲←放置网络标号：电路连线可用网络标号替换，具有相同标号的线是连通的。

☰←放置文本说明：此内容是对电路的说明，与电路的仿真无关。

┿←放置总线：当多线并行时为了简化连线可用总线表示。

▯←放置子电路：当图纸较小时，可将部分电路以子电路形式画在另一张图上。

↖←移动鼠标：单击此键后，取消左键的放置功能，但仍可以编辑对象。

（2）调试对象选择图标

☰←放置图纸内部终端：有普通、输入、输出、双向、电源、接地、总线。

⊅←放置器件引脚：有普通、反相、正时钟、负时钟、短引脚、总线。

📈←放置分析图：有模拟、数字、混合、频率特性、传输特性、噪声分析。

◯←放置电源、信号源：有直流电源、正弦信号源、脉冲信号源、数据文件等。

✏←放置电压或电流探针：电压探针在仿真时显示网络线上的电压，是图形分析的信号输入点；电流探针串联在指定的网络上，显示电流的大小。

🖥←放置虚拟设备：有示波器、计数器、RS232 终端、SPI 调试器、I^2C 调试器、信号发生器、图形发生器、直流电压表、直流电流表、交流电压表、交流电流表。

8.2.3　Proteus VSM 虚拟系统模型

1. 激励源

激励源是一种用来产生信号的对象。每一种激励源产生不同种类的信号。Proteus 的激励源包括直流、正弦、脉冲、分段线性脉冲、音频（使用 wav 文件）、指数信号、单频 FM、数字时钟等，且支持文件形式的信号输入。单击 GENERATOR 按钮，对象选择器中会列出支持的激励源，如图 8.7 所示。需要某种激励源时，只需在图 8.7 中选择相应选项，然后将其放置于编辑窗口即可。激励源的操作与 ISIS 的元件操作类似。

2. 虚拟仪器

Proteus 具有丰富的虚拟仪器，包括示波器、逻辑分析仪、信号发生器、直流电压/电流表、交流电压/电流表、数字图形发生器、频率计/计数器、逻辑探头、虚拟终端、SPI 调试器、I^2C 调试器等。如，I^2C 协议调试器提供了监视 I^2C 接口及与其交互通信的功能。该调试器支持用户查看 I^2C 总线发送的数据，并可作为主器件或从器件向总线发送数据。在编写 I^2C 程序时，I^2C 协议调试器既可作为调试工具，又可作为开发和测试的辅助手段。调试器的界面非常简单，如图 8.8 所示。其中 SCL 和 SDA 分别为用于连接 I^2C 总线的时钟线和数据线；TRIG 为输入引脚，用于触发一系列连续的储存数据到输出队列。

3. 图表仿真

Proteus VSM 有交互式仿真和基于图表仿真两种仿真方式。前者主要用于验证设计电路是否正常工作，后者主要用来测量一些电路细节。设计过程中，可同时使用两种仿真方式。

图表在仿真中具有非常重要的作用。它不仅作为显示媒介，而且可对仿真进行约束。不同类型的图表（电压、数字、阻抗等）可提供不同的测试图形，对电路进行各方面（如瞬态，稳态等）的分析。单击 Graph 按钮，对象选择器中会列出 Proteus 支持的 13 种分析图表，如图 8.9 所示。例如，模拟图表 ANALOGUE 可以进行瞬态分析，数字分析图表用于绘制逻辑电平值随时间变化的曲线，混合模式图表可以同时做模拟和数字的分析。

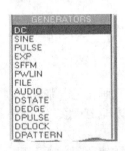　　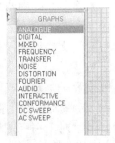

　　图 8.7　激励源的选取　　　　图 8.8　I^2C 协议调试器　　　图 8.9　图表的选取

8.3　DSP 系统设计与仿真

Proteus 7.8 及其后续版本的 Proteus ISIS 系统支持对 Piccolo 系列 DSP 控制器的仿真。通过在计算机上以仿真方式执行 DSP 指令，并与所连接的接口电路同时仿真，实现对电路的快速调试。基于 Proteus 的 DSP 系统设计与仿真属于 Proteus VSM 进行交互式仿真。仿真重点是动态器件的使用及 ISIS 编辑器源码调试，由新建工程、绘制电路图和编程 3 大步骤组成。

由于 Proteus 目前仅支持 Piccolo 系列的 DSP 控制器，所以下面结合 TMS320F28027 的 I^2C 通信系统设计，介绍基于 Proteus 的 DSP 系统设计与仿真过程。

8.3.1　设计示例

1. 新建工程

单击 File 菜单下的 New Project，在图 8.10 所示工程创建向导中，输入拟创建工程名称 "28027_I^2C fu"，后缀为 pdsprj。同时设置工程存放路径设置为 "C:\Users\MacBook_fu\Documents"。然后单击 Next 按钮，将弹出如图 8.11（a）所示的原理图图纸尺寸选取向导，这里选取 A4 版面。

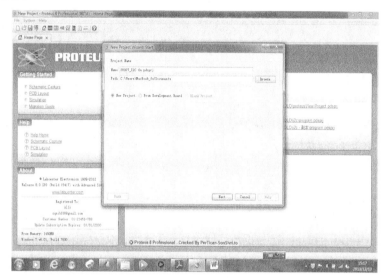

图 8.10　工程创建向导

接下来会出现图 8.11（b）所示选取 PCB 的模板窗口，跳过该步骤。下一步是选取处理器，如图 8.11（c）所示，这里选取了 Piccolo 的 TMS320F28027PT 处理器。单击 Next 按钮，如图 8.11（d）所示，完成工程的创建。单击图 8.11（d）中的 Finish 按钮后，会进入创建原理图和源程序的状态，如图 8.12 所示。

（a）

（b）

图 8.11　工程的配置与确认

(c)　　　　　　　　　　　　　　　　(d)

图 8.11　工程的配置与确认（续）

图 8.12　待创建原理图和源程序的界面

2. 绘制原理图

原理图的绘制包括放置元件、移动和旋转及连线 3 个步骤。

（1）元器件的查找和放置

① 选择 component 模式按钮，再单击对象选择窗口上的 'P' 钮进入元件库中。

② 在 Keyword 对话框中输入关键词，如输入 7SEG-BCD-GRN，在结果窗口就会显示查找的结果，如图 8.13 所示。双击查询结果，对应元件就会添加到对象选择列表当中。用同样的方法添加 DSP、排阻、I^2C 调试器等。

③ 原理图所有元件均添加完毕后，将元件摆放到原理图编辑窗口当中（选中元件，使其呈高亮状态，在预览窗口将出现元件预览）。

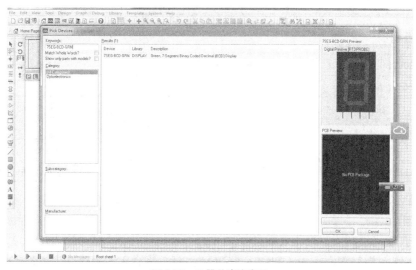

图 8.13　元器件查询窗口

（2）元器件移动和旋转

若需移动某元件，首先将鼠标移到该元件上，单击右键（元件呈高亮状态），然后按住鼠标左键并移动元件，到达指定位置后松开左键。注意此时元件还处于选取状态，再单击左键，元件再次放置。若需旋转某元件，右键选中元件，元件呈高亮状态，再在旋转按钮框中单击一种旋转方式，元件就会以 90°进行旋转。

（3）连线

导线绘制过程如下：首先选中连线模式，并确定选择导线还是总线；接着单击起点及终点，系统自动拉出导线。另外，还可以对导线进行复制和拖曳。

根据上述步骤，画出图 8.14 所示的 TMS320F28027 I²C 通信原理图。图中所需元件名称及信息如表 8.2 所示。

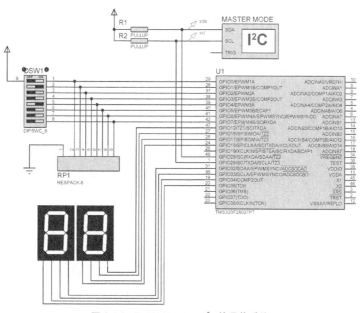

图 8.14　TMS320F28027 I²C 的通信系统

表 8.2   I²C 通信电路仿真元件信息

元件名称	所属类	所属子类
TMS320F28027PT	Microprocessor ICs	Piccolo 系列
I²C Comms	I²C 终端	
SW1（电容）	Capacitors	Generic
R1、R2（电阻）	Resistors	-
RP1（排阻）	Resistors	Resistors Packs
7seg-BCD-GRN	Optoelectronics	7-segment Display

3. 编写处理器源程序

（1）编辑源程序

设计硬件线路后，接下来需要编程控制。假设程序要达到的控制要求是：①排阻 RP1 与开关 SW1 实现数据的输入，由 GPIO0～GPIO7 实现读取；②TMS320F28027 DSP 读取数据后，写入 I²C 终端；③DSP 从 I²C 终端读取，并显示两位数码管上。主程序源代码如例 8.1 所示。

例 8.1 八位拨码开关状态通过 I²C 通信至两位数码管显示的程序源代码。

```
#include "DSP28x_Project.h"                 // DSP 头文件
//函数声明
void   I²CA_Init(void);                     //声明 I²C 初始化函数
interrupt void I²C_int1a_isr(void);         //声明 I²C 中断服务函数
void InitGpioCtrls(void);                   //声明 IO 初始化函数
void set_7seg_data(char ch);                //声明显示数据设置函数
char get_res_data();                        //声明获取数据函数
#define I²C_SLAVE_ADDR        0xC0 >> 1      //定义 I²C 器件从地址
#define I²C_NUMBYTES          2             //定义字节数
#define I²C_EEPROM_HIGH_ADDR  0x00          //定义 EEPROM 高地址
#define I²C_EEPROM_LOW_ADDR   0x30          //定义 EEPROM 低地址
char dt_tx;
char dt_rx;
char dt_rdy;
void main(void)
{
// Step 1. -初始化系统控制
  InitSysCtrl();
// Step 2-初始化 IO 口
  InitGpioCtrls();
//设置成 I²C 功能
  InitI²CGpio();
// Step 3. 清除所有中断；初始化 PIE 向量表
  DINT;
  InitPieCtrl();
  IER = 0x0000;
  IFR = 0x0000;
  InitPieVectTable();
  EALLOW;
  PieVectTable. I²CINT1A = &I²C_int1a_isr;
  EDIS;
// Step 4.初始化本例中使用的外设模块：I²C
  I²CA_Init();
// Step 5.用户特定代码
  PieCtrlRegs.PIEIER8.bit.INTx1 = 1;               //使能 I²C 中断
```

```
    IER |= M_INT8;                                    //使能 CPU INT8 中断
    EINT;
    dt_rdy = 0;
    dt_rx = 0;
    set_7seg_data(0);
// Step 6.主程序循环
    for(;; )
    { if (dt_rdy)
      { dt_rdy = 0;
        set_7seg_data(dt_rx);
      }
      if (I²CaRegs. I²CSTR.bit.XRDY)
      { dt_tx = get_res_data();
        I²CaRegs. I²CDXR = dt_tx;
        set_7seg_data(dt_tx);
      }
    }
}
// Step 7. 用户自定义函数
void I²CA_Init(void)                                  //定义 I²C 初始化函数
{ #if (CPU_FRQ_40MHZ||CPU_FRQ_50MHZ)                  //初始化 I²C "I²CCLK = SYSCLK/(I²CPSC+1)
    I²CaRegs.I²CPSC.all = 4;                          //时钟的预定标
  #endif
  #if (CPU_FRQ_60MHZ)
    I²CaRegs.I²CPSC.all = 6;
  #endif
  I²CaRegs.I²CCLKL = 10;
  I²CaRegs.I²CCLKH = 5;
  T2CaRegs.I²COAR = I²C_SLAVE_ADDR;
  I²CaRegs.I²CCNT = 1;
  I²CaRegs.I²CIER.all = 0x18;                         //清除中断
  I²CaRegs.I²CSTR.bit.RRDY = 1;
  I²CaRegs.I²CIER.bit.RRDY = 1;                       //使能中断
  I²CaRegs.I²CMDR.all = 0x0020;
  return;
}
interrupt void I²C_int1a_isr(void)                    //定义 I²C 中断服务子程序
{ Uint16 IntSource;
  IntSource = I²CaRegs.I²CISRC.all;
  if(IntSource == I²C_RX_ISRC)                        //收到数据
  { dt_rdy = 1;
    dt_rx = I²CaRegs.I²CDRR;
  }
  PieCtrlRegs.PIEACK.all = PIEACK_GROUP8;             //使能 I²C 中断
}
void InitGpioCtrls (void)                             //定义 IO 初始化函数
 { EALLOW;
  GpioCtrlRegs.GPAMUX1.all = 0x0000;
  GpioCtrlRegs.GPAMUX2.all = 0x0000;
  GpioCtrlRegs.GPBMUX1.all = 0x0000;
  GpioCtrlRegs.AIOMUX1.all = 0x0000;
  GpioCtrlRegs.GPADIR.all = 0xFFFFFFF0;
  GpioCtrlRegs.GPBDIR.all = 0xFFFFFFFF;
  GpioCtrlRegs.AIODIR.all = 0x00000000;
  GpioCtrlRegs.GPAQSEL1.all = 0x0000;
  GpioCtrlRegs.GPAQSEL2.all = 0x0000;
  GpioCtrlRegs.GPBQSEL1.all = 0x0000;
  GpioCtrlRegs.GPAPUD.all = 0xFFFFFFFF;
  GpioCtrlRegs.GPBPUD.all = 0xFFFFFFFF;
  EDIS;
}
```

```
void set_7seg_data(char ch)                      //定义显示数据设置函数
{ if (ch & 0x01)      GpioDataRegs.GPASET.bit.GPIO12 = 1;
  else                GpioDataRegs.GPACLEAR.bit.GPIO12 = 1;
  if (ch & 0x02)      GpioDataRegs.GPASET.bit.GPIO16 = 1;
  else                GpioDataRegs.GPACLEAR.bit.GPIO16 = 1;
  if (ch & 0x04)      GpioDataRegs.GPASET.bit.GPIO17 = 1;
  else                GpioDataRegs.GPACLEAR.bit.GPIO17 = 1;
  if (ch & 0x08)      GpioDataRegs.GPASET.bit.GPIO18 = 1;
  else                GpioDataRegs.GPACLEAR.bit.GPIO18 = 1;
  if (ch & 0x10)      GpioDataRegs.GPBSET.bit.GPIO32 = 1;
  else                GpioDataRegs.GPBCLEAR.bit.GPIO32 = 1;
  if (ch & 0x20)      GpioDataRegs.GPBSET.bit.GPIO33 = 1;
  else                GpioDataRegs.GPBCLEAR.bit.GPIO33 = 1;
  if (ch & 0x40)      GpioDataRegs.GPBSET.bit.GPIO34 = 1;
  else                GpioDataRegs.GPBCLEAR.bit.GPIO34 = 1;
  if (ch & 0x80)      GpioDataRegs.GPBSET.bit.GPIO35 = 1;
  else                GpioDataRegs.GPBCLEAR.bit.GPIO35 = 1;
}
char get_res_data()                              //定义获取数据函数
{ return GpioDataRegs.GPADAT.all & 0x000000FF;
}
```

Proteus 自带多种 C 编辑编译系统。这里使用默认的编辑环境输入例 8.1 中代码。

（2）添加源文件

编辑好源程序后，进行源程序连接编译工作。单击 Build 菜单下 Build Project 命令，若程序无错，系统会生成 cof 格式的文件，如图 8.15 所示。

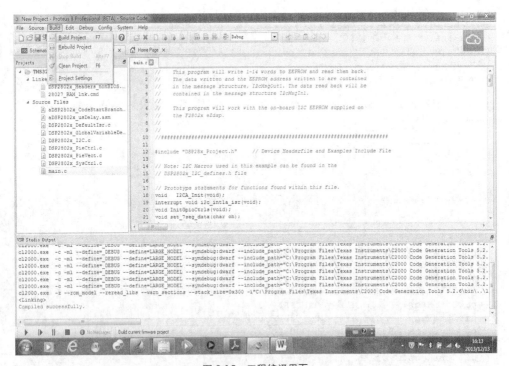

图 8.15　工程编译界面

编辑处理器属性中的 Program File 属性，将生成的 cof 文件添加到该对话框中，如图 8.16 所示。至此，用户就完成了程序的编辑编译，以及和处理器模型的连接。

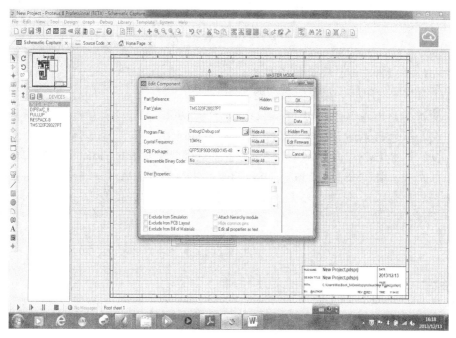

图 8.16 cof 文件的加载

8.3.2 仿真示例

程序加载后，单击编辑窗口下的仿真按钮▶或选择调试菜单 Debug 下的执行功能，程序便可以执行。仿真结果如图 8.17 所示，两位数码管显示"12"字样。图中 8 位拨码开关的第 2 位和第 5 位接通，即可获得 16 进制数"12"，且数字"2"、"5"旁边有红色的小点。改变 8 位拨码开关的接通情况，仿真结果将随之改变。

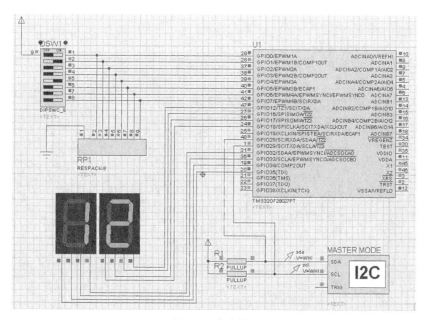

图 8.17 仿真结果

习题与思考题

8.1 Proteus 软件有哪几部分组成？

8.2 工具箱中的图标▷实现什么功能？

8.3 简述基于 Proteus 的 DSP 系统设计与仿真的步骤。

8.4 设计基于 Proteus 的 TMS320F28027 的串行通信系统。

8.5 设计基于 TMS320F28027 控制器的直流电机调速系统的 Proteus 仿真系统。

8.6 首先，采用 TMS320F28027 DSP 的 PWM 口模拟 D/A，实现一信号发生器（产生 50Hz 正弦波、三角波）。其次，用 Proteus 搭建验证平台进行仿真验证。

F28335 所有数字输入引脚的电平均与 TTL 电平兼容，不能承受 5V 电压；所有引脚的输出均为 3.3V 的 CMOS 电平。176 引脚 LQFP 封装 F28335 各引脚功能分配和描述如附表

附表　　　　　　　　　　**176 引脚 LQFP 封装 F28335 引脚功能分配和描述**

名称	编号	功能描述
CPU 与 I/O 电源引脚		
名称	编号	功能描述
V_{DD}	4、15、23、29、61、101、109、117、126、139、146、154、177	CPU 与逻辑数字电源
V_{DDIO}	9、71、93、107、121、143、159、170	I/O 数字电源
V_{SS}	3、8、14、22、30、60、70、83、92、103、106、108、118、120、125、140、144、147、155、160、166、171	数字地
V_{DDA2}	34	ADC 模拟电源
V_{SSA2}	33	ADC 模拟地
V_{DDAIO}	45	ADC 模拟 I/O 电源
V_{SSAIO}	44	ADC 模拟 I/O 地
V_{DD1A18}	31	ADC 模拟电源
$V_{DD1AGND}$	32	ADC 模拟地
V_{DD2A18}	59	ADC 模拟电源
$V_{DD2AGND}$	58	ADC 模拟地

时钟引脚		
名称	编号	功能描述
XCLKIN	105	外部振荡器输入引脚。可从该引脚输入 3.3V 的外部时钟，此时 X1 引脚接地
X1	104	内部/外部振荡器输入引脚。内部振荡器方案下，在引脚 X1 和 X2 之间外接晶振；外部振荡器方案下，可从 X1 引脚输入 1.9V 的外部时钟，此时 XCLKIN 引脚接地，X2 引脚悬空
X2	102	内部振荡器输入引脚。在引脚 X1 和 X2 之间外接晶振，未使用时必须悬空
XCLKOUT	138	由 SYSCLKOUT 分频得到的输出时钟，频率可与 SYSCLKOUT 相等，或者为其 1/2 或 1/4

JTAG 接口引脚

名称	编号	功能描述
$\overline{\text{TRST}}$	78	高电平有效的 JTAG 测试复位引脚，带内部下拉。该引脚为高时，可对器件进行扫描控制；为低或未连接时，器件处于正常工作模式，忽略测试复位信号。在高噪声环境中，该引脚可外接 2.2kΩ 的下拉电阻，以提供保护
TCK	87	JTAG 测试时钟，带内部上拉功能
TSM	79	JTAG 测试模式选择引脚，带内部上拉。在 TCK 上升沿，将串行数据锁存至 TAP 控制器
TDI	76	JTAG 测试数据输入，带内部上拉。在 TCK 上升沿，将 TDI 锁存至选定的寄存器（指令或数据）
TDO	77	JTAG 扫描输出、测试数据输出。在 TCK 下降沿，选定寄存器（指令或数据）内容从 TDO 移出
EMU0	85	仿真引脚 0。当 $\overline{\text{TRST}}$ 为高时，该引脚用作去向/来自仿真系统的中断，并通过 JTAG 扫描定义为输入/输出。EMU0 为高，EMU1 为低时，在 $\overline{\text{TRST}}$ 的上升沿将器件锁存为边界扫描状态。讲义在该引脚接 2.2～4.7kΩ 的上拉电阻
EMU1	86	仿真引脚 1。作用和用法同 EMU0

FLASH 引脚

名称	编号	功能描述
V_{DD3VFL}	84	3.3V FLASH 内核电源引脚，接 3.3V 电源
TEST1	81	测试引脚。为 TI 保留，悬空
TEST2	82	测试引脚。为 TI 保留，悬空

复位引脚

名称	编号	功能描述
$\overline{\text{XRS}}$	80	器件复位（输入）和看门狗复位（输出）。器件复位时 $\overline{\text{XRS}}$ 为低，器件终止运行，PC 指向 0x3FFFC0。$\overline{\text{XRS}}$ 变高后，从 PC 指向的地址开始执行。发生看门狗复位以及看门狗复位过程中，DSP 控制器将该引脚拉低。该引脚的输出缓冲器为带内部上拉的漏极开路输出，建议该引脚由漏极开路器件驱动

ADC 信号

名称	编号	功能描述	名称	编号	功能描述
ADCINA7	35	ADC A 组通道 7 输入	ADCINB7	53	ADC B 组通道 7 输入
ADCINA6	36	ADC A 组通道 6 输入	ADCINB6	52	ADC B 组通道 6 输入
ADCINA5	37	ADC A 组通道 5 输入	ADCINB5	51	ADC B 组通道 5 输入
ADCINA4	38	ADC A 组通道 4 输入	ADCINB4	50	ADC B 组通道 4 输入
ADCINA3	39	ADC A 组通道 3 输入	ADCINB3	49	ADC B 组通道 3 输入
ADCINA2	40	ADC A 组通道 2 输入	ADCINB2	48	ADC B 组通道 2 输入
ADCINA1	41	ADC A 组通道 1 输入	ADCINB1	47	ADC B 组通道 1 输入
ADCINA0	42	ADC A 组通道 0 输入	ADCINB0	46	ADC B 组通道 0 输入
ADCLO	43	低参考（模拟输入公共地），接模拟地	ADCREFIN	54	外部参考输入
ADCREFP	56	内部参考正输出。接低 ESR（50mΩ～1.5Ω）的 2.2μF 陶瓷旁路电容到模拟地	ADCREFM	55	内部参考中间输出。外接电阻要求同 ADCREFP
ADCRESEXT	57	ADC 外部偏置电阻，接 22kΩ 电阻到模拟地			

名称	编号	功能描述	名称	编号	功能描述
GPIO0 EPWM1A	5	通用 I/O 引脚 0（I/O/Z） 增强 PWM1 输出 A 和 HRPWM 通道（O）	GPIO44 XA4	157	通用 I/O 引脚 44（I/O/Z） XINTF 地址线 4（O）
GPIO1 EPWM1B ECAP6 MFSRB	6	通用 I/O 引脚 1（I/O/Z） 增强 PWM1 输出 B（O） 增强捕获单元 6 输入/输出（I/O） McBSP-B 的接收帧同步（I/O）	GPIO45 XA5	158	通用 I/O 引脚 45（I/O/Z） XINTF 地址线 5（O）
GPIO2 EPWM2A	7	通用 I/O 引脚 2（I/O/Z） 增强 PWM2 输出 A 和 HRPWM 通道（O）	GPIO46 XA6	161	通用 I/O 引脚 46（I/O/Z） XINTF 地址线 6（O）
GPIO3 EPWM2B ECAP5 MCLKRB	10	通用 I/O 引脚 3（I/O/Z） 增强 PWM2 输出 B（O） 增强捕获单元 5 输入/输出（I/O） McBSP-B 的接收时钟（I/O）	GPIO47 XA7	162	通用 I/O 引脚 47（I/O/Z） XINTF 地址线 7（O）
GPIO4 EPWM3A	11	通用 I/O 引脚 4（I/O/Z） 增强 PWM3 输出 A 和 HRPWM 通道（O）	GPIO48 ECAP5 XD31	88	通用 I/O 引脚 48（I/O/Z） 增强捕获单元 5 输入/输出（I/O） XINTF 数据线 31（O）
GPIO5 EPWM3B MFSRA ECAP1	12	通用 I/O 引脚 5（I/O/Z） 增强 PWM3 输出 B（O） McBSP-A 接收帧同步（I/O） 增强捕获单元 1 输入/输出（I/O）	GPIO49 ECAP6 XD30	89	通用 I/O 引脚 49（I/O/Z） 增强捕获单元 6 输入/输出（I/O） XINTF 数据线 30（O）
GPIO6 EPWM4A EPWMSYNCI EPWMSYNCO	13	通用 I/O 引脚 6（I/O/Z） 增强 PWM4 输出 A 和 HRPWM 通道（O） 外部 ePWM 同步脉冲输入（I） 外部 ePWM 同步脉冲输出（O）	GPIO50 EQEP1A XD29	90	通用 I/O 引脚 50（I/O/Z） 增强 QEP1 输入 A 通道(I) XINTF 数据线 29（O）
GPIO7 EPWM4B MCLKRA ECAP2	16	通用 I/O 引脚 7（I/O/Z） 增强 PWM4 输出 B（O） McBSP-A 的接收时钟（I/O） 增强捕获单元 2 输入/输出（I/O）	GPIO51 EQEP1B XD28	91	通用 I/O 引脚 51（I/O/Z） 增强 QEP1 输入 B 通道(I) XINTF 数据线 28（O）
GPIO8 EPWM5A CANTXB ADCSOCAO	17	通用 I/O 引脚 8（I/O/Z） 增强 PWM5 输出 A 和 HRPWM 通道（O） 增强 CAN-B 发送（O） ADC 转换启动信号 A（O）	GPIO52 EQEP1S XD27	94	通用 I/O 引脚 52（I/O/Z） 增强 QEP1 选通（I/O） XINTF 数据线 27（O）
GPIO9 EPWM5B SCITXDB ECAP3	18	通用 I/O 引脚 9（I/O/Z） 增强 PWM5 输出 B（O） 增强 SCI-B 数据发送（O） 增强捕获单元 3 输入/输出（I/O）	GPIO53 EQEP1I XD26	95	通用 I/O 引脚 53（I/O/Z） 增强 QEP1 索引（I/O） XINTF 数据线 26（O）
GPIO10 EPWM6A CANRXB ADCSOCBO	19	通用 I/O 引脚 10（I/O/Z） 增强 PWM6 输出 A 和 HRPWM 通道（O） 增强 CAN-B 接收（I） ADC 转换启动信号 B（O）	GPIO54 SPISIMOA XD25	96	通用 I/O 引脚 54（I/O/Z） SPI-A 从动接收/主动发送（I/O） XINTF 数据线 25（O）

GPIO 和外设引脚

名称	编号	功能描述	名称	编号	功能描述
GPIO11 EPWM6B SCIRXDB ECAP4	20	通用 I/O 引脚 11（I/O/Z） 增强 PWM6 输出 B（O） 增强 SCI-B 数据接收（I） 增强捕获单元 4 输入/输出（I/O）	GPIO55 SPISOMIA XD24	97	通用 I/O 引脚 55（I/O/Z） SPI-A 从动发送/主动接收（I/O） XINTF 数据线 24（O）
GPIO12 $\overline{TZ1}$ CANTXB MDXB	21	通用 I/O 引脚 12（I/O/Z） 错误输入 1（I） 增强 CAN-B 发送（O） McBSP-B 数据发送（O）	GPIO56 SPICLKA XD23	98	通用 I/O 引脚 56（I/O/Z） SPI-A 时钟输入/输出（I/O） XINTF 数据线 23（O）
GPIO13 $\overline{TZ2}$ CANRXB MDRB	24	通用 I/O 引脚 13（I/O/Z） 错误输入 2（I） 增强 CAN-B 接收（I） McBSP-B 数据接收（I）	GPIO57 $\overline{SPISTEA}$ XD22	99	通用 I/O 引脚 57（I/O/Z） SPI-A 从动发送允许（I/O） XINTF 数据线 22（O）
GPIO14 $\overline{TZ3}$ / $\overline{XHOLD}$ SCITXDB MCLKXB	25	通用 I/O 引脚 14（I/O/Z） 错误输入 3 或外部保持请求（I） 增强 SCI-B 数据发送（O） McBSP-B 发送时钟（I/O）	GPIO58 MCLKRA XD21	100	通用 I/O 引脚 58（I/O/Z） McBSP-A 接收时钟（I/O） XINTF 数据线 21（O）
GPIO15 $\overline{TZ4}$ / $\overline{XHOLDA}$ SCIRXDB MFSXB	26	通用 I/O 引脚 15（I/O/Z） 错误输入 4 或外部保持响应（I） 增强 SCI-B 数据接收（I） McBSP-B 接收帧同步（I/O）	GPIO59 MFSRA XD20	110	通用 I/O 引脚 59（I/O/Z） McBSP-A 接收帧同步（I/O） XINTF 数据线 20（O）
GPIO16 SPISIMOA CANTXB $\overline{TZ5}$	27	通用 I/O 引脚 16（I/O/Z） SPI-A 从动接收/主动发送（I/O） 增强 CAN-B 数据发送（O） 错误输入 5（I）	GPIO60 MCLKRB XD19	111	通用 I/O 引脚 60（I/O/Z） McBSP-B 接收时钟（I/O） XINTF 数据线 19（O）
GPIO17 SPISOMIA CANRXB $\overline{TZ6}$	28	通用 I/O 引脚 17（I/O/Z） SPI-A 从动发送/主动接收（I/O） 增强 CAN-B 数据接收（I） 错误输入 6（I）	GPIO61 MFSRB XD18	112	通用 I/O 引脚 61（I/O/Z） McBSP-B 接收帧同步（I/O） XINTF 数据线 18（O）
GPIO18 SPICLKA SCITXDB CANRXA	62	通用 I/O 引脚 18（I/O/Z） SPI-A 时钟输入/输出（I/O） 增强 SCI-B 数据发送（O） 增强 CAN-A 数据接收（I）	GPIO62 SCIRXDC XD17	113	通用 I/O 引脚 62（I/O/Z） 增强 SCI-C 数据接收（I） XINTF 数据线 17（O）
GPIO19 $\overline{SPISTEA}$ SCIRXDB CANTXA	63	通用 I/O 引脚 19（I/O/Z） SPI-A 从动发送允许（I/O） 增强 SCI-B 数据接收（I） 增强 CAN-A 数据发送（O）	GPIO63 SCITXDC XD16	114	通用 I/O 引脚 63（I/O/Z） 增强 SCI-C 数据发送（O） XINTF 数据线 16（O）
GPIO20 EQEP1A MDXA CANTXB	64	通用 I/O 引脚 20（I/O/Z） 增强 QEP1 输入 A 通道（I） McBSP-A 数据发送（O） 增强 CAN-B 数据发送（O）	GPIO64 XD15	115	通用 I/O 引脚 64（I/O/Z） XINTF 数据线 15（O）
GPIO21 EQEP1B MDRA CANRXB	65	通用 I/O 引脚 21（I/O/Z） 增强 QEP1 输入 B 通道（I） McBSP-A 数据接收（I） 增强 CAN-B 数据接收（I）	GPIO65 XD14	116	通用 I/O 引脚 65（I/O/Z） XINTF 数据线 14（O）

名称	编号	功能描述	名称	编号	功能描述
GPIO22 EQEP1S MCLKXA SCITXDB	66	通用 I/O 引脚 22（I/O/Z） 增强 QEP1 选通（I/O） McBSP-A 数据发送时钟（I/O） 增强 SCI-B 数据发送（O）	GPIO66 XD13	119	通用 I/O 引脚 66（I/O/Z） XINTF 数据线 13（O）
GPIO23 EQEP1I MFSXA SCIRXDB	67	通用 I/O 引脚 23（I/O/Z） 增强 QEP1 索引（I/O） McBSP-A 发送帧同步（I/O） 增强 SCI-B 数据接收（I）	GPIO67 XD12	122	通用 I/O 引脚 67（I/O/Z） XINTF 数据线 12（O）
GPIO24 ECAP1 EQEP2A MDXB	68	通用 I/O 引脚 24（I/O/Z） 增强捕获单元 1 输入/输出（I/O） 增强 QEP2 输入 A 通道（I） McBSP-B 数据发送（O）	GPIO68 XD11	123	通用 I/O 引脚 68（I/O/Z） XINTF 数据线 11（O）
GPIO25 ECAP2 EQEP2B MDRB	69	通用 I/O 引脚 25（I/O/Z） 增强捕获单元 2 输入/输出（I/O） 增强 QEP2 输入 B 通道（I） McBSP-B 数据接收（I）	GPIO69 XD10	124	通用 I/O 引脚 69（I/O/Z） XINTF 数据线 10（O）
GPIO26 ECAP3 EQEP2I MCLKXB	72	通用 I/O 引脚 26（I/O/Z） 增强捕获单元 3 输入/输出（I/O） 增强 QEP2 索引（I/O） McBSP-B 数据发送时钟（I/O）	GPIO70 XD9	127	通用 I/O 引脚 70（I/O/Z） XINTF 数据线 9（O）
GPIO27 ECAP4 EQEP2S MFSXB	73	通用 I/O 引脚 27（I/O/Z） 增强捕获单元 4 输入/输出（I/O） 增强 QEP2 选通（I/O） McBSP-B 发送帧同步（I/O）	GPIO71 XD8	128	通用 I/O 引脚 71（I/O/Z） XINTF 数据线 8（O）
GPIO28 SCIRXDA $\overline{XZCS6}$	141	通用 I/O 引脚 28（I/O/Z） 增强 SCI-A 数据接收（I） XINTF 区域 6 片选	GPIO72 XD7	129	通用 I/O 引脚 72（I/O/Z） XINTF 数据线 7（O）
GPIO29 SCITXDA XA19	2	通用 I/O 引脚 29（I/O/Z） 增强 SCI-A 数据发送（O） XINTF 地址线 19（O）	GPIO73 XD6	130	通用 I/O 引脚 73（I/O/Z） XINTF 数据线 6（O）
GPIO30 CANRXA XA18	1	通用 I/O 引脚 30（I/O/Z） 增强 CAN-A 数据接收（I） XINTF 地址线 18（O）	GPIO74 XD5	131	通用 I/O 引脚 74（I/O/Z） XINTF 数据线 5（O）
GPIO31 CANTXA XA17	176	通用 I/O 引脚 31（I/O/Z） 增强 CAN-A 数据发送（O） XINTF 地址线 17（O）	GPIO75 XD4	132	通用 I/O 引脚 75（I/O/Z） XINTF 数据线 4（O）
GPIO32 SDAA EPWMSYNCI $\overline{ADCSOCAO}$	74	通用 I/O 引脚 32（I/O/Z） I^2C 数据输入/输出，漏极开路（I/OD） 外部 ePWM 同步脉冲输入（I） ADC 转换启动信号 A（O）	GPIO76 XD3	133	通用 I/O 引脚 76（I/O/Z） XINTF 数据线 3（O）
GPIO33 SCLA EPWMSYNCO $\overline{ADCSOCBO}$	75	通用 I/O 引脚 33（I/O/Z） I^2C 时钟，漏极开路（I/OD） 外部 ePWM 同步脉冲输出（O） ADC 转换启动信号 B（O）	GPIO77 XD2	134	通用 I/O 引脚 77（I/O/Z） XINTF 数据线 2（O）

续表

名称	编号	功能描述	名称	编号	功能描述
		GPIO 和外设引脚			
GPIO34 ECAP1 XREADY	142	通用 I/O 引脚 34（I/O/Z） 增强捕获单元 1 输入/输出（I/O） XINTF 就绪信号	GPIO78 XD1	135	通用 I/O 引脚 78（I/O/Z） XINTF 数据线 1（O）
GPIO35 SCITXDA XR/$\overline{W}$	148	通用 I/O 引脚 35（I/O/Z） 增强 SCI-A 数据发送（O） XINTF 读/写选通	GPIO79 XD0	136	通用 I/O 引脚 79（I/O/Z） XINTF 数据线 0（O）
GPIO36 SCIRXDA $\overline{XZCS0}$	145	通用 I/O 引脚 36（I/O/Z） 增强 SCI-A 数据接收（I） XINTF 区域 0 片选	GPIO80 XA8	163	通用 I/O 引脚 80（I/O/Z） XINTF 地址线 8（O）
GPIO37 ECAP2 $\overline{XZCS7}$	150	通用 I/O 引脚 37（I/O/Z） 增强捕获单元 2 输入/输出（I/O） XINTF 区域 7 片选	GPIO81 XA9	164	通用 I/O 引脚 81（I/O/Z） XINTF 地址线 9（O）
GPIO38 $\overline{XWE0}$	137	通用 I/O 引脚 38（I/O/Z） XINTF 写允许 0	GPIO82 XA10	165	通用 I/O 引脚 82（I/O/Z） XINTF 地址线 10（O）
GPIO39 XA16	175	通用 I/O 引脚 39（I/O/Z） XINTF 地址线 16（O）	GPIO83 XA11	168	通用 I/O 引脚 83（I/O/Z） XINTF 地址线 11（O）
GPIO40 XA0/$\overline{XWE1}$	151	通用 I/O 引脚 40（I/O/Z） XINTF 地址线 0/XINTF 写允许 1（O）	GPIO84 XA12	169	通用 I/O 引脚 84（I/O/Z） XINTF 地址线 12（O）
GPIO41 XA1	152	通用 I/O 引脚 41（I/O/Z） XINTF 地址线 19（O）	GPIO85 XA13	172	通用 I/O 引脚 85（I/O/Z） XINTF 地址线 13（O）
GPIO42 XA2	153	通用 I/O 引脚 42（I/O/Z） XINTF 地址线 19（O）	GPIO86 XA14	173	通用 I/O 引脚 86（I/O/Z） XINTF 地址线 14（O）
GPIO43 XA3	156	通用 I/O 引脚 43（I/O/Z） XINTF 地址线 19（O）	GPIO87 XA15	174	通用 I/O 引脚 87（I/O/Z） XINTF 地址线 15（O）
$\overline{XRD}$	149	XINTF 读允许			

注：表中 I 表示输入，O 表示输出，Z 表示高阻态，OD 表示漏极开路。

参 考 文 献

[1] TMS320F28335, TMS320F28334, TMS320F28332 Digital Signal Controllers (DSCs) Data Manual.Texas Instruments, 2007.

[2] C2833xC2823x C/C++ Header Files and Peripheral Examples. Texas Instruments, 2010.

[3] TMS320C28x CPU and Instruction Set Reference Guide. Texas Instruments, 2009.

[4] TMS320C28x Optimizing C/C++ Compiler v[6]1 User's Guide. Texas Instruments, 2012.

[5] TMS320C28x Floating Point Unit and Instruction Set Reference Guide. Texas Instruments, 2008.

[6] TMS320x2833x System Control and Interrupts Reference Guide. Texas Instruments, 2007.

[7] TMS320x28xx, 28xxx Enhanced Pulse Width Modulator (ePWM) Module Reference Guide. Texas Instruments, 2007.

[8] TMS320x28xx, 28xxx Enhanced Capture (eCAP) Module Reference Guide. Texas Instruments, 2006.

[9] TMS320x28xx, 28xxx Enhanced Quadrature Encoder Pulse (eQEP) Module Reference Guide. Texas Instruments, 2006.

[10] TMS320x2833x Analog-to-Digital Converter (ADC) Module Reference Guide. Texas Instruments, 2007.

[11] TMS320x28xx, 28xxx DSP Serial Communication Interface (SCI) Reference Guide. Texas Instruments, 2004.

[12] TMS320x28xx, 28xxx DSP Serial Peripheral Interface (SPI) Reference Guide. Texas Instruments, 2006.

[13] TMS320x28xx, 28xxx DSP Enhanced Controller Area Network (eCAN) Reference Guide. Texas Instruments, 2006.

[14] TMS320F2833x Multichannel Buffered Serial Port (McBSP) Reference Guide. Texas Instruments, 2007.

[15] TMS320x28xx, 28xxx Inter-Integrated Circuit (I2C) Module Reference Guide. Texas Instruments, 2005.

[16] TMS320C28x™ MCU Workshop, Texas Instruments Technical Training. Texas Instruments, 2009.

[17] C2000TM 实时微控制器. Texas Instruments，2011.

[18] An Easy Way of Creating a C-callable Assembly Function for the TMS320C28x DSP, Application Report. Texas Instruments, 2001.

[19] 2802x CC++ Header Files and Peripheral Examples.Texas Instruments, 2010.

[20] 刘陵顺，高艳丽，张树团，等. TMS320F28335 DSP 原理及开发编程[M]. 北京：北京航空航天大学出版社，2011.

[21] 符晓，朱洪顺. TMS320F2833x DSP 应用开发与实践[M]. 北京：北京航空航天大学出

版社，2013.

[22] 顾卫钢. 手把手教你学 DSP--基于 TMS320X281x[M]. 北京：北京航空航天大学出版社，2011.

[23] 赵成. DSP 原理及应用技术--基于 TMS320F2812 的仿真与实例设计[M]. 北京：国防工业出版社，2012.

[24] 宁改娣，曾翔君，骆一萍. DSP 控制器原理及应用[M]. 北京：科学出版社，2009.

[25] 徐科军，陈志辉，付大丰. TMS320F2812 DSP 应用技术[M]. 北京：科学出版社，2010.

[26] 苏奎峰，吕强，常天庆，邓志东. TMS320X281X DSP 原理及 C 程序开发[M]. 北京：北京航空航天大学出版社，2008.

[27] 苏奎峰，蔡昭全，吕强，等. TMS320X281X DSP 应用系统设计[M]. 北京：北京航空航天大学出版社，2008.

[28] （美）奥沙那著. 嵌入式实时系统的 DSP 软件开发技术[M]. 郑红，刘振强，王鹏，译. 北京：北京航空航天大学出版社，2011.

[29] 章云，谢莉萍，熊红艳. DSP 控制器及其应用[M]. 北京：机械工业出版社，2006.

[30] 王茂飞，程昱. TMS320C2000 DSP 技术与应用开发[M]. 北京：清华大学出版社，2007.

[31] 张雄伟，曹铁勇，陈亮，等. DSP 芯片的原理与开发应用（第 4 版）[M]. 北京：电子工业出版社，2009.

[32] TI 公司著. TMS320C28X 系列 DSP 指令和编程指南[M]. 刘和平，等译. 北京：清华大学出版社，2005.

[33] 戴明桢，周建江. TMS320C54x DSP 结构、原理及应用[M]. 北京：北京航空航天大学出版社，2007.

[34] 彭伟. 单片机 C 语言程序设计实训 100 例：基于 AVR+Proteus 仿真[M]. 北京：北京航空航天大学出版社，2011.